U0366140

高等职业教育建设工程管理类专业"十四五"数字化新形态教材

建筑工程智慧施工组织管理

沈存莉　周　斌　主　编

蔡雪梅　亢磊磊　陈玲燕　副主编

胡兴福　主　审

中国建筑工业出版社

图书在版编目（CIP）数据

建筑工程智慧施工组织管理 / 沈存莉，周斌主编；
蔡雪梅，亢磊磊，陈玲燕副主编. -- 北京：中国建筑工
业出版社，2024. 8. --（高等职业教育建设工程管理类
专业"十四五"数字化新形态教材）. -- ISBN 978-7
-112-30086-0

Ⅰ. TU7

中国国家版本馆 CIP 数据核字第 2024G9Q394 号

　　本活页式教材根据教育部对高等职业教育人才培养目标，结合高等职业院校
生源结构多样化编写，主要包括建筑工程智慧施工组织管理概述、单层建筑施工
组织管理（以小平房工程为例）、多层建筑施工组织管理（以新农村别墅为例）、
高层建筑施工组织管理（以商务写字楼为例）、智慧建筑施工组织管理（以会议中
心工程为例）、绿色施工及执业资格六个项目。教材对接智能建造新产业、智能建
造师新职业、绿色建造技术导则新标准、"岗课赛证"融通，重构与施工现场真实
场景相融合的螺旋式结构，契合高职学生学情，满足教学需求。

　　本教材可以作为高职高专院校建筑工程技术、工程管理、工程造价、智能建
造等专业教材，也可作为应用型本科及成人教育教材，还可作为广大建筑工程从
业人员学习的参考用书。

　　为更好地支持相应课程的教学，我们向采用本书作为教材的教师提供教学课
件，有需要者可与出版社联系，邮箱：jckj@cabp.com.cn，电话：010-58337285，
建工书院 http://edu.cabplink.com（PC 端）。

责任编辑：吴越恺
责任校对：张惠雯

高等职业教育建设工程管理类专业"十四五"数字化新形态教材
建筑工程智慧施工组织管理
沈存莉　周　斌　主　编
蔡雪梅　亢磊磊　陈玲燕　副主编
胡兴福　主　审

*

中国建筑工业出版社出版、发行（北京海淀三里河路 9 号）
各地新华书店、建筑书店经销
北京红光制版公司制版
北京市密东印刷有限公司印刷

*

开本：787 毫米×1092 毫米　1/16　印张：23¾　字数：588 千字
2024 年 11 月第一版　　2024 年 11 月第一次印刷
定价：**68.00** 元（赠教师课件）
ISBN 978-7-112-30086-0
（43502）

前　言

　　《建筑工程智慧施工组织管理》是高等职业教育建设工程管理、建筑施工技术专业核心课程，主要研究工程项目在施工过程中进行组织与管理的一般规律，是一门实践性和综合性强、涉及知识面广的专业课程。本活页式教材根据高等职业院校相关专业人才培养要求，对接智能建造新产业、智能建造师新职业、绿色建造技术新标准、"岗课赛证"融通，重构与工地真实场景相融合的螺旋式教材结构：建筑工程智慧施工组织管理概述→单层建筑施工组织管理（以小平房工程为例）→多层建筑施工组织管理（以新农村别墅为例）→高层建筑施工组织管理（以商务写字楼为例）→智慧建筑施工组织管理（以会议中心工程为例）→绿色施工及执业资格，共6个项目。教材编写过程中，广泛听取了建设主管部门、施工企业等单位领导和工程技术员的意见和建议，内容融入"精密策划、科学管理、乐学善思、精业敬业"核心价值理念。

　　本教材是基于"重庆高等教育智慧教育平台"开发和应用的新形态一体化教材，素材丰富、资源多样。教师在备课中不断创新，学生在学习中享受过程，新旧媒体的融合生动演绎了教学内容，"线上＋线下"模式支撑创新了教学方法，从而打造出教学流程与教学效果良好契合的"智慧课堂"。

　　本教材由重庆工贸职业技术学院副教授、一级建造师沈存莉，重庆对外建设（集团）有限公司国家注册建造师（高级）周斌任主编；重庆工贸职业技术学院蔡雪梅，重庆电子工程职业学院副教授、全国技术能手亢磊磊，广西建设职业技术学院副教授、高级工程师陈玲燕任副主编。项目2、项目4由沈存莉编写，项目3由蔡雪梅编写，项目1由亢磊磊编写，项目5由陈玲燕编写，项目6由周斌编写。教材中微课视频由重庆工贸职业技术学院建筑施工组织管理课程团队主讲，全书由沈存莉统稿并修改定稿。

　　本教材由四川建筑职业技术学院胡兴福教授主审。书稿出版得到了中国建筑工业出版社的大力支持和帮助，在此一并表示衷心的感谢。

　　本教材在编写过程中，参考和引用了相关教材、著作及规范中的部分资料，已在参考文献中列明，在此对相关作者表示衷心的感谢！

　　由于编者水平有限，书中难免会有不足之处，敬请广大读者批评指正。

编　者

2024年4月

目　　录

项目 1　建筑工程智慧施工组织管理概述

任务 1.1　认识传统建筑工程施工组织管理

工作任务	认识传统建筑工程施工组织管理	建议学时	2 学时
任务描述	探索建筑施工组织管理的研究对象和任务，了解建筑施工组织管理的基础知识，认识建筑施工组织管理在实际建筑项目中的应用价值。		
学习目标	★ 理解建筑产品和建筑施工的特点。 ★ 能掌握建筑施工程序。 ★ 能区分建筑施工组织设计的分类。 ★ 能够主动获取信息，展示学习成果，并相互评价，对建筑施工组织管理研究的对象和任务进行总结与反思，与团队成员进行有效沟通，团结协作。		
任务分析	要认识建筑施工组织管理，首先要正确理解建筑施工组织管理研究的对象和任务，明确建设项目的分类和施工程序，理解建筑产品与施工的特点；最后能归纳总结建筑施工组织设计的分类，学习单位工程施工组织设计程序。		

任务导航

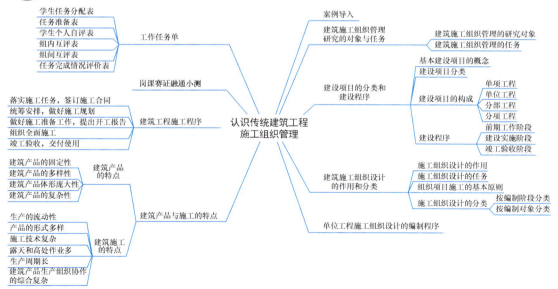

**案例导入**

中国古代有一个丁谓施工的故事。故事发生于北宋真宗年间，皇宫失火被毁，皇帝感叹"没有皇宫，如何上朝，如何安居呢？"大家束手无策，于是这项国家工程就交给丁谓负责。但是这个"国家工程"除了时间紧、预算少，还面临重重考验：一是取土难，取土要到郊外去挖，路很远；二是运输难，建皇宫需要大批材料，都需要从外地运来，运输困难；三是清场难，皇宫修复后，建筑垃圾的清理同样既费时又耗钱。

请大家思索一下，丁谓会如何解决上述的三大难题呢？

**知识链接**

1.1　建筑施工组织管理研究的对象与任务

1.1.1　建筑施工组织管理的研究对象

建筑施工组织管理是针对建筑工程施工的复杂性，研究工程建设的统筹安排与系统管理的客观规律，制订建筑工程施工最合理的组织与管理方法的一门科学，是加强现代化施工管理的核心。研究对象是整个建筑产品，建筑产品的生产过程就是建筑施工。建筑产品是建筑施工企业向社会提供的各种建筑物或构筑物。建筑产品按使用功能可分为生产性建筑和非生产性建筑两大类；按工程规模可分为单位工程和建设项目两大类。建筑施工组织与管理，既研究单体的单位工程，又研究总体的建设项目。

1.1.2　建筑施工组织管理的任务

建筑施工组织管理的任务是从施工的全局出发，根据具体的条件，以最优的方式解决施工组织的问题，对施工的各项活动做出全面的、科学的规划和部署，使人力、物力、财力、技术资源得以充分利用，优质、低耗、高效地完成施工任务，具体包括以下两点：

简述施工组织
管理概况

（1）探索和总结建设项目施工组织的客观规律，即从建筑产品及其生产的技术经济特点出发，遵照国家和地方相关技术政策约束条件，保证高质量、高效率、高效益、低消耗地生产出优质的建筑产品，充分发挥工程投资的经济效益。

（2）研究和探索建筑施工企业如何以最少的消耗来组织承包工程的建筑安装活动，以使企业获得最大的经济效益。建设项目的建筑工程任务最终要由建筑（安装）工程施工企业来完成，作为企业，必须要考虑自身的经济效益。因此，施工单位必须根据承包合同或协议，精打细算，精心施工，加强管理，以达到少投入、多产出、高效益的目标。为此，施工单位必须结合本企业的情况和工程特点，解决好以下几方面问题：①优化选择施工方法和施工机械；②合理确定工程开展顺序和进度安排；③计算劳动力、机械设备、材料的需要量及供应时间与方式；④确定施工现场各种机械设备、仓库、材料堆场、道路、水电管网及各种临时设施的合理布置；⑤明确各项施工准备工作；⑥在建筑施工过程中，对工程的质量、工期、成本进行有效控制，积极协调不同专业、部门之间的关系，使施工活动始终处于良好的管理和控制状态，达到质量好、工期短、成本低的项目管理目标。

1.2 建设项目的分类和建设程序

1.2.1 基本建设项目的概念

基本建设是指以固定资产扩大再生产为目的，国民经济各部门、各单位购置和建造新的固定资产的经济活动，以及与其相关的工作。简单地说，就是形成新的固定资产的过程。基本建设是国民经济的重要组成部分，是社会扩大再生产、提高人民物质文化生活和加强国防实力的重要手段。

基本建设项目，亦称建设项目，是指具有一个完整的设计任务书，按一个总体设计进行施工，建成后具有完整的体系，可以独立形成生产能力或使用价值的建设工程。在工业建设中，以拟建的厂矿企业单位为一个建设项目，例如一个玻璃厂、一个啤酒厂等。在民用建设中，一般以拟建的企事业单位为一个建设项目，例如一所大学、一所医院等，进行基本建设事业的单位称为建设单位。

1.2.2 建设项目分类

基本建设项目可按不同的方式进行分类：

（1）按建设项目的性质可分为新建、扩建、改建、迁建和恢复项目。新建项目，是指从无到有，"平地起家"，新开始建设的项目。有的建设项目原有基础很小，经扩大建设规模后，其新增加的固定资产价值超过原有固定资产价值三倍的，也算作新建项目；扩建项目，是指原有企业、事业单位、为扩大原有产品生产能力（或效益），或增加新的产品生产能力，而新建主要车间或工程项目；改建项目，是指原有企业，为提高生产效率，增加科技含量，采用新技术，改进产品质量，或改变新产品方向，对原有设备或工程进行改造的项目。有的企业为了平衡生产能力，增建一些附属、辅助车间或非生产性工程，也算改建项目；迁建项目，是指原有企业、事业单位，由于各种原因经上级批准搬迁到另地建设的项目。迁建项目中符合新建、扩建、改建条件的，应分别作为新建、扩建或改建项目，迁建项目不包括留在原址的部分；恢复项目，是指企业、事业单位因自然灾害、战争等原因，使原有固定资产全部或部分报废，以后又投资按原有规模重新恢复起来的项目，在恢复的同时进行扩建的，应作为扩建项目。

（2）按建设项目的用途可分为生产性和非生产性项目：生产性项目是指直接用于物质生产或直接为物质生产服务的项目，主要包括工业项目（含矿业）、建筑业、地质资源勘探及农林水有关的生产项目、运输邮电项目、商业和物资供应项目等；非生产性项目，指直接用于满足人民物质和文化生活需要的项目，主要包括文教卫生、科学研究、社会福利、公用事业建设、行政机关和团体办公用房建设等项目。

（3）按建设项目的规模大小可分为大型、中型和小型项目；基本建设项目大中小型划分标准，是国家规定的，按总投资划分的项目，能源、交通、原材料工业项目5000万元以上，其他项目3000万元以上的为大中型项目，在此标准以下的为小型项目。

（4）按建设项目的投资主体可分为国家投资、地方投资、企业投资、合资和独资项目。

（5）按建设过程划分：筹建项目，指尚未开工，正在进行选址、规划、设计等施工前各项准备工作的建设项目；施工项目，指报告期内实际施工的建设项目，包括报告期内新开工的项目、上期跨入报告期续建的项目、以前停建而在本期复工的项目、报告期施工并在报告期建成投产或停建的项目；投产项目，指报告期内按设计规定的内容，形成设计规定的生产能力（或效益）并投入使用的建设项目，包括部分投产项目和全部投产项目；收尾项目，指已经建成投产和已经组织验收，设计能力已全部建成，但还遗留少量尾工需继续进行扫尾的建设项目；停缓建项目，指根据现有人财物力和国民经济调整的要求，在计划期内停止或暂缓建设的项目。

（6）按项目隶属关系划分：中央项目，也称部直属项目。它是指中央各主管部门直接安排和管理的企业、事业和行政单位的建设项目。这些项目的基本建设计划由中央各主管部门编制、报批和下达。所需的统配物资和主要设备以及建设过程中存在的问题，均由中央各主管部门直接供应和解决；地方项目，指由省、自治区、直辖市和地（市）、县等各级地方直接安排和管理的企业、事业、行政单位的建设项目。这些项目的基本建设计划由各级地方主管部门编制、报批和下达，所需物资和设备由各地方主管部门直接供应。

1.2.3　建设项目的构成

建设项目是固定资产投资项目，是作为建设单位的被管理对象的一次性建设任务，是投资经济科学的一个基本范畴。建设项目在一定的约束条件下，以形成固定资产为特定目标。约束条件一是时间约束，即一个建设项目有合理的建设工期目标；二是资源约束，即一个建设项目有一定的投资总量目标；三是质量约束，即一个建设项目有预期的生产能力、技术水平或使用效益目标。一个建设项目通常由单项工程、单位工程、分部工程和分项工程构成。

（1）单项工程

单项工程是指具有独立的设计文件，能独立组织施工，竣工后可以独立发挥生产能力和效益的工程，又称为工程项目。一个建设项目可以由一个或几个单项工程组成。例如一所学校中的教学楼、实验楼和办公楼等。

（2）单位工程

单位工程是指具有单独设计文件，可以独立施工，但竣工后一般不能独立发挥生产能力和经济效益的工程。一个单项工程通常都由若干个单位工程组成。例如，一个工厂车间通常由建筑工程、管道安装工程、设备安装工程和电器安装工程等单位工程组成。

（3）分部工程

分部工程一般是按单位工程的部位、施工方式、构件性质、使用的材料或设备种类等不同而划分的建筑中间产品，若干个分部工程组成一个单位工程。例如，某房屋的土建单位工程，按其部位可以划分为基础、主体、屋面和装修等分部工程，按其工种可以划分为土石方工程、砌筑工程、钢筋混凝土工程、防水工程和抹灰工程等。

（4）分项工程

分项工程是分部工程的组成部分，一般是按分部工程的施工方法、使用材料、结构构件的规格等不同因素划分的，用简单的施工过程就能完成。如混凝土结构可划分为模板、钢筋、混凝土、预应力、现浇结构、装配式结构；砌体结构可划分为砖砌体、混凝土小型空心砌块砌体、石砌体、填充墙砌体、配筋砖砌体等。

1.2.4　建设程序

建设程序是指建设项目从设想、选择、评估、决策、设计、施工到竣工验收、决算、审计、投入使用的整个过程中，各项工作必须遵循的先后次序。目前我国基本建设程序的内容和步骤主要有：①前期工作阶段，主要包括项目可行性研究、设计工作；②建设实施阶段，主要包括施工准备、建设实施；③竣工验收阶段。这几个大的阶段中每一阶段都包含着许多环节和内容。

（1）前期工作阶段

1）项目建议书

项目建议书（又称立项申请书）是项目单位就新建、扩建事项向发改委项目管理部门申报的书面申请文件，是项目建设筹建单位或项目法人，根据国民经济的发展、国家和地方中长期规划、产业政策、生产力布局、国内外市场、所在地的内外部条件，提出的某一具体项目的建议文件，是对拟建项目提出的框架性的总体设想。往往是在项目早期，由于项目条件还不够成熟，仅有规划意见书，对项目的具体建设方案还不明晰，市政、环保、交通等专业咨询意见尚未办理。项目建议书主要论证项目建设的必要性，建设方案和投资估算也比较粗，投资误差为±30%左右。

2）可行性研究

可行性研究是指在项目决策前，通过对项目有关的工程、技术等各方面条件和情况进行调查、研究、分析，对各种可能的建设方案和技术方案进行比较论证，并对项目建成后的效益进行预测和评价的一种科学分析方法，由此考查项目技术上的先进性和适用性，建设的可能性和可行性。可行性研究报告是确定建设项目、编制设计文件和项目最终决策的重要依据。承担可行性研究工作的单位必须是经过资格审定的规划、设计和工程咨询单位，要有承担相应项目的资质。可行性研究报告经评估后按项目审批权限由各级审批部门进行审批（一般小型项目审批由省发改委委托市发改委进行审批）。本环节需收集保存的资料有：可行性研究报告批复、可行性研究报告。

3）设计工作

待可行性研究批复，投资计划下达后，将进入设计阶段，首先建设单位选择与有资质的地质勘察单位签订地质勘察合同，并进行地质勘察，出具岩土工程勘察报告书，做为设计的依据。设计过程划分一般分为初步设计和施工图设计两个阶段。

① 初步设计。初步设计是项目的宏观设计，即项目的总体设计、布局设计，主要的工艺流程、设备的选型和安装设计，土建工程量及费用的估算等。承担初步设计工作的单位必须是经过资格审定的设计单位，要有承担相应项目的资质。初步设计（包括项目概算），根据审批权限，由发改部门委托投资项目评审中心组织专家审查通过后，按照项目实际情况，由发改部门或会同其他有关行业主管部门审批。本环节需收集保存的资料有：关于下达投资计划的通知、地质勘察合同、岩土工程勘察报告书、设计合同、初步设计（附效果图及效果图审核意见）、初步设计批复、建设工程概算书、初步设计审查意见书。

② 施工图设计。施工图设计的主要内容是根据批准的初步设计，绘制出正确、完整和尽可能详细的图纸。施工图设计单位必须具有承担相应项目的资质。施工图设计完成后，必须委托取得审查资格，并具有审查权限要求的设计咨询单位审查并加盖专用章后使用（此环节由设计单位代理完成）。经审查的施工图设计还必须经有权审批的部门进行备案（一般小型项目由市建委备案）。本环节需收集保存的资料有：已审查的施工图、总平面规划图、施工图审查协议书、施工图审查合格书（含审查意见及答复）。

技术上比较复杂和缺少设计经验的项目采用三阶段设计，即在初步设计阶段后增加技术设计阶段。

在设计单位进行施工图设计的同时，建设单位办理"两证一书"（即：建设用地规划许可证、建设工程规划许可证、建设项目用地预审与选址意见书）、消防设计审核意见书、抗震设防要求审批确认表、建设项目环境影响登记表、防雷要求审核意见。

（2）建设实施阶段

1）施工准备

① 招投标。以上手续办理完成后，建设单位委托具有相应资质的招标代理单位进行招投标工作，主要包括编制招标文件，在市工程建设承发包交易中心发布招标公告，组织具有相应资质的施工单位和监理单位报名（不少于三家），组织开标和评标，会同招投标交易中心发布中标通知书。

② 建设开工前的准备。主要内容包括：建设单位"三通一平"（水通、电通、路通，场地平整），分别签订施工、监理合同，并在市工程建设承发包交易中心办理合同备案手续。

③ 项目开工审批。建设单位在城建局工程质量监督站办理质量监督手续，在城建局安全生产监督站办理建筑工程安全备案，向当地建设行政主管部门（市建委）申请项目开工审批，办理建筑工程施工许可证。

施工准备阶段需收集保存的资料有：招标代理合同、招标单位资格审查表、投标单位资格审查表、中标单位投标文件、中标通知书、施工合同、监理合同、建筑工程质量监督申办书、建筑工程安全备案表、建筑工程施工许可证，建设、地勘、设计、施工、监理、试验检测单位质量保证体系。

2）建设实施

办理完施工许可证之后即进入项目建设施工阶段。在施工期间，建设单位及监理单位负责工程建设日常监理。建设单位必须委派一名责任心强、有相关知识和经验的人员配合监理单位进行监理，检查进场材料、检查施工工艺流程、督促施工进度，对工程建设中出现的质量和进度等问题提出整改意见，限期整改，检查监理人员的到岗情况和监理情况，并做好记录。

建设工程基础、主体结构完成后由建设单位会同监理单位向具有资质的检测试验单位申请进行基础、主体结构质量检测，检测试验单位进行检测并出具基础、主体结构质量检测报告。建设实施阶段需收集保存的资料有：水泥、钢材、木材、砖、各类装饰材料等进场材料合格证、复试报告，基础、主体结构质量检测报告，施工单位技术资料。

（3）竣工验收阶段

1）竣工验收的范围

根据国家规定，所有建设项目按照上级批准的设计文件所规定的内容和施工图纸的要求全部建成，及时申请组织验收。

2）竣工验收的依据

根据国家规定，竣工验收的依据是经过上级审批机关批准的可行性研究报告、初步设计、施工图纸和说明、设备技术说明书、招投标文件和工程承包合同、施工过程中的设计修改签证、现行的施工技术验收标准及规范以及主管部门有关审批、修改、调整文件等。

3）竣工验收的准备

主要有以下几方面的工作：①整理技术资料。各有关单位（包括建设、施工、监理单位）应将技术资料进行系统整理，由建设单位分类立卷，统一保管。技术资料主要包括土建方面、安装方面及各种有关的文件、合同的情况报告等。②绘制竣工图纸。③编制竣工决算。

竣工验收必须提供的文件资料：项目的审批文件、竣工验收申请报告、工程决算报告、工程质量检测报告、工程质量评估报告（施工、设计、地勘、监理）、工程质量监督报告、工程竣工财务决算批复、工程竣工审计报告、其他需要提供的资料。

4）竣工验收的程序和组织

建设项目全部完成，经过各单项工程验收（消防、环保、规划、勘察、设计、监理、施工），符合设计要求，并具备竣工图表、竣工决算、工程总结等必要文件资料，由建设单位向负责验收的单位提出竣工验收申请报告。竣工验收要组成验收委员会或验收组，具体负责审查工程建设的各个环节，听取各有关单位的工作总结汇报，审阅工程档案并实地查验建筑工程和设备安装，并对工程设计、施工等方面作出全面评价。不合格的工程不予验收，对遗留问题提出具体解决意见，限期落实完成。最后经验收委员会或验收组一致通过，形成验收鉴定意见书。

竣工验收阶段需收集保存的资料有：竣工图，竣工决算报告，审计报告，竣工验收申请报告，消防、环保、规划、地勘、设计、施工、监理单位单项验收评估报告，工程质量监督报告，建设单位工作总结。

1.3　建筑工程施工程序

建筑施工程序是指工程项目整个施工阶段必须遵循的先后次序，它是经多年施工实践总结出的客观规律。一般是指从接受施工任务直到交工验收所包括的主要阶段的先后次序。通常可分为五个阶段：确定施工任务阶段、施工规划阶段、施工准备阶段、组织施工阶段和竣工验收阶段。

1.3.1　落实施工任务，签订施工合同

建筑施工企业承接施工任务的方式主要有三种：①国家或上级主管单位统一安排、直接下达的任务；②建筑施工企业主动对外接受的任务或建设单位主动委托的任务；③参加社会公开的投标进而中标得到的任务。国家直接下达任务的方式已逐渐减少，在市场经济条件下，建筑施工企业和建设单位自行承接和委托的方式较多；实行招标投标的方式发包和承包建筑施工任务，是建筑业和基本建设管理体制改革的一项重要措施。

无论采用哪种方式承接施工项目，施工单位均必须与建设单位签订施工合同。签订了施工合同的施工项目，才算落实了的施工任务。当然，签订合同的施工项目，必须是经建设单位主管部门正式批准的，有计划任务书、初步设计和总概算，已列入年度基本建设计划，落实了投资的建设项目，否则不能签订施工合同。施工合同是建设单位与施工单位根据《中华人民共和国民法典》合同编及有关规定签订的具有法律效力的文件。双方必须严格履行合同，任何一方不履行合同，给对方造成经济损失，都要负法律责任，并进行赔偿。

1.3.2 统筹安排，做好施工规划

施工企业与建设单位签订施工合同后，施工总承包单位在调查分析资料的基础上，拟订施工规划、编制施工组织总设计、部署施工力量、安排施工总进度、确定主要工程施工方案、规划整个施工现场、统筹安排，做好全面施工规划，经批准后，便组织施工先遣人员进入现场，与建设单位密切配合，做好施工规划中确定的各项全局性施工准备工作，为建设项目全面正式开工创造条件。

1.3.3 做好施工准备工作，提出开工报告

（1）施工准备包括：①调查收集资料；②进行现场调查；③熟悉图纸，编制施工组织设计；④进行现场"三通一平"的工作。

（2）申请领取施工许可证，应当具备下列条件：①已经办理该建筑工程用地批准手续；②在城市规划区的建筑工程，已经取得规划许可证；③需要拆迁的，其拆迁进度符合施工要求；④已经确定建筑施工企业；⑤有满足施工需要的施工图纸及技术资料；⑥有保证工程质量和安全的具体措施；⑦建设资金已经落实；⑧法律、行政法规规定的其他条件。建设行政主管部门应自收到申请之日起十五日内，对符合条件的申请颁发施工许可证。

1.3.4 组织全面施工

组织拟建工程的全面施工是建筑施工全过程中最重要的阶段，它必须在开工报告批准后才能开始。它是把设计者的意图、建设单位的期望变成现实的建筑产品的建造过程，必须严格按照设计图的要求，采用施工组织设计规定的方法和措施，完成全部的分部、分项工程施工任务。这个过程决定了施工工期、产品的质量和成本，以及建筑施工企业的经济效益。因此，在施工中要跟踪检查，进行进度、质量、成本和安全控制，保证达到预期的目的。施工过程中，往往有多单位、多专业进行共同协作，要加强现场指挥、调度，进行多方面的平衡和协调工作，在有限的场地上投入大量的材料、构配件、机具和人力，应进行全面统筹安排，组织均衡连续的施工。

1.3.5 竣工验收，交付使用

按批准的设计文件和合同规定的内容建成的工程项目，其中生产性项目经负荷试运转和试生产合格，并能够生产合格产品；非生产性项目符合设计要求，能够正常使用的，都要及时组织验收，办理移交手续，交付使用。检验批❶的质量验收记录由施工项目专业质量检验员填写，监理工程师组织项目专业质量检查员等进行验收；分项工程质量应由监理工程师组织项目专业质量检查员等进行验收；分部工程质量应由总监理工程师组织施工项目经理和有关勘察、设计单位项目负责人进行验收；单位（子单位）工程质量竣工验收记录由施工单位填写，验收结论由监理（建设）单位填写。综合验收结论由参加验收各方共同商定，建设单位填写，应对工程是否符合设计和规范要求及总体质量水平做出评价。

竣工验收是施工企业按施工合同完成施工任务，经检验合格，由发包人组织验收的过程。竣工验收是施工的最后阶段，施工企业在竣工验收前应先在内部进行预验收，检查各分部分项工程的施工质量，整理各分项交工验收的技术安全资料，然后由发包人组织监理、设计、施工等有关单位进行验收。验收合格后，在规定期限内办理工程移交手续，并

---

❶ 检验批指按同一生产条件或按规定的方式汇总起来供检验用的，由一定数量样本组成的检验体，是工程质量验收的基本单元。

交付使用。

1.4　建筑产品与施工的特点

归纳建筑产品
施工特点

建筑产品的施工与一般工业生产相比，有其相同之处，更多的则是不同之处。它们的相同之处是：都是把一系列有限的资源投入产品的生产过程中，其生产上的阶段性和连续性，组织上的专门化和协作化是一致的。它们的不同之处，正是它的特点所在。由于这些特点对建筑施工组织与管理影响很大，因而必须掌握。

（1）建筑产品的特点

由于建筑产品的生产都是根据每个建设单位各自的需要，按设计规定的图样，在指定地点建造的，加之建筑产品所用材料、结构与构造，以及平面与空间组合的变化多样，就构成了建筑产品的特殊性。

1）建筑产品的固定性

任何建筑产品（建筑物或构筑物）都是在建设单位所选定的地点建造和使用的，建筑及其所承受的荷载通过基础全部传给地基，直到拆除，它与所选定地点的土地是不可分割的。因此，建筑产品的建造和使用地点在空间上是固定的。这是建筑产品最显著的特点，建筑生产（施工）的特点均是由此引出的。固定性是建筑产品与一般工业产品最大的区别。

2）建筑产品的多样性

建筑产品种类繁多、用途各异。建筑产品不但需要满足用户对其使用功能和质量的要求，而且还要按照当地特定的社会环境、自然条件来设计和建造不同用途的建筑物。因此，建筑产品在规模、体形、结构、构造、材料选用、基础和装饰类型等方面的组合有着多种多样的变化，从而体现了建筑产品的多样性。

3）建筑产品体形庞大性

建筑产品一般体积庞大，比起一般的工业产品会消耗大量的物质资源。建筑产品为了满足特定的使用功能，必然占据较大的地面与空间。这种庞大性是一般工业产品所不能具备的。

4）建筑产品的复杂性

建筑物在艺术风格、建筑功能、结构构造和装饰做法等方面都堪称复杂，其施工工序多且错综复杂。

（2）建筑施工的特点

建筑产品生产（施工）的特点是由建筑产品自身的特点决定的。建筑产品（建筑物或构筑物）的特点是空间上的固定性、多样性、体形庞大及复杂性，这些产品特点决定了建筑产品施工的特点。

1）生产的流动性

①施工单位（人员、设备等）随着建筑物或构筑物坐落位置变化而整体地转移生产地点；②在一个工程的施工过程中施工人员和各种机械、电气设备随着施工部位的不同而沿着施工对象上下左右流动，不断转移操作场所。

2）产品的形式多样

建筑物因其所处的自然条件和用途的不同，工程的结构、造型和材料亦不同，施工方法必将随之变化，很难实现标准化。

3）施工技术复杂

建筑施工常需要根据建筑结构情况进行多工种配合作业，多单位（土石方、土建、吊装、安装、运输等）交叉配合施工，所用的物资和设备种类繁多，因而施工组织和施工技术管理的要求较高。

4）露天和高处作业多

建筑产品的体形庞大、生产周期长，施工多在露天和高处进行，常受到自然气候条件的影响。

5）生产周期长

建筑产品的固定性和体形庞大的特点决定了建筑产品生产周期长。因为建筑产品体形庞大，使得最终建筑产品的建成必然耗费大量的人力、物力和财力。同时，建筑产品的生产全过程还要受到工艺流程和生产程序的制约，使各专业、工种间必须按照合理的施工顺序进行配合和衔接。又由于建筑产品地点的固定性，使施工活动的空间具有局限性，从而导致建筑产品生产具有生产周期长、占用流动资金大的特点。

6）建筑产品生产组织协作的综合复杂

建筑产品生产涉及面广，从企业内部来说，要在不同时期和不同建筑产品上组织多专业、多工种的综合作业。从企业的外部来说，需要不同种类的专业施工企业，以及城市规划、土地征用、勘察设计、公安消防、公共事业、环境保护、质量监督、科研试验、交通运输、银行财务、物资供应等单位和主管部门协作配合。

1.5　建筑施工组织设计的作用和分类

总结施工组织设计作用

（1）施工组织设计的作用

施工组织设计是用以组织工程施工的指导性文件。在工程设计阶段和工程施工阶段分别由设计、施工单位负责编制。施工组织设计是对施工活动实行科学管理的重要手段，它具有战略部署和战术安排的双重作用。它体现了实现基本建设计划和设计的要求，提供了各阶段的施工准备工作内容，协调施工过程中各施工单位、各施工工种、各项资源之间的相互关系。具体作用包括以下几点：

1）施工组织设计作为投标文件的内容和合同文件的一部分可用于指导工程投标与签订工程承包合同。

2）施工组织设计是工程设计与施工之间的纽带，既要体现建筑工程的设计和使用要求，又要符合建筑施工的客观规律，衡量设计方案实施的可能性和经济合理性。

3）科学组织建筑施工活动，保证各分部分项工程的施工准备工作及时进行，建立合理的施工程序，有计划、有目的地开展各项施工过程。

4）抓住影响工期进度的关键性施工过程，及时调整施工中的薄弱环节，实现工期、质量、成本、文明、安全等各项生产要素管理的目标及技术组织保证措施，提高建筑企业综合效益。

5）协调各施工单位、各工种、各种资源、资金、时间等方面在施工流程、施工现场布置和施工工艺等的合理关系。

（2）施工组织设计的任务

根据国家的各项方针、政策、规程和规范，从施工全局出发，结合工程具体条件，确定经济合理的施工方案，对拟建工程在人力和物力、时间和空间、技术和组织等方面统筹安排，以期达到耗工少、工期短、质量高和造价低的最优效果，具体包括以下六点：

1）根据建设单位对建筑工程的工期要求、工程特点，选择经济合理的施工方案，确定合理的施工顺序；

2）确定科学合理的施工进度，保证施工能连续、均衡地进行；

3）制订合理的劳动力、材料、机械设备等的需要量计划；

4）制订技术上先进、经济上合理的技术组织保证措施；

5）制订文明施工安全生产的保证措施；

6）制订环境保护、防治污染及噪声的保证措施。

（3）组织项目施工的基本原则

根据我国建筑行业几十年来积累的经验和教训，在编制施工组织设计和组织项目施工时，应遵守以下原则：

1）认真贯彻执行党和国家对工程建设的各项方针和政策，严格执行现行的建设程序。

2）遵循建筑施工工艺及其技术规律，坚持合理的施工程序和施工顺序，在保证工程质量的前提下，加快建设速度，缩短工程工期。

3）采用流水施工方法和网络计划等先进技术，组织有节奏、连续和均衡的施工，科学地安排施工进度计划，保证人力、物力充分发挥作用。

4）统筹安排、保证重点，合理地安排冬、雨期施工项目，提高施工的连续性和均衡性。

5）认真贯彻建筑工业化方针，不断提高施工机械化水平，贯彻工厂预制和现场施工相结合的方针，扩大预制范围，提高预制装配程度；改善劳动条件，降低劳动强度、提高劳动生产率。

6）采用国内外先进施工技术，科学地确定施工方案，贯彻执行施工技术规范、操作规程，提高工程质量，确保安全施工，缩短施工工期，降低工程成本。

7）精心规划施工平面图，节约用地；尽量减少临时设施，合理储存物资，充分利用当地资源，减少物资运输量。

8）做好现场文明施工和环境保护工作。

（4）施工组织设计的分类

施工组织设计根据编制阶段不同，可划分为两类，即投标前编制的施工组织设计（简称"标前设计"）和签订工程承包合同后编制的施工组织设计（简称"标后设计"）。根据编制对象不同，施工组织设计可分为三类，即施工组织总设计、单位工程施工组织设计和分部工程施工组织设计。

分类建筑施工
组织设计

1）按编制阶段分类

在工程建设招投标市场中，承包商要通过投标竞争才能承接工程项目，建筑市场法则决定了投标前施工组织设计编制的必要性。承包商中标后，应根据投标施工组织设计及后续补充条件来编制相应的实施性施工组织设计。标前设计是为了满足投标和签订工程承包合同的需要而编制的；标后设计则是为了满足施工准备和开展施工的需要而编制的。建筑施工单位为了使投标书具有竞争力并最终中标，必须编制标前设计，对标书的内容进行规划、决策，使其作为投标文件的内容之一。标前设计的水平既是能否中标的关键因素，又是总包单位招标和分包单位编制投标书的重要依据；同时还是承包单位进行合同谈判、提出要约、进行承诺的根据和理由，是拟定合同文件中相关条款的基础资料。这两类施工组织设计的特点见表1-1。

标前和标后施工组织设计的特点   表 1-1

种类	服务范围	编制时间	编制者	主要特性	追求主要目标
标前设计	投标与签约	投标书编制前	经营管理层	规划性	中标和经济效益
标后设计	施工准备至工程验收	签约后开工前	项目管理层	作业性	施工效率和效益

标前设计的主要内容包括工程概况、施工部署、主要分部分项工程的施工方法、工程质量及安全文明保证措施、施工进度计划及工期保证措施、施工总平面及管理措施、施工准备规划、对招标方的要求等，其设计的重点是施工部署、施工进度计划、主要分部工程的施工方法和质量及安全文明保证措施。标后设计的内容则要求更为详细、全面。标前设计的投标方案投出后一般不再修改，方案的优劣将直接影响能否中标；标后设计则可根据客观条件的变化来改变、优化、补充实施方案。标前设计是标后设计的基础与依据，标后设计是标前设计的深化与拓展。

2）按编制对象分类

施工组织设计按照所针对的工程规模大小，建筑结构的特点，技术、工艺的难易程度及施工现场的具体条件，可分为施工组织总设计、单项（或单位）工程施工组织设计和分部（分项）工程施工组织设计三类。

① 施工组织总设计：施工组织总设计是以整个建设项目或群体工程为对象编制的。它是对整个建设工程的施工过程和施工活动进行全面规划，统筹安排，据以确定建设总工期、各单位工程开展的顺序及工期、主要工程的施工方案、各种物资的供需计划、全工地性暂设工程及准备工作、施工现场的布置。同时它也是编制年度计划的依据。由此可见，施工组织总设计是总的战略部署，是指导全局性施工的技术、经济纲要。

② 单项（单位）工程施工组织设计：单项（单位）工程施工组织设计是以单项（单位）工程为对象编制，用以指导单项（单位）工程的施工准备和施工全过程的各项活动；它还是施工单位编制作业计划和制订季、月、旬施工计划的依据。单位工程施工组织设计根据工程规模、技术复杂程度不同，其编制内容的深度和广度也有所不同；对于简单的单位工程，一般只编制施工方案并附以施工进度计划和施工平面图，即"一案、一图、一表"。

③ 分部（分项）工程施工组织设计：对于施工难度大或施工技术复杂的大型工业厂房或公共建筑物，在编制单项（单位）工程施工组织设计之后，还应编制主要分部工程（如复杂的基础工程、钢筋混凝土框架工程、钢结构安装工程、大型结构构件吊装工程、高级装修工程、大型土石方工程等）的施工组织设计，用来指导各分部工程的施工。分部（分项）工程施工组织设计突出作业性。其中针对某些特别重要的、专业性较强的、技术复杂的、危险性高的，或采用新工艺、新技术施工的分部（分项）工程（如深基坑开挖、无粘结预应力混凝土、特大构件的吊装、大量土石方工程、冬、雨期施工等），还应当编制专项安全施工组织设计（也称为专项施工方案），并采取安全技术措施，其内容具体、

详细，可操作性强，是直接指导分部（分项）工程施工的依据。

1.6　单位工程施工组织设计的编制程序

单位工程施工组织设计是规划和指导单位工程全部施工活动的技术经济文件，应根据拟建工程的性质、特点、规模及施工要求和条件进行编制。单位工程施工组织设计的工程项目各不相同，其所要求编制的内容也会有所不同，但一般可按以下几个步骤来进行：

（1）收集编制依据的文件和资料，包括工程项目的设计施工图样，工程项目所要求的施工进度和要求，施工定额、工程概预算及有关技术经济指标，施工中可配备的劳动力、材料和机械设备情况，施工现场的自然条件和技术经济资料等。

（2）编写工程概况，主要阐述工程的概貌、特征以及有关要求等。

（3）选择施工方案，主要确定各分项工程施工的先后顺序，选择施工机械类型及其合理布置，明确工程施工的流向及流水参数的计算，确定主要项目的施工方法等。

（4）制订施工进度计划，其中包括对分部分项工程量的计算、绘制施工进度图表、对进度计划的调整优化等。

（5）计算施工现场所需要的各种资源需要量及其供应计划（包括各种劳动力、材料、机械及其加工预制品等）。

（6）绘制施工平面图。

（7）计算技术经济指标。

以上步骤可用如图 1-1 所示的单位工程施工组织设计程序来表示。

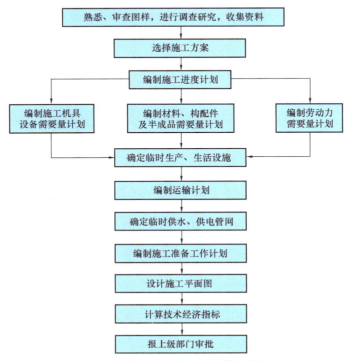

图 1-1　单位工程施工组织设计程序

岗课赛证融通小测

1. （单项选择题）建筑产品与一般工业产品相比，以下（　　）特点是相同的。

A. 建筑产品在空间上的固定性　　　　　　B. 建筑产品体形庞大

C. 建筑产品的多样性　　　　　　　　　　D. 建筑产品的复杂性

2. （单项选择题）建筑施工的流动性是由于以下（　　）原因造成的。

A. 建筑产品在空间上的固定性　　　　　　B. 建筑产品体形庞大

C. 建筑产品的多样性　　　　　　　　　　D. 建筑产品的复杂性

3. （单项选择题）下列工程中，属于分部工程的是（　　）。

A. 既有工厂的车间扩建工程　　　　　　　B. 工业车间的设备安装工程

C. 房屋建筑的装饰装修工程　　　　　　　D. 基础工程中的土方开挖工程

4. （多项选择题）施工组织设计按编制对象，可分为（　　）。

A. 施工组织总设计　　　　　　　　　　　B. 单位工程施工组织设计

C. 单项工程施工组织设计　　　　　　　　D. 施工方案

E. 分项工程施工组织设计

5. （多项选择题）工程项目按建设性质划分可分为（　　）。

A. 新建项目　　　　　　　　　　　　　　B. 扩建项目

C. 改建项目　　　　　　　　　　　　　　D. 迁建项目

E. 修复项目

任务 1.1 工作任务单

学习任务名称：___认识传统建筑工程施工组织管理___

班级：_____ 姓名：_____ 日期：_____

01 学生任务分配表

组名		指导教师	
组长		学号	
组员			
任务分工			

02 任务准备表

依据建设项目构成，对校园内建筑进行划分

序号	工作目标					
	名称	建设项目	单项工程	单位工程	分部工程	分项工程
1						
2						
3						
4						
5						
6						
7						
8						
9						
10						
11						
12						
13						
14						
15						
16						
17						
18						
19						
20						

03 学生个人自评表

班级		组名		日期	
姓名		学号			
评价指标	评价内容			分数	分数评定
信息检索	能有效利用网络、图书资料查找有用的相关信息等；能用自己的语言有条理地去解释、表述所学知识；能将查到的信息有效地传递到学习中			10分	
感知课堂	是否熟悉项目经理助理岗位，认同岗位工作价值；在学习中是否能获得满足感，认同课堂文化			10分	
参与态度	积极主动参与学习，能吃苦耐劳，崇尚劳动光荣，技能宝贵；与教师、同学之间是否相互尊重、理解、平等；与教师、同学之间是否能够保持多向、丰富、适宜的信息交流			10分	
	能处理好合作学习和独立思考的关系，做到有效学习；能提出有意义的问题或能发表个人见解；能按要求正确完成任务；能够倾听别人意见、协作共享			10分	
学习过程	1. 会理解建筑施工程序			10分	
	2. 能按要求对建设项目构成进行分类			10分	
	3. 能区分建筑产品和建筑施工特点			10分	
思维态度	是否能发现问题、提出问题、分析问题、解决问题、创新问题			10分	
自评反馈	按时按质完成工作任务；较好地掌握了专业知识点；具有较强的信息分析能力和理解能力；具有较为全面严谨的思维能力并能条理清楚明晰表达成文			20分	
自评分数					
有益的经验和做法					
总结反馈建议					

04　组内互评表

班级		组名		日期	
验收组长		被验收者		学号	
组内验收成员					
任务要求					
验收文档清单	任务工作单： 文献检索清单：				

验收评分	评分标准			分数	得分
	1. 会正确对建设项目的构成进行划分，错误一处扣2分			50分	
	2. 能按时提交工作任务单，迟10分钟，扣5分			20分	
	3. 提供文献检索清单，不少于10项，缺一项扣3分			30分	
评价分值					
不足之处					

05　组间互评表

班级		被评组名		日期	
验收组名 （成员签字）					
评价指标		评价内容		分数	分数评定
汇报表述		表述准确		15 分	
		语言流畅		10 分	
		准确反映该组完成情况		15 分	
内容正确度		内容正确		30 分	
		阐述表达到位		30 分	
互评分数					
简要评述					

06　任务完成情况评价表

班级			组名			
姓名			学号			
序号	任务内容及要求		配分	评分标准	教师评价	
					结论	得分
1	会正确对建设项目的构成进行划分	描述正确	20 分	错误一个扣 2 分		
		语言流畅	10 分	酌情赋分		
2	能按时提交工作任务单	按时提交	10 分	延迟 10 分钟扣 2 分		
		延迟提交	10 分	酌情赋分		
3	提供 10 项文献检索清单	数量	15 分	缺一个扣 3 分		
		参考的主要内容要点	15 分	酌情赋分		
4	素质素养评价	沟通交流能力	20 分	酌情赋分，但违反课堂纪律，不听从组长、教师安排，不得分		
		团队合作				
		课堂纪律				
		自主探学				
		合作研学				
		精益求精、专心细致的工作作风				
		诚实守信的意识				
		讲原则、守规矩的意识				
		规范意识				
总分						

任务 1.2   探索建筑工程智慧施工组织管理

工作任务	探索建筑工程智慧施工组织管理	建议学时	2 学时
任务描述	探索建筑工程智慧施工组织管理的挑战，了解智慧建筑的发展趋势，熟悉 BIM 技术在施工组织管理中应用现状，能理解智能化、工业化对建筑施工组织管理的挑战。		
学习目标	★ 理解智慧建筑的发展趋势； ★ 熟悉 BIM 技术在施工组织管理中应用现状； ★ 理解智能化、工业化对建筑施工组织管理的挑战； ★ 能够主动获取信息，展示学习成果，并相互评价；对建筑工程智慧施工组织管理未来发展进行探索，与团队成员进行有效沟通，团结协作。		
任务分析	要探索建筑工程智慧施工组织管理，首先要正确理解建筑智能化对施工组织管理的要求，明确建筑工业化的发展趋势，熟悉 BIM 技术在建筑施工组织管理中的应用。		

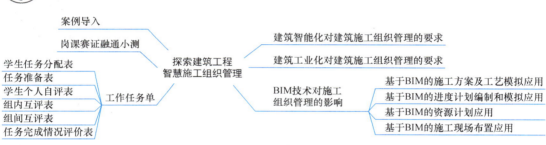

2018 年 2 月，第 19 届杭州亚运会亚运村项目正式选址钱塘江南岸钱江世纪城核心区东北侧的原萧山区宁围镇丰北村区块。同年 6 月，杭州亚运村开工建设。2021 年 12 月 29 日，历经三年半的建设，杭州亚运村项目正式竣工。亚运村总占地面积 1.13 平方千米，由运动员村、技术官员村、媒体村、国际区与公共区组成，共有 108 幢建筑，总建筑面积 241 万平方米。赛时杭州亚运村可为 10000 余名运动员及随队官员、4000 名技术官员和 5000 名媒体人员提供住宿、餐饮、医疗等服务保障。赛后，杭州亚运村将转换为集商业商务、文化博览、运动娱乐、生态居住为一体的未来人居环境样板城区。作为亚运会的重要设施，杭州亚运村的建设项目采用了智慧工地管理系统，保障了施工安全和进度的有效控制。

请大家探讨一下，杭州亚运村建设工程运用了哪些智慧施工组织管理的技术？

知识链接

1.2.1 建筑智能化对建筑施工组织管理的要求

随着信息社会的不断发展，建筑技术与信息技术的融合催生了一种全新的建筑类型——智能建筑。这种建筑类型不仅是对社会信息化和经济全球化需求的响应，也代表了对传统建筑技术的一次根本性革新。智能建筑将建筑物作为平台，整合了通信自动化（CA）、办公自动化（OA）以及楼宇自动化（BA）系统，为居住和工作环境提供了高效且舒适的新体验。预计智能建筑将成为21世纪建筑发展的主流趋势。

当今的建筑施工组织面临的挑战是建造一系列符合不同智能标准的现代化建筑。这些建筑在规模和功能上远超过以往任何时期的建筑物，其施工技术特征包括高耸的结构、宽阔的跨度以及深入地下的基础。在安装技术方面，这些建筑配备了包括通信、监控、办公和环境管理在内的多种自动化系统及其综合布线系统。此外，智能建筑在安全施工上要求实施严格的安全和消防措施，在质量管理上遵循ISO9000国际标准，确保施工的高效性和优质性。同时，在环保和文明施工方面，要求实现无污染、无噪声、无公害的施工环境，保持工地的整洁和美观。

因此，为了满足这些先进的要求和特点，施工现场的组织管理必须采取科学的方法来解决面临的各种新问题和挑战。这意味着不断探索创新的施工技术和管理策略，以适应智能建筑时代的发展需求。

预测施工管理
的未来

1.2.2 建筑工业化对建筑施工组织管理的要求

当前，随着城镇化的快速发展，我国面临着巨大的建设任务，同时也面临着绿色施工、资源节约的双重需求。这一背景下，建筑工业化的发展成为了一个迫切的需求。目前，我国的建筑建设多数还处于较为传统的生产方式，这种方式往往导致建设周期长、生产效率低、工程质量和安全水平有待提高、科技含量不高、环保效益不理想以及建筑能耗过高等问题。因此，推动结构的预制装配化、建筑构件的标准化安装，逐步提升住宅产业化和建筑工业化的比重，已成为建筑业技术发展的重要方向。这不仅是对现有生产模式的优化，也是提高建筑行业整体水平、实现可持续发展的关键途径。

建筑工业化生产方式与传统建筑生产方法相比，有着明显的差异。建筑工业化通过机械化替代传统的手工操作，并采用流水线作业，大幅提升生产速度。该方式特点在于构件在工厂预制完成后，直接运输至施工现场进行安装。例如，在安装预制混凝土（PC）外墙时，通过预留安装窗户所需的木砖，使得主体结构封顶后，建筑外围迅速实现封闭，与传统施工相比，外围封闭工期大幅缩短。此外，由于PC外墙集成了保温隔热、隔声、外观饰面及窗框等功能，室内砌筑和装修工程得以提前启动，省略了传统施工中抹灰、保温层施工及外部装修等步骤，从而将工期缩短约3个月。PC墙体还预留了水电设施管槽，以及为预制楼梯和飘窗栏杆安装预留的孔洞，进一步缩短了装修阶段开洞、安装配件、墙体开槽等作业的时间。整体而言，采用建筑工业化生产方式的项目周期较传统施工方式缩短了约20%。

以上这些都给施工组织管理提出了许多新的要求，因此，建筑施工组织管理应针对建筑工业化的特点，采用科学的方法组织和解决建筑工业化组织问题。

1.2.3　BIM 技术对施工组织管理的影响

当前，随着我国经济进入一个以高效率、低成本、可持续性为特征的中高速增长阶段，传统的建造模式已经难以满足可持续发展的需求。这种背景下，迫切需要借助以信息技术为核心的现代科技手段，推动中国建筑产业的转型升级和跨越式发展。

在数字化时代背景下，建筑施工行业对信息化建设的探索逐渐深化，并且信息化应用越来越多地被实际工程项目采纳。通过集成信息技术来改变传统的管理模式，实现施工模式的创新，使得施工现场管理变得更加智能化。近年来，随着 BIM 技术、大数据、物联网技术以及云计算等信息技术的发展，施工现场管理从人工方式逐步转向信息化、智能化，这不仅大幅提升了工程的质量、进度和安全管理效率，也显著节省了工程管理成本。

在工程建设领域，BIM 技术的应用是三维图形技术发展的一个重要里程碑。与传统二维 CAD 设计相比，BIM 技术利用建筑物的三维图形作为基础，进一步整合各类建筑信息和参数，创建了一个数字化、参数化的建筑信息模型。围绕这一数字模型，可以进行施工模拟、碰撞检测、5D 虚拟施工等多项应用。BIM 技术不仅能够在计算机中实现设计、施工和运维的数字化虚拟建造过程，还能形成优化方案指导实际施工，极大地提升设计质量，减少施工变更，并提高工程的可实施性。

BIM 技术的广泛应用已经深入施工组织的各个环节，极大地促进了施工方案的科学制订。通过 BIM 技术，施工模拟成为现实，使得施工组织和方案的合理性及可行性得到前所未有的分析和验证，有效排查了如管线碰撞、深基坑和脚手架模拟等潜在问题，这对于结构复杂和施工难度较大的项目尤其关键。进入施工阶段，将成本和进度等关键信息要素与 BIM 模型集成，构建出一套完善的 5D 施工模拟系统，这不仅助力管理层进行全面的动态物料和成本管理，还能实现施工计划与实际执行的动态比对，确保施工过程中成本、进度和质量的精准管控。

同时，BIM 技术的进步也为施工策划带来了更高的效率，使得"智慧施工"策划变得可行。智慧施工策划的核心在于利用先进的信息系统自动收集项目相关数据，并结合施工环境、关键节点、组织布局及工艺等多方面因素，对施工现场布局、机械选择、进度规划、资源调配及施工方案等进行智能化决策支持。

尽管许多施工企业及 BIM 软件服务商正积极探索智慧施工策划的应用，并在施工现场布局、进度规划、资源调配和施工方案模拟等方面取得初步成果，但智慧施工的发展仍处于初级阶段。当前，这些进展主要基于 BIM 等相关技术，由于智慧施工的复杂性及软件系统的限制，智慧施工策划的实际应用仍面临挑战。然而，随着技术的不断进步和应用的深化，智慧施工的策划和管理能力有望得到进一步提升。

1. 基于 BIM 的施工方案及工艺模拟应用

施工策划的一项重要工作就是确定项目主要的施工方案和特殊部位的作业流程。当前施工方案编制主要依靠项目技术人员的经验及类似项目案例，实施过程主要依靠简单的技术交底和作业人员自身技术素养。面对越来越庞大且复杂的建筑工程项目，传统的方案编制和作业工人交底模式显得越来越力不从心，给工程项目的安全、质量和成本管理带来了很大的压力。

在智慧施工策划模式下，运用基于 BIM 技术的施工方案及工艺模拟不仅可以检查和比较不同的施工方案、优化施工方案，还可以提高向作业人员技术交底的效果。整个模拟过程包括了施工工序、施工方法、设备调用、资源（包括建筑材料和人员等）配置等。通过模拟发现不合理的施工程序、设备调用程序与冲突、资源的不合理利用、安全隐患、作业空间不充足等问题，也可以及时更新施工方案，以解决相关问题。施工过程模拟、优化是一个重复的过程，即"初步方案—模拟—更新方案"，直至找到一个最优的施工方案，尽最大可能实现"零碰撞、零冲突、零返工"，从而降低了不必要的返工成本，减少了资源浪费和施工安全问题。同时，施工模拟也为项目各参建方提供沟通与协作的平台，帮助各方及时、快捷地解决各种问题，从而大大提高了工作效率。

工程常用的模拟分为方案模拟和工艺模拟。方案模拟是对分项工程施工方案或重要施工作业方案进行模拟，主要是验证、分析、优化和展示施工进度计划、工序逻辑顺序和穿插时机、施工工艺类型、机械选型和作业过程、资源配置、质量要求和施工注意事项等内容。工艺模拟主要是对某一具体施工作业内容进行模拟，主要是验证、分析、优化和展示每个施工步骤的施工方法、措施、材料、工具、机械、人员配置、质量要求、检查方法和注意事项等内容。

2. 基于 BIM 的进度计划编制和模拟应用

施工进度计划是施工单位进行生产和经济活动的重要依据，它从施工单位取得建设单位提供的设计图纸进行施工准备开始，直到工程竣工验收为止，是项目建设和指导工程施工的重要技术和经济文件。进度控制是施工阶段的重要内容，是质量、进度、成本三大建设管理环节的中心，直接影响工期目标的实现和投资效益的发挥。工期控制是实现项目管理目标的主要途径，施工项目进度控制与质量控制、成本控制一样，是项目施工中的主要内容之一，也是实现项目管理目标的主要有效途径。因此，项目的前期策划工作时目标和进度整体的确立，对项目的整体进展起着决定性作用，通过智慧施工策划，对整个项目的成败有着重要的影响。通过分析可知，传统施工进度计划编制流程及方法存在以下问题：

（1）编制过程杂乱，工作量大，进度计划的编制过程考虑因素多、相关配套资源分析预测难度大、丢项漏项时有发生，不合理的进度安排给后续施工埋下进度隐患。

（2）编制审核工作效率低，传统的施工进度计划大部分工作都要由人工来完成，例如工作项目的划分、逻辑关系的确定、持续时间的计算，以及最后进度计划的审核、调整、优化等一系列的工作。

（3）进度信息的静态性施工进度计划一旦编制完成，就以数字、横道、箭线等方式存储在横道图或者网络图中，不能表达工程的变更信息。工程的复杂性、动态性、外部环境的不确定性等都可能导致工程变更的出现。由于进度信息的静态性，常常会出现施工进度计划与实际施工进度不一致的情况。

随着国内建设项目不断地大型化、复杂化，传统的施工策划方式已经不能满足项目管理的要求，传统的进度计划编制也无法处理施工过程中产生的大量信息以及高度复杂的数据处理。通过智慧策划中 BIM 技术对编制的计划进行模拟，结合 BIM 技术特点在计划编制期间利用 BIM 模型提供的各类工程量信息，结合工种工效、设备工效等业务积累数据更加科学地预测出施工期间的资源投入，并进行合理性评估，为支撑过程提供了有力的帮助。在施工策划阶段编制切实有效的进度计划是项目成功的基石，依托 BIM 技术进行模拟策划可以确保计划的最优及最合理性。

3. 基于 BIM 的资源计划应用

策划阶段的资源控制作为进度计划的重要组成部分，是决定工程进度能否执行、能否按期交工的重要环节。资源控制的核心是制订资源的相关计划，资源计划是通过识别和确定分项目的资源需求，确定出项目需要投入的劳动力、材料、机械、场地交通等资源种类，包括项目资源投入的数量和项目资源投入的时间，从而制订项目资源供应计划，满足项目从立项阶段到实施过程使用的目的。在传统的资源计划制订过程中，主要依据平面图、施工进度计划、技术文件要求等进行制订，资源计划编制时依据文件多、涉及资源众多，对人员计算的能力要求较高，在策划阶段难免对施工过程中资源种类、工程量计算有缺失疏忽，由此导致在策划阶段埋下较大的不可控因素、进度计划不合理等隐患。施工资源管理的现状不尽如人意，施工资源管理往往涉及多种劳动力，不同规格、数量的材料，种类繁多的机械设备等，正是由于其复杂性，导致在实际管理过程中，资源管理出现各种问题。通过分析，发现传统的资源计划存在以下不足：

（1）各类资源（主要包括劳动力、材料、机械设备等）的名称及项目种类繁多，漏项情况时有发生。

（2）策划阶段时间紧迫，难以在有限的时间内高效、精确计算，造成计划的工程量不准确、偏差较大，导致后期施工资源供应不足，影响施工进度。

（3）资源计划投入时间的节点与进度计划的制订不匹配，造成进度计划难以直接指导后期施工，导致资金的价值难以做到最大化、施工安排不合理的情况发生。

（4）劳动力计划在策划阶段制订不合理时，可能会导致劳动力安排与实际用工需要不对应，在后期的施工过程中经常会出现人员闲置、窝工或少工、断工等现象；人数安排不当导致在小的工作面安排过多人员，在大的工作面安排过少人员，不能充分发挥出劳动力的工作效率，影响工程进度；各劳动工种人数结构安排不合理，各工种之间协调性差，效率低。上述问题给项目造成进度和资金两方面的损失是很大的，使用 BIM 技术对解决上述问题有较好的效果。BIM 模型包含了建筑物的所有信息，直接对模型操作即可发挥 BIM 技术的可视化及虚拟施工等特性，能让管理者在策划阶段即可提前直观地了解建筑物完成后的形态，以及具体的施工过程，通过 BIM 模型可以获取完整的实体工程量信息，进而计算出劳动力需求量，以及其他资源信息，通过 BIM 模拟技术来评估资源投入量的合理性，可在策划阶段制订出合理完善的资源项目、资源工程量及进场时间等信息，为后期施工过程中减少返工和浪费、保证进度的正常进行提供前期的保障。

4. 基于 BIM 的施工现场布置应用

施工现场布置策划是在拟建工程的建筑平面上（包括周边环境），布置为施工服务的各种临时建筑、临时设施及材料、施工机械等的过程。施工现场布置方案是施工方案在现场的空间体现，它反映已有建筑与拟建工程间、临时建筑与临时设施间的相互空间关系，表达建筑施工生产过程中各生产要素的协调与统筹。布置得恰当与否对现场的施工组织、文明施工、施工进度、工程成本、工程质量和安全都将产生直接的影响。施工现场布置策划是施工管理策划最重要的内容之一，也是最具"含金量"的部分。合理、前瞻性强的总平面管理策划可以有效地降低项目成本，保证项目的发展进度。

传统模式下的施工场地布置策划是由编制人员依据现场情况及自己的施工经验指导现场的实际布置。一般在施工前很难分辨其布置方案的优劣，更不能在早期发现布置方案中可能存在的问题。施工现场活动本身是一个动态变化的过程，施工现场对材料、设备、机具等的需求也是随着项目施工的不断推进而变化的。传统模式下的施工场地布置普遍采用不参照项目进度进行的二维静态布置方案，随着项目的进行，很有可能变得不适应项目施工的需求。这样一来，就需要重新对场地布置方案进行调整，再次布置必然会需要更多的拆卸、搬运等程序，需要投入更多的人力、物力，进而增加施工成本，降低项目效益。布置不合理的施工场地甚至会产生施工安全问题。所以，随着工程项目的大型化、复杂化，传统静态的二维施工场地布置方法已经难以满足实际需要。

基于 BIM 模型及理念，运用 BIM 工具对传统施工场地布置策划中难以量化的潜在空间冲突进行量化分析，同时结合动态模拟从源头减少安全隐患，可方便后续施工管理、降低成本、提高项目效益。

基于 BIM 的场地布置策划运用三维信息模型技术表现建筑施工现场，运用 BIM 动画技术形象模拟建筑施工过程，结合建筑施工过程中施工现场场景布置的实际情况或远景规划将现场的施工情况、周边环境和各种施工机械等运用三维仿真技术形象地表现出来，并通过模拟进行合理性、安全性、经济性评估，实现施工现场场地布置的合理、合规。

 岗课赛证融通小测

1. （单项选择题）以下（   ）项目最不可能通过 BIM 技术实现效益最大化。

A. 新建项目   B. 改建项目

C. 维修工程   D. 文化遗产保护

2. （单项选择题）（   ）是实现 BIM 项目成功的关键因素。

A. 高性能计算机   B. 专业软件

C. 团队协作   D. 纸质图纸

3. （单项选择题）BIM 技术的（   ）维度涉及成本管理。

A. 3D   B. 4D   C. 5D   D. 6D

4. （多项选择题）在施工阶段，BIM 能够辅助完成的任务有（   ）。

A. 进度管理   B. 成本控制

C. 设计变更快速响应   D. 物料采购

E. 手动作业指导

5. （多项选择题）使用 BIM 技术进行施工管理，可以实现（   ）。

A. 动态成本估算   B. 现场人员实时定位

C. 高级渲染和动画制作   D. 施工进度跟踪

E. 资源优化

任务 1.2　工作任务单

学习任务名称：　　探索建筑工程智慧施工组织管理

班级：　　　　　　　　　　　　姓名：　　　　　　　　　　　　日期：　　　　　　　　　　　

01　学生任务分配表

组名		指导教师	
组长		学号	
组员			
任务分工			

02 任务准备表

工作目标	发挥自己的想象，绘制一幢属于自己的未来建筑
序号	任务
1	确定自己未来建筑的结构形式、建造工期、需要的资源
2	拟定建造该建筑的成本
3	计划怎样可以最大限度地节省资金
4	列出该建筑在建造过程中的计划安排
5	检视你的计划安排能否支撑你项目的实施

03　学生个人自评表

班级		组名		日期	
姓名		学号			
评价指标	评价内容			分数	分数评定
信息检索	能有效利用网络、图书资料查找有用的相关信息等；能用自己的语言有条理地去解释、表述所学知识；能将查到的信息有效地传递到学习中			10 分	
感知课堂	是否熟悉项目经理助理岗位，认同岗位工作价值；在学习中是否能获得满足感，认同课堂文化			10 分	
参与态度	积极主动参与学习，能吃苦耐劳，崇尚劳动光荣，技能宝贵；与教师、同学之间是否相互尊重、理解、平等；与教师、同学之间是否能够保持多向、丰富、适宜的信息交流			10 分	
	能处理好合作学习和独立思考的关系，做到有效学习；能提出有意义的问题或能发表个人见解；能按要求正确完成任务；能够倾听别人意见、协作共享			10 分	
学习过程	1. 理解智慧建筑的发展趋势			10 分	
	2. 能熟悉 BIM 技术在施工组织管理中应用现状			10 分	
	3. 能理解智能化、工业化对建筑施工组织管理的挑战			10 分	
思维态度	是否能发现问题、提出问题、分析问题、解决问题、创新问题			10 分	
自评反馈	按时按质完成工作任务；较好地掌握了专业知识点；具有较强的信息分析能力和理解能力；具有较为全面严谨的思维能力并能条理清楚明晰表达成文			20 分	
自评分数					
有益的经验和做法					
总结反馈建议					

04 组内互评表

班级		组名		日期	
验收组长		被验收者		学号	

组内验收成员	
任务要求	

验收文档清单	任务工作单：
	文献检索清单：

验收评分	评分标准	分数	得分
	1. 会合理确定未来建筑的结构形式、建造工期、需要的资源、建造成本，错误一处扣10分	40分	
	2. 计划怎样可以最大限度地节省资金，错误一处扣5分	10分	
	3. 能合理列出该建筑在建造过程中的计划安排，错误一处扣5分	30分	
	4. 能按时提交工作任务单，迟10分钟，扣5分	10分	
	5. 提供文献检索清单，不少于5项，缺一项扣2分	10分	
评价分值			

不足之处	

05 组间互评表

班级		被评组名		日期	
验收组名 （成员签字）					
评价指标		评价内容		分数	分数评定
汇报表述		表述准确		15 分	
		语言流畅		10 分	
		准确反映该组完成情况		15 分	
内容正确度		内容正确		30 分	
		阐述表达到位		30 分	
互评分数					
简要评述					

06　任务完成情况评价表

班级			组名			
姓名			学号			
序号	任务内容及要求		配分	评分标准	教师评价	
					结论	得分
1	合理确定未来建筑的结构形式、建造工期、需要的资源，建造成本	描述正确	10分	错误一处扣2分		
		语言流畅	10分	酌情赋分		
2	计划怎样可以最大限度地节省资金	描述正确	10分	错误一处扣2分		
		语言流畅	10分	酌情赋分		
3	能合理列出该建筑在建造过程中的计划安排	描述正确	10分	错误一处扣5分		
		语言流畅	10分	酌情赋分		
4	提供5项文献检索清单	数量	10分	缺一处扣2分		
		参考的主要内容要点	10分	酌情赋分		
5	素质素养评价	沟通交流能力	20分	酌情赋分，但违反课堂纪律，不听从组长、教师安排，不得分		
		团队合作				
		课堂纪律				
		自主探学				
		合作研学				
		精益求精、专心细致的工作作风				
		诚实守信的意识				
		讲原则守规矩的意识				
		规范意识				
总分						

项目 2　单层建筑施工组织管理（以小平房工程为例）

任务 2.1　分析单层建筑工程特点和施工难点

工作任务	分析单层建筑工程特点和施工难点	建议学时	2 学时
任务描述	认识单层建筑工程的定义，了解单层建筑工程的应用，熟悉单层建筑工程的特点，能理解单层建筑工程的施工难点。		
学习目标	★ 理解单层建筑工程的特点； ★ 熟悉单层建筑工程的应用； ★ 掌握单层建筑工程的施工难点； ★ 能够主动获取信息，展示学习成果，并相互评价、对单层建筑工程未来发展进行探索，与团队成员进行有效沟通，团结协作。		
任务分析	要分析单层建筑工程特点和施工难点，首先要正确理解单层建筑工程的定义和特点，明确单层建筑工程的应用，熟悉单层建筑工程的施工难点。		

 任务导航

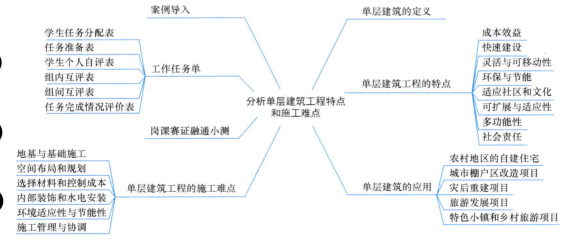

 案例导入

　　作为浙江省首批 37 个特色小镇之一的梦想小镇（图 2-1），从 2014 年 9 月正式启动建设到 2015 年 3 月正式开始运营，短短 160 天，梦想小镇从一片农田出落成一座独具江南

水乡韵味的科创小镇，成为人才、资本、项目高度集聚的产业高地。它代表了杭州这个城市的精神：有梦想、肯努力，每个人都有机会成功。2018 年 5 月 24 日，梦想小镇入选最美特色小镇 50 强。

图 2-1　梦想小镇效果图

请大家探讨一下，这是如何做到的呢？

 知识链接

2.1.1　单层建筑的定义

单层建筑工程，通常指的是规模较小、结构相对简单的单层住宅建设项目。这类项目在世界各地都有广泛应用，尤其是在需要迅速提供住房、成本相对较低的场合，例如灾后重建、低收入居民区的住宅开发等。

2.1.2　单层建筑工程的特点

单层建筑以其高效和实用的特质，在各种需求和环境下提供了理想的住房解决方案。这些建筑的主要优势包括：

（1）成本效益

简洁的设计、较小的占地面积，以及经济的建造材料和方法，使得单层建筑成为经济条件有限或需要迅速解决住房问题的家庭的首选。

（2）快速建设

简化的结构意味着这些建筑可以迅速完成，特别是在灾后重建等需要紧急提供住宿的情况下。

（3）灵活与可移动性

考虑到可能的迁移需求，这些房屋设计为可以轻松移动或拆解重建，适合临时住宿的需求。

（4）环保与节能

采用环保材料和设计，如自然通风和太阳能使用，减轻了对环境的影响，符合现代节能环保的需求。

（5）适应社区和文化

在设计和建设过程中，考虑到当地社区的需求和文化背景，确保新建住宅与周边环境融洽共处，满足居民的生活和文化偏好。

（6）可扩展与适应性

设计允许根据家庭规模变化或其他居住需求的调整进行修改和扩建，提供了长期居住的灵活性。

（7）多功能性

除了满足居住需求，这些建筑也经常设计有多种用途，如作为工作室、店铺或社区中心，增加其实用价值。

（8）社会责任

由社会企业或非政府组织发起的项目，会在建设过程中强调社会责任，例如通过提供建筑技能培训和就业机会促进当地社区的发展。

这些特点汇集在一起，使得单层建筑项目不仅为居民提供了经济实惠的住宅，还促进了可持续发展和社会福祉的提高。

2.1.3　单层建筑的应用

在中国，单层建筑项目主要出现在以下几个场合：

（1）农村地区的自建住宅

在我国的农村地区，单层建筑项目很常见，通常是由农民自建或在地方政府的指导下建设。这些住宅一般单层，以砖混结构为主，旨在提供经济适用的居住环境。随着乡村振兴战略的实施，这类住宅在设计和建设质量上都有了显著提升。

（2）城市棚户区改造项目

在一些大城市，单层建筑项目也被用于棚户区改造。这些项目旨在改善低收入群体的居住条件，提供更为安全和卫生的住宅。这些单层建筑往往配备了基本的生活设施，例如卫生间和厨房，且考虑到能源效率和环境保护。

（3）灾后重建项目

我国面对自然灾害时，经常会迅速启动单层建筑建设项目来安置受灾群众。例如，2008 年汶川地震后，政府大规模建设了临时住宅，帮助灾民渡过难关。

（4）旅游发展项目

在一些旅游景区，为了提供给游客独特的住宿体验，也会建设风格独特的单层建筑。这些住宅往往利用当地的自然资源和建筑风格，既保护了环境，也促进了当地经济的发展。

（5）特色小镇和乡村旅游项目

近年来，随着乡村旅游和特色小镇的兴起，许多地方政府和企业投资建设以单层建筑为主的住宿设施，吸引城市居民体验乡村生活。这些项目往往注重生态保护和文化传承，推广绿色建筑和可持续发展的理念。

2.1.4 单层建筑工程的施工难点

在进行小型平房建设时，尽管项目规模不大，却往往要面对着一系列施工挑战，这些挑战需要借助精湛的技术力量和周密的管理策略加以解决。

（1）地基与基础施工

地基处理与基础建设是确保建筑稳定性的首要任务。不同的土壤和地质条件要求我们采用多样化的处理方式和基础类型。例如，在松软或含水量高的土壤中建设时，往往需要加固地基或者采用桩基础，这一选择会提升施工的技术要求和成本开销。

（2）空间布局和规划

考虑到空间规划和布局优化，单层建筑面临的是如何在有限的空间内合理规划功能区并最大化提高空间利用率；这要求设计师与施工团队紧密合作，运用巧妙设计确保空间的有效利用。

（3）选择材料和控制成本

在材料选择和成本控制方面，如何在不牺牲建筑质量和性能的前提下，合理挑选材料以控制成本，也是单层建筑项目需要面对的难题。这就需要根据具体要求和预算，精确材料挑选和采购，同时注意避免浪费。

（4）内部装饰和水电安装

对于水电安装和内部装饰而言，精细的规划和施工对于确保安全、美观及功能性至关重要。这一环节要求施工团队不仅拥有高度的专业能力，还需要在有限的操作空间中展现出极致的细致和专注。

（5）环境适应性与节能性

在考虑环境适应性与节能性能时，设计和建造既符合地域环境特征又具有优良节能性能的单层建筑展现了设计与施工的挑战。这需要在设计之初便考虑建筑的朝向、窗户大小与位置，以及保温材料的选择等多个方面，从而提升能源效率。

（6）施工管理与协调

项目虽小，但施工管理与协调的复杂性不容小觑。施工过程中，需要协调不同工种的施工进度和质量，以防施工延误和质量问题。这就要求项目管理者不仅要具备出色的组织协调能力，还需实施严格的工程管理策略。

通过融合现代建筑技术、细致的项目管理以及创新的设计思维，我们能够有效解决单层建筑建设过程中遇到的这些难题，打造出既安全又美观、经济实用的居住空间。

 岗课赛证融通小测

1.（单项选择题）单层建筑工程项目管理的关键环节是（　　）。

A. 仅在项目开始时制订计划　　　　　B. 忽视成本控制

C. 协调各个工种的工作　　　　　　　D. 避免与客户沟通进度

2.（单项选择题）在单层建筑工程中，提高建筑物节能性能的措施不包括（　　）。

A. 优化建筑朝向　　　　　　　　　　B. 增加窗户数量以提高自然光

C. 使用高效保温材料　　　　　　　　D. 增加室内照明强度

3. （单项选择题）施工过程中，降低成本的有效方法是（　　）。

A. 减少监督　　　　　　　　　　B. 加快施工速度

C. 精确计划材料用量　　　　　　D. 选择次等材料

4. （多项选择题）在选择材料和进行成本控制时，以下（　　）做法是可取的。

A. 比较不同供应商的报价　　　　B. 采购环保材料

C. 批量购买以获得折扣　　　　　D. 选择最新材料不计成本

E. 重复利用旧材料

5. （多项选择题）在施工管理和协调方面，以下（　　）做法是正确的。

A. 定期召开进度会议　　　　　　B. 实施成本监控

C. 避免与客户沟通　　　　　　　D. 协调各专业工种

E. 详细记录施工日志

任务 2.1　工作任务单

学习任务名称：　　分析单层建筑工程特点和施工难点　　　　　　　　　　　　

班级：　　　　　　　　　　　　　　姓名：　　　　　　　　　　　　日期：　　　　　　　　　　　　

01　学生任务分配表

组名		指导教师	
组长		学号	
组员			
任务分工			

02 任务准备表

工作目标	分析单层建筑工程特点和施工难点
序号	任务
1	举例分析单层建筑工程特点
2	举例分析单层建筑工程施工难点

03 学生个人自评表

班级		组名		日期	
姓名		学号			
评价指标	评价内容			分数	分数评定
信息检索	能有效利用网络、图书资料找有用的相关信息等；能用自己的语言有条理地去解释、表述所学知识；能将查到的信息有效地传递到学习中			10分	
感知课堂	是否熟悉项目经理助理岗位，认同岗位工作价值；在学习中是否能获得满足感，认同课堂文化			10分	
参与态度	积极主动参与学习，能吃苦耐劳，崇尚劳动光荣，技能宝贵；与教师、同学之间是否相互尊重、理解、平等；与教师、同学之间是否能够保持多向、丰富、适宜的信息交流			10分	
	能处理好合作学习和独立思考的关系，做到有效学习；能提出有意义的问题或能发表个人见解；能按要求正确完成任务；能够倾听别人意见、协作共享			10分	
学习过程	1. 理解单层建筑工程的特点			10分	
	2. 能熟悉单层建筑工程的应用			10分	
	3. 掌握单层建筑工程的施工难点			10分	
思维态度	是否能发现问题、提出问题、分析问题、解决问题、创新问题			10分	
自评反馈	按时按质完成工作任务；较好地掌握了专业知识点；具有较强的信息分析能力和理解能力；具有较为全面严谨的思维能力并能条理清楚明晰表达成文			20分	
自评分数					
有益的经验和做法					
总结反馈建议					

04　组内互评表

班级		组名		日期	
验收组长		被验收者		学号	
组内验收成员					
任务要求					
验收文档清单	任务工作单：				
	文献检索清单：				

	评分标准	分数	得分
验收评分	1. 会详细阐述单层建筑工程的应用，错误一处扣10分	40分	
	2. 能根据具体工程分析单层建筑工程施工难点，错误一处扣5分	40分	
	3. 能按时提交工作任务单，迟10分钟，扣5分	10分	
	4. 提供文献检索清单，不少于5项，缺一项扣2分	10分	
评价分值			
不足之处			

05 组间互评表

班级		被评组名		日期	
验收组名 （成员签字）					
评价指标	评价内容			分数	分数评定
汇报表述	表述准确			15 分	
	语言流畅			10 分	
	准确反映该组完成情况			15 分	
内容正确度	内容正确			30 分	
	阐述表达到位			30 分	
互评分数					
简要评述					

06 任务完成情况评价表

班级			组名			
姓名			学号			
序号	任务内容及要求		配分	评分标准	教师评价	
					结论	得分
1	详细阐述单层建筑工程的应用	描述正确	20分	错误一处扣5分		
		语言流畅	10分	酌情赋分		
2	根据具体工程分析单层建筑工程施工难点	描述正确	20分	错误一处扣5分		
		语言流畅	10分	酌情赋分		
3	能够按时提交工作任务单	按时提交	10分	延迟10分钟，扣5分		
		延迟提交	10分	酌情赋分		
4	提供5项文献检索清单	数量	10分	缺一处扣2分		
		参考的主要内容要点	10分	酌情赋分		
5	素质素养评价	沟通交流能力	20分	酌情赋分，但违反课堂纪律，不听从组长、教师安排，不得分		
		团队合作				
		课堂纪律				
		自主探学				
		合作研学				
		精益求精、专心细致的工作作风				
		诚实守信的意识				
		讲原则守规矩的意识				
		规范意识				
总分						

任务 2.2　编写小平房工程施工准备文件

工作任务	编写小平房工程施工准备文件	建议学时	4 学时
任务描述	准备小平房工程施工，需要了解施工准备工作的意义、分类及要求；掌握施工准备工作的内容及方法；熟悉施工准备工作计划及开工报告的内容；能够进行小平房工程施工准备，编制简单工程的施工准备工作计划，会填写开工报告。		
学习目标	★ 理解施工准备工作的意义； ★ 掌握施工准备工作的内容； ★ 能编写施工准备工作计划； ★ 会填写开工报告； ★ 能够主动获取信息，展示学习成果，并相互评价；对小平房工程施工准备工作进行探索，与团队成员进行有效沟通，团结协作。		
任务分析	准备小平房工程施工，深入理解施工准备工作的意义及其重要性；学习施工准备工作的类别与相关要求；掌握具体的施工准备活动；熟悉施工准备计划和开工报告的制订；编制简易工程的施工准备工作计划；有效填写开工报告。		

任务导航

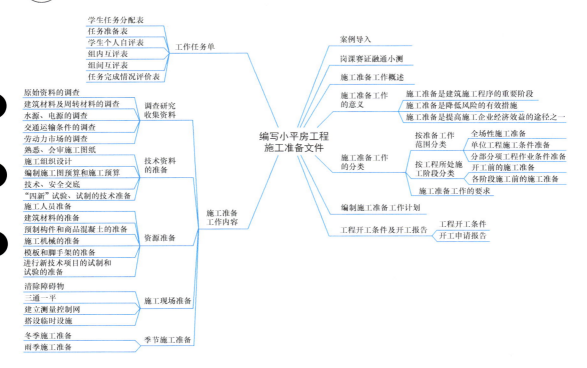

 **案例导入**

作为浙江省首批特色小镇，梦想小镇自 2015 年 3 月 28 日向年轻的互联网创业者敞开大门，截至 2019 年已集聚创业项目 2136 个、创业人才 18200 名，成为国家级互联网创新创业高地。带动效应逐步显现，小镇里涌现的创业项目和投资机构正在用互联网思维渗透传统产业、改造传统企业，为区域经济发展注入全新动力。

小李作为一名应届毕业生，假设他想要花费 50 万，在浙江梦想小镇修建单层小平房工程，建筑面积 100m²，工期 180 天，工程项目实行施工总承包模式，应该如何做好施工准备工作呢？

 **知识链接**

2.2.1　施工准备工作概述

施工准备是为了保证工程能正常开工和连续、均衡施工而进行的一系列准备工作。它是施工程序的重要环节，不仅存在于开工之前，而且贯穿整个施工过程。

调研收集资料

现代企业管理理论认为，企业管理的重点是生产经营，而生产经营的核心是决策。施工准备工作是对拟建工程目标、资源供应和施工方案的选择及其空间布置和时间排列等诸方面进行的施工决策。

2.2.2　施工准备工作的意义

施工准备工作是为了保证施工活动正常进行和工程顺利竣工所必需的各项准备工作。它是建筑施工组织的重要组成部分，是施工程序中的重要环节，具有以下意义：

（1）施工准备是建筑施工程序的重要阶段

施工准备是保证施工顺利进行的基础，只有充分地做好各项施工准备工作，为建筑工程提供必要的技术和物质条件，统筹安排，遵循市场经济规律和国家有关法律法规，才能使建筑工程达到预期的经济效果。

（2）施工准备是降低风险的有效措施

建筑施工具有复杂性和生产周期长的特点，建筑施工受外界环境、气候条件和自然环境的影响较大，不可见的因素较多，使建筑工程面临的风险较多。只有充分做好施工准备工作，根据施工地点的地区差异性，搜集各方面的相关技术经济资料，分析类似工程的预算数据，考虑不确定的风险，才能有效地采取防范措施，降低风险。

（3）施工准备是提高施工企业经济效益的途径之一

做好施工准备工作，有利于合理分配资源和劳动力，协调各方面的关系，做好各分部分项工程的进度计划，保证工期，提高工程质量，降低成本，从而使工程从技术和经济上得到保证，提高施工企业的经济效益。

大量实践证明，只要重视施工准备工作，积极为工程项目创造一切施工条件，该工程的施工任务就能顺利完成。否则，将会处处被动，给工程的施工带来麻烦，甚至造成重大损失。

2.2.3 施工准备工作的分类

1. 按准备工作范围分类

（1）全场性施工准备

施工总准备是指以整个建设项目为对象而进行的，需要统一部署各项施工准备。其特点是施工准备工作的目的、内容是为整个建设项目顺利施工创造有利条件。它既为全场性施工做好准备，也兼顾了单位工程施工条件的准备工作。

（2）单位工程施工条件准备

单位工程施工条件准备是指以单位工程为对象而进行的施工条件准备工作。其特点是准备工作的目的、内容是为单位工程施工服务的，它不仅要为单位工程在开工前做好一切准备，而且要为分部（分项）工程做好施工准备工作。

（3）分部分项工程作业条件准备

它是以一个分部（分项）工程或冬雨期施工工程为对象进行的作业条件准备。

2. 按工程所处施工阶段分类

（1）开工前的施工准备

它是在拟建工程正式开工前所进行的带有全局性和总体性的施工准备。其作用是为开工创造必要的施工条件。

（2）各阶段施工前的施工准备

它是在拟建工程开工以后，在每一个分部（分项）工程施工之前所进行的施工准备工作。目的是为各分部（分项）工程的顺利施工创造必要的施工条件。

综上所述，不仅在拟建工程开工之前要做好施工准备工作，而且随着工程施工的进展，在各施工阶段开工之前也要做好施工准备工作。施工准备工作既要有阶段性，又要有连续性。因此，施工准备工作必须要有计划、有步骤、分期分阶段地进行，贯穿拟建工程的整个建造过程。

3. 施工准备工作的要求

（1）不仅施工单位要做好施工准备工作，其他有关单位也要做好。建设单位在施工任务书及初步设计（或扩大初步设计）批准后，便可着手各种主要设备的订货（各种大型专用机械设备和特殊材料要早做订购安排），并着手建设征地、障碍物拆迁、申请施工许可证、接通场外道路、水源及电源等各项筹备工作。设计单位在初步设计和总概算批准以后，应抓紧设计单项（单位）工程施工图及相应的设计概算等工作。施工单位要分析整个建设项目施工部署，在做好调查研究、收集资料等工作的基础上编制施工组织设计，按照要求做好施工准备工作。

（2）施工准备工作必须贯穿于施工全过程。工程开工以后，要随时做好作业条件准备工作。施工顺利与否取决于施工准备工作的及时性和完善性。因此，企业各职能部门要面向施工现场，像重视施工活动一样重视施工准备工作。及时解决施工准备工作中的技术、机械设备、材料、人力、资金管理等各种问题，以保证工程施工的作业条件。项目经理应十分重视施工准备工作，加强施工准备工作的计划性，及时做好协调工作。

（3）遵守建设程序，执行开工报告制度。必须遵循基本建设程序，坚持"做好施工准备再开工"的原则。当施工准备工作各项内容已完成、满足开工条件、已办理施工许可证时，项目经理部应提出开工报告申请，报上级批准后才能开工。实行监理的工程，应将开工报告送监理工程师审批，由监理工程师签发开工通知书。

（4）施工准备工作分阶段、有组织、有计划、有步骤地进行。施工准备工作不仅要在开工前集中进行，而且要贯穿整个施工过程。随着工程施工的不断进行，在各分部（分项）工程施工开始之前，都要做好准备工作，为各分部（分项）工程施工顺利进行创造必要的条件。为了保证施工准备工作按时完成，应编制施工准备工作计划和年度、季度及月度工作计划，认真贯彻执行。

（5）建立检查制度。在施工准备工作实施过程中，应定期进行检查。可按周、半月、月度进行检查，主要检查施工准备工作计划的执行情况。如果没有完成计划要求，应进行分析，找出原因，消除障碍，协调施工准备工作进度和调整施工准备工作计划。检查的方法可用实际与计划进行对比，或相关单位和人员一起开会，检查施工准备工作情况，当场分析产生问题的原因，提出解决问题的办法。后一种方法见效快，解决问题及时，现场采用较多。

2.2.4　施工准备工作内容

一般工程的施工准备工作可归纳为五个部分，具体如图 2-2 所示。

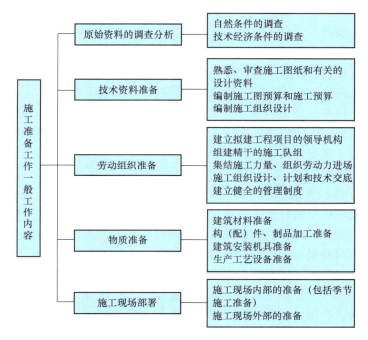

图 2-2　施工准备一般工作内容

每项工程施工准备工作的内容，视该工程具备的条件而异。有的比较简单，有的却十分复杂。如只有一个单项工程的施工项目和包含多个单项工程的群体项目，小型项目和规模庞大的大中型项目，新建项目和改扩建项目，在未开发地区兴建的项目和在已开发并具备各种条件的地区兴建的项目等，都因工程的特殊需求和特殊条件而对施工准备工作提出各不相同的具体要求。只有按照施工项目的规划来确定准备工作的内容，并拟定具体的、分阶段的施工准备工作实施计划，才能充分地为施工创造一切必要的条件。

1．调查研究收集资料

（1）原始资料的调查

施工准备工作，除了要掌握有关拟建工程的书面资料外，还应该进行拟建工程原始资料的调查。获得基础数据的第一手资料，这对于拟定一个科学合理、切合实际的施工组织设计是必不可少的。原始资料的调查是对气候条件、自然环境及施工现场的调查，作为施工准备工作的依据。

1）施工现场及水文地质的调查

施工现场及水文地质的调查包括工程项目总平面规划图、地形测量图、绝对标高等情况、地质构造、土壤的性质和类别、地基土的承载力、地震级别和烈度、工程地质的勘察报告、地下水情况、冻土深度、场地水准基点和控制桩的位置与资料等，一般可作为设计施工平面图的依据。

2）拟建工程周边环境的调查

拟建工程周边环境的调查包括建设用地上是否有其他建筑物、构筑物、人防工程、地下光缆、城市管道系统、架空线路、文物、树木和古墓等，以及周围道路、已建建筑物等情况。上述资料一般可作为设计现场平面图的依据。

3）气候及自然条件的调查

气候及自然条件的调查包括建筑工程所在地的气温变化情况，5℃和0℃以下气温的起止日期、天数；雨季的降水量及起止日期；主导风向、全年大风天数、频率及天数。上述资料一般可作为冬、雨期施工措施的依据。

（2）建筑材料及周转材料的调查

特别是调查建筑工程中用量较大的"三材"（钢材、木材和水泥），这些主要材料的市场价格、到货情况。若是商品混凝土，要考察供应厂家的供应能力、价格、运输距离等多方面因素。还有一些用量较大影响造价的地方材料，如砖、砂、石子、石灰的质量、价格、运输情况等，预制构件、门窗、金属构件的制作、运输、价格等，建筑机械的租赁价格，周转材料如脚手架、模板及支撑等的租赁情况，装饰材料如地砖、墙砖、轻质隔墙、吊顶材料、玻璃、防水保温材料等的质量、价格情况，安装材料如灯具、暖气片或地暖材料的质量、规格型号等情况。上述调查结果一般可作为确定现场施工平面图中临时设施和堆放场地的依据，也可作为制订材料供应计划、确定储存方式及冬、雨季预防措施的依据。

（3）水源、电源的调查

水源的调查包括施工现场与当地现有水源连接的可能性，供水量、接管地点、给水排水管道的材质规格、水压、与工地距离等情况。若当地施工现场水源不能满足施工用水要求，则要调查可作临时水源的条件是否符合要求。上述调查资料一般可作为施工现场临时用水的依据。

电源的调查包括施工现场电源的位置、引入工地的条件、电线套管管径、电压、导线截面、可满足的容量，以及施工单位或建设单位自有的发变电设备、供电能力等情况。上述调查资料一般可作为施工现场临时用电的依据。

（4）交通运输条件的调查

建筑工程的运输方式主要有铁路、公路、航空和水运等。交通运输资料的调查主要包括运输道路的路况、载重量，站场的起重能力、卸货能力和储存能力，对于超长、超高、超宽或超重的特大型预制构件、机械或设备，要调查道路通过的允许高度、宽度及载重量，及时与有关部门沟通运输的时间、方式及路线，避免造成道路损坏或交通堵塞。上述调查资料一般可作为施工运输方案的依据。

（5）劳动力市场的调查

劳动力市场的调查包括当地居民的风俗习惯，当地劳动力的价格水平、技术水平、可提供的人数及来源、生活居住条件，周围环境的服务设施，工人的工种分配情况及工资水平，管理人员的技术水平及待遇，劳务外包队伍的情况等。上述调查资料一般可作为施工现场临时设施的安排、劳动力的组织协调的依据。

2. 技术资料的准备

技术资料的准备是施工准备的核心，即通常所说的室内准备（内业作业），是保证施工质量，使施工能连续、均衡地达到质量、工期、成本的目标的必备条件。其具体包括的内容有：熟悉和会审图纸，编制施工组织设计，编制施工图预算与施工预算。

技术资料准备

（1）熟悉、会审施工图纸

1）熟悉与会审图纸的目的

① 保证能够按设计图纸的要求进行施工。

② 使从事施工和管理的工程技术人员充分了解和掌握图纸的设计意图、构造特点和技术要求。

③ 通过审查发现图纸中存在的问题和错误，为拟建工程的施工提供一份准确、齐全的设计图纸。

2）施工单位熟悉和自审图样时应注意：

① 图纸是否符合国家的有关技术政策规定。

② 图纸与其说明书在内容上有无矛盾和错误。

③ 图纸与其相关的结构图，尺寸是否一致，技术要求是否明确。

④ 工业项目的生产工艺流程和技术要求，掌握配套投产的先后次序和相互关系，审查设备安装图纸及与其相配合的土建图纸，在坐标和标高尺寸上是否一致，土建施工的质量标准能否满足设备安装的工艺要求。

⑤ 设计或地基处理方案同建造地点的工程地质和水文地质条件是否一致，弄清建筑物与地下构筑物、管线间的相互关系。

⑥ 拟建工程的建筑和结构的形式和特点，需要采取哪些新技术；复核主要承重结构或构件的强度、刚度和稳定性能否满足施工要求。对于工程复杂、施工难度大和技术要求高的分部（分项）工程，要审查现有施工技术和管理水平能否满足工程质量和一般要求，设备及加工订货有何特殊要求等。

⑦ 技术资料合理化建议及其他问题。在审查图样过程中，对发现的问题应做出标记。做好记录并在图纸会审时提出。

3）设计图纸的自审阶段

施工单位收到拟建工程的设计图纸和有关技术文件后，应尽快组织各专业的工程技术人员及预算人员熟悉和自审图纸，写出自审图纸记录。自审图纸的记录应包括对设计图纸的疑问、设计图纸的差错和有关建议。

4）熟悉图纸的要求

① 先建筑后结构。先看建筑图纸，后看结构图纸。结构与建筑互相对照，检查是否有无矛盾，轴线、标高是否一致，建筑构造是否合理。

② 先整体后细部。先对整个设计图纸的平、立、剖面图有一个总的认识，然后再了解细部构造，检查总尺寸与细部尺寸是否存在矛盾之处，位置、标高是否一致。

③ 图纸与说明及技术规范相结合。核对设计图纸与总说明、细部说明有无矛盾，是否符合国家或地区的技术规范的要求。

④ 土建与安装互相配合。核对安装图纸的预埋件、预留洞、管道的位置是否与土建中的预留位置相矛盾，注意在施工中各专业的协作配合。

5）设计图纸的会审阶段

一般建筑工程由建设单位组织并主持，设计单位、施工单位和监理单位参加，共同进行设计图纸的会审。图纸会审时，首先由设计单位进行技术交底，说明拟建工程的设计依据、意图和功能要求，并对特殊结构、新材料、新工艺和新技术提出设计要求；然后各方提出对设计图纸的疑问和建议；最后建设单位在统一认识的基础上，对所提出的问题逐一做好记录，形成"图纸会审纪要"，由建设单位正式行文，参加单位共同会签、盖章，作为与设计文件同时使用的技术文件和指导施工的依据，以及建设单位与施工单位进行工程预决算的依据。

在建筑工程施工的过程中，如果发现施工条件与设计图纸的条件不符，或者发现图纸中仍然有错误，或者因为材料的规格、质量不能满足设计要求，或者因为施工单位提出了合理化建议，需要对设计图纸进行及时修订时，应进行图纸的施工现场签证。

6）图纸会审的内容

① 核对设计图纸是否完整、齐全，以及是否符合国家有关工程建设的设计、施工方面的技术规范。

② 审查设计图纸与总说明在内容上是否一致，以及设计图纸之间有无矛盾和错误。

③ 审查建筑平面图与结构图在几何尺寸、坐标、标高、说明等方面是否一致，技术要求是否正确，有无遗漏。

④ 审查地基处理与基础设计同建筑工程地点的工程水文、地质等条件是否一致，以及建筑物与地下建筑物、管线之间的关系是否正确。

⑤ 审查设计图纸中工程复杂、施工难度大和技术要求高的分部分项工程或新结构、新材料、新工艺，检查现有施工技术水平和管理水平能否满足工期和质量要求并采取可行的技术和安全措施加以保证。

（2）施工组织设计

施工组织设计是指导工程项目进行施工准备和保障工程正常施工的重要技术经济文件。施工组织设计主要依据设计文件与施工图纸、现场施工条件并根据编制施工组织设计基本原则要求编制，以满足业主对工程建设的要求，保证施工过程中以较少的投入，达到较大产出，使工程施工效益最大化。

由于施工组织设计是工程施工的重要技术经济文件，因此施工单位应按合同协议条款约定的日期，将施工组织设计提交业主。业主应按合同协议条款约定的时间予以批准或提出修改意见；逾期不批复，可视为施工组织设计已经批准。施工单位要按批准的施工组织设计组织施工，并接受业主的检查与监督。

（3）编制施工图预算和施工预算

建筑工程预算是反映工程经济效果的技术经济文件，在我国现阶段也是确定建筑工程预算造价的法定形式。建筑工程预算按照不同的编制阶段和不同的作用，可以分为设计概算、施工图预算和施工预算三种。施工图预算编制是一项政策性、专业性很强的工作，必须严肃认真对待。施工图预算经双方盖章生效后即具有法律约束力，成为确定工程造价的合法依据。编制施工图预算应遵循的原则是：数量准确、立项有据、定额无误、程序规范。数量准确是指工程量计算、定额单价采用、金额计算等准确符合规则；立项有据是指工程分部立项、增加项目等要有政策依据；定额无误是指定额采用要正确，定额项目与内容吻合；程序规范是指施工图预算分部编制顺序、取费程序等按规定执行。

（4）技术、安全交底

技术、安全交底的目的是把拟建工程的设计内容、施工计划、施工技术要点和安全等要求，按分项内容或按阶段向施工队、组交代清楚。

技术、安全交底的时间在拟建工程开工前或各施工阶段开工前进行，以保证工程按施工组织设计、安全操作规程和施工规范等要求进行施工。

技术、安全交底的内容有工程施工进度计划、施工组织设计、质量标准、安全措施、降低成本措施等要求；采用新设备、新材料、新工艺、新技术的保证措施；有关图纸设计变更和技术核定等事项。交底的方式有书面形式、口头形式和现场示范形式等。

（5）"四新"试验、试制的技术准备

按照施工图纸和施工组织设计的要求，认真进行新技术、新设备、新材料、新工艺等项目试验和试制。

3. 资源准备

资源准备是指施工中施工人员准备，对劳动手段（施工机械、施工工具、临时设施）和劳动对象（材料、构配件）等的准备。材料、构（配）件、制品、机具和设备是保证施工顺利进行的物资基础，这些物资的准备工作应在工程开工之前完成。资源准备工作主要包括：施工人员准备、建筑材料的准备、构（配）件和制品的加工准备、建筑施工机具的准备和周转材料的准备、进行新技术项目的试制和试验的准备。

（1）施工人员准备

1）项目部组织机构

施工组织机构的建立应遵循以下原则：根据工程规模、结构特点和复杂程度，确定施工组织的领导人选；坚持合理分工与密切协作相结合的原则，将有施工经验、有创新精神、工作效率高的人选入领导组，认真执行因事设职、因职选人的原则。对于一般单位工程可设一名工地负责人，再配施工员、质检员、安全员及材料员等。对大型单位工程或群体项目，则需配备一套班子，包括技术、材料、计划等管理人员。

2）基本施工班组的确定

① 砖混结构：砖混结构的房屋以混合班组施工的形式为宜。在结构施工阶段，主要是砌筑工程。这些混合施工队的特点是：人员配备较少，工人以本工种为主兼做其他工作。衔接比较紧凑，因而劳动效率较高。

② 全现浇结构：以专业施工班组的形式为宜。主体结构要浇筑大量的混凝土，故模板工、钢筋工、混凝土工是其主要工种。装饰阶段需配备抹灰工、油漆工、木工等。

③ 预制装配式结构：以专业施工班组的形式为宜。这种结构的施工以构件吊装为主，故应以吊装起重工为主。因焊接量较大，电焊工要充足，同时配以适当的木工、钢筋工、混凝土工。同时，根据填充墙的砌筑配备一定数量的瓦工。装修阶段须配备抹灰工、油漆工、木工等专业班组。

3）外包工的组织

① 外包施工队独立承担单位工程的施工：对于有一定的技术管理水平、工种配套并拥有常用的中小型机具的外包施工队伍，可独立承担某单位工程的施工，而企业只需抽调少量的管理人员对工程进行管理，并负责提供大型机械设备、模板、架设工具及供应材料。在经济上，可采用包工、包材料消耗的方法，即按定额包人工，按材料消耗定额结算材料费，结余有奖，超耗受罚，同时提取一定的管理费。

② 外包施工队承担某个分部（分项）工程的施工：实质上就是单纯提供劳务，管理人员以及所有的机械和材料，均由本企业负责提供。

③ 临时施工队伍与本企业队伍混编使用：这种方式是指本身不具备施工管理能力，只拥有简单的手动工具，仅能提供一定数量的个别工种的施工队伍，编排在本企业施工队伍之中，指定一批技术骨干带领他们操作，以保证质量和安全，共同完成施工任务。使用临时施工队伍时，要进行技术考核，达不到技术标准、质量没有保证的不得使用。

4）施工队伍的教育

施工前，企业要对施工队伍进行劳动纪律、施工质量和安全教育，要求本企业职工和外包施工队人员必须做到遵守劳动时间，坚守工作岗位，遵守操作规程，保证产品质量，保证施工工期及安全生产，服从调动，爱护公物。同时，企业还应做好职工、技术人员的培训和技术更新工作，只有不断提高职工、技术人员的业务技术水平，才能从根本上保证建筑工程质量，断提高企业的竞争力。此外，对于某些采用新工艺、新设备、新材料、新技术的工程，应该先将有关的管理人员和操作工人组织培训，使之达到标准后再上岗操作。这也是施工队伍准备工作的内容之一。

（2）建筑材料的准备

主要是根据工料分析，按照施工进度计划的使用要求以及材料储备定额和消耗定额，分别按材料名称、规格、使用时间进行汇总，编制出建筑材料需要量计划。建筑材料的准备包括：三材、地方材料、装饰材料的准备。准备工作应根据材料的需要量计划，组织货源，确定加工、供应地点和供应方式，签订物资供应合同。材料的储备应根据施工现场分期分批使用材料的特点，按照以下原则进行材料储备：

① 应按工程进度分期分批进行。现场储备的材料多了会造成积压，增加材料保管的负担，同时，也多占用了流动资金，储备少了，又会影响正常生产。所以材料的储备应合理、适量。

② 做好现场保管工作，以保证材料原有的数量和原有的使用价值。

③ 现场材料的堆放应合理。现场储备的材料，应严格按照施工平面布置图的位置堆放，以减少二次搬运，且应堆放整齐，标明标牌，以免混淆。此外，应做好防水、防潮、易碎材料的保护工作。

④ 应做好技术试验和检验工作，对于无出厂合格证明和没有按规定测试的原材料，一律不得使用。不合格的建筑材料和构件，一律不准出厂和使用，对于没有使用经验的材料或进口原材料、某些再生材料更要严格把关。

（3）预制构件和商品混凝土的准备

工程项目施工中需要大量的预制构件、门窗、金属构件、水泥制品以及洁具等。这些构件、配件必须事先提出，订制加工单。对于采用商品混凝土现浇的工程，则先到生产单位签订供货合同，注明品种、规格、数量、需要时间及送货地点等。

（4）施工机械的准备

施工选定的各种土方机械、混凝土、砂浆搅拌设备，垂直及水平运输机械及吊装机械，动力机具，钢筋加工设备，木工机械，焊接设备，打夯机，抽水设备等应根据施工方案和施工进度，确定数量和进场时间。需租赁机械时，应提前签约。

（5）模板和脚手架的准备

模板和脚手架是施工现场使用量大、堆放占地大的周转材料。模板及其配件规格多、数量大，对堆放场地要求比较高，一定要分规格、型号整齐摆放以便于使用及维修。大钢模一般要求立放，并防止倾倒，在现场也应规划出必要的存放场地。钢管脚手架、桥式脚手架等都应按指定的平面位置堆放整齐，扣件等零件还应防雨，以防锈蚀。

（6）进行新技术项目的试制和试验的准备

按照设计图纸和施工组织设计的要求，进行新技术项目的试制和试验。

4．施工现场准备

（1）清除障碍物

施工场地内的一切障碍物，无论是地上的或是地下的，都应在开工前清除，此项工作一般由建设单位完成，但也有委托施工单位来完成的情况，具体清除障碍物的类型包括：

施工现场准备

① 施工现场内的一切地上、地下障碍物。

② 房屋的拆除。

③ 架空电线（电力、通信）、地下电缆（包括电力、通信）的拆除。

④ 自来水、污水、煤气、热力等管线的拆除。

⑤ 场地内树木（若有，需报园林部门批准后方可砍伐）。

⑥ 拆除障碍物留下的渣土等杂物。

架空电线（电力、通信）、地下电缆（包括电力、通信）的拆除，要与电力部门或通信部门联系并办理有关手续后方可进行。自来水、污水、煤气、热力等管线的拆除，应由专业公司来完成。

拆除障碍物后，留下的杂物都应清除出场外。运输时应遵守交通、环保部门的有关规定，运土的车辆要按指定的路线和时间行驶，并采取封闭运输车或在渣土上洒水等措施，以免尘土飞扬污染环境。

（2）三通一平

在工程用地范围内，接通施工用水、用电、道路和平整场地的工作简称为"三通一平"。工地上的实际需要往往不只是水通、电通、路通，有的工地还需要供应蒸汽，架设热力管线，称为"热通"；通煤气，称为"气通"；可能因为施工中的特殊要求，还有其他的"通"，但最基本的还是"三通"。

① 平整施工场地：清除障碍物后，可进行场地平整工作。平整场地工作是根据建筑施工总平面图规定的标高，通过测量，计算出填挖土方工程量，设计土方调配方案，组织人力或机械进行平整工作。如果工程规模较大，这项工作可以分段进行，先完成第一期开工的工程用地范围内的场地平整工作，再依次进行后续的平整工作，为第一期工程项目尽早开工创造条件。

② 通路：施工现场的道路是组织施工物资进场的动脉。为保证施工物资能早日进场，必须按施工总平面图的要求，修好现场永久性道路以及必要的临时道路。为节省工程费用，应尽可能利用已有的道路。为使施工时不损坏路面和加快修路速度，可以先修路基或在路基上铺简易路面，施工完毕后，再铺路面。

③ 通水：施工现场的通水包括给水和排水两个方面。施工用水包括生产、生活与消防用水。通水应按施工总平面图的规划进行安排。施工给水设施应尽量利用永久性给水线路。临时管线的铺设，既要满足生产用水的需要和使用方便，还要尽量缩短管线。施工现场的排水也十分重要，尤其是在雨季场地如果排水不畅，会影响施工和运输的顺利进行，因此要做好排水工作。

④ 通电：通电包括施工生产用电和生活用电。通电应按施工组织设计要求布设线路和通电设备。电源首先应考虑从国家电力系统或建设单位已有的电源上获得。如供电系统不能满足施工生产、生活用电的需要，则应考虑在现场建立发电系统，以保证施工的连续顺利进行。施工中如需要通热、通气或通信，也应按施工组织设计要求事先完成。

（3）建立测量控制网

施工时应根据建设单位提供的由规划部门给定的永久性坐标和高程，按建筑总图上的要求，进行现场控制网点的测量，妥善设立现场永久性标准，为施工全过程的投测创造条件。

施工现场的测量放线任务是把图纸上所设计好的建筑物、构筑物及管线等测设到地面上或实物上，并用各种标志表现出来，作为施工的依据。该工作的进行一般是在土方开挖之前，通过在施工场地内设置坐标控制网和高程控制点来实现的。这些网点的设置应视工程范围的大小和控制的精度而定。在测量放线前，应做好以下几项准备工作：

① 对测量仪器进行检验和校正。对所用的经纬仪、水准仪、钢尺等应进行校验。

② 了解设计意图，熟悉并校核施工图纸。

③ 校核红线桩与水准点。

根据设计图纸的要求和施工方案，制订切实可行的测量、放线方案，主要包括平面控制、标高控制、±0.000 以下施测、±0.000 以上施测、沉降观测和竣工测量等项目。建筑物定位放线是确定整个工程平面位置的关键环节，施测中必须保证精度，杜绝错误。建筑物定位、放线，一般通过设计图中平面控制轴线来确定建筑物的四廊位置，测定并经自检合格后，提交有关部门和甲方（或监理人员）验线，以保证定位的准确性。沿红线建的建筑物放线后，还要由城市规划部门验线、以防止建筑物压红线或超红线，为顺利施工创造条件。

（4）搭设临时设施

现场生活和生产用的临时设施，在布置安排时，要遵照当地有关规定进行规划布置。

房屋的间距、标准是否符合卫生和防火要求，污水和垃圾的排放是否符合环境的要求等。因此，临时建筑平面图及主要房屋结构图，都应报请城市规划、市政、消防、交通、环境保护等有关部门审查批准。为了施工方便和安全，对于指定的施工用地的周界应用围栏围挡起来，围挡的形式和材料及高度应符合市容管理的有关规定和要求。在主要入口处设明标牌，标明工程名称、施工单位、工地负责人等。各种生产、生活用的临时设施，包括各种仓库、混凝土搅拌站、预制构件场、机修站、各种生产作业棚、办公用房、宿舍、食堂、文化生活设施等，均应按批准的施工组织设计规定的数量、标准、面积、位置等要求组织修建。大、中型工程可分批分期修建。此外，在考虑施工现场临时设施的搭设时，应尽量利用原有建筑物，尽可能减少临时设施的数量，以便节约用地，节省投资。

5. 季节施工准备

季节性施工指冬季施工、雨季施工。由于建筑工程大多为露天作业，受气候影响和温度变化影响大，因此要针对建筑工程特点和气温变化，制订科学合理的季节性施工技术保证措施，保证施工顺利进行。

（1）冬季施工准备

1）科学合理地安排冬季施工的施工过程

季节性施工措施

冬期温度低，施工条件差，施工技术要求高，费用相应增加，因此应从保证施工质量、降低施工费用的角度出发，合理安排施工过程。例如，土方、基础、外装修、屋面防水等项目不容易保证施工质量，费用又增加很多，不宜安排在冬期施工；而吊装工程、打桩工程、室内粉刷装修工程等，可根据情况安排在冬季进行。

2）各种热源的供应与管理应落实到位

冬季用的保温材料，如保温稻草、麻袋草绳和劳动防寒用品等，热源渠道及热源设备等，根据施工条件，做好防护准备。

3）安排购买混凝土防冻剂

做好冬期施工混凝土、砂浆及掺外加剂的试配试验工作，算出施工配合比。

4）做好测温工作计划

为防止混凝土、砂浆在未达到临界强度遭受冻结而破坏，应安排专人进行测温工作。

5）做好保温防冻工作

室外管道应采取防冻裂措施，所有的排水管线，能埋地面以下的，都应埋到冰冻线以下土层中；外露的排水管道，应用草绳或其他保温材料包扎起来，防止冻裂。沟渠应做好清理和整修，保证流水畅通。及时清扫道路积雪，防止结冰而影响道路运输。

6）加强安全教育，防止火灾发生

加强对职工的安全教育，做好防火安全措施，落实检查制度，确保工程质量，避免事故发生。

（2）雨季施工准备

1）合理安排雨季施工项目

雨季施工准备

在施工组织设计中要充分考虑雨季对施工的影响。一般情况下，雨季到来之前，多安排土方、基础、室外及屋面等不宜在雨季施工的项目，多留一些室内工作在雨季进行，以避免雨季窝工。

2）做好现场的排水工作

施工现场雨季来临前，做好排水沟，准备好抽水设备，防止场地积水，最大限度地减少因泡水而造成的损失。

3）做好运输道路的维护和物资储备

雨季前检查道路边坡排水情况，适当提高路面，防止路面凹陷，保证运输道路的畅通。多储备一些物资，减少雨季运输量，节约施工费用。

4）做好机具设备的保护

对现场各种机具、电器、工棚都要加强检查坍塌、防雷击、防漏电等一系列技术措施。

5）加强施工管理

特别是脚手架、塔式起重机、井架等，要认真编制雨季施工的安全措施，加强对职工的安全生产教育，防止各种事故的发生。

2.2.5　编制施工准备工作计划

编制施工准备案例

在实施施工准备工作前，为了加强检查和监督，把施工准备工作落实到位，应根据各分部分项工程的施工准备工作的内容、进度和劳动力，编制施工准备工作计划。施工准备工作计划通常可以表格形式列出，见表 2-1。

施工准备工作计划表　　　　　　　　　　　　表 2-1

序号	施工准备工作	简要内容	要求	负责单位	负责人	配合单位	起止时间		备注
							月日	月日	

施工准备工作计划是施工组织设计的主要内容之一，其目的是布置全场性分批施工的单位工程准备工作，内容涉及施工必需的技术、人力、物质、组织等各方面。使施工准备工作有计划、有步骤、分阶段、有组织、全面有序地进行。施工准备工作计划应依据施工部署、施工方案和施工进度计划进行编制，各项准备工作应注明工作内容、起止时间、责任人（或单位）等。可根据需要采用施工准备工作计划表、横道图（甘特图）或网络图等形式进行表达。

施工准备工作计划一般包括以下内容：

① 施工准备工作的项目。

② 施工准备工作的工作内容。

③ 对各项施工准备工作的要求。

④ 各项施工准备工作的负责单位及负责人。

⑤ 各项施工准备工作的完成时间。

⑥ 其他需要说明的地方。

施工准备计划应分阶段、有组织、有计划地进行，建立严格的责任制和检查制度，且必须贯穿施工全过程，取得相关单位的协作和配合。

2.2.6 工程开工条件及开工报告

施工准备工作通常根据施工条件、工程规模、技术复杂程度来制订。

1. 工程开工条件

（1）单位工程管理人员（项目经理、技术员、施工员、材料员、质检员、安全员等）已经落实。

（2）施工图纸已经会审，并已发出图纸会审记录和设计变更通知。

（3）施工组织设计已编制完成并通过有关部门审核批准。

（4）施工合同已签订，施工许可证及各种手续已审批办理好。

（5）施工图预算已编制并审定；三材（钢材、木材、水泥）、半成品、预制构件需要量计划已编好并发出。

（6）劳动力、施工机械、设备已安排落实，可以按时进场。

（7）现场障碍物已清除，场地已平整、施工道路、供水、供电已接通，临时设施已搭设，能满足施工和生活的需要。

（8）现场安全保证体系已建立，安全宣传标牌、安全措施已落实。

（9）建设单位基建投资已落实，负责供应的指标材料已落实。

2. 工程开工报告

工程开工报告形式见表 2-2。

工程开工报告　　　　　　　　　　　　　　　　　　表 2-2

工程名称	
合同编号	

_____（监理单位）：

　我单位承担_____工程施工任务，已完成开工前的各项准备（施工组织设计、施工进度计划、施工概预算、分包单位等以及现场的设施），已办妥各项手续（建筑许可证、施工许可）。计划于_____年_____月_____日开工。请审批。

　附：施工组织设计（施工方案）及说明书。

施工承包单位（章）　　　日期：_____
技术负责人：_____　日期：_____

监理单位审查意见：

　　　监理工程师：_____　　　日期：_____
　　　总监理工程师：_____　　日期：_____
　　　监理单位（章）_____　　日期：_____

注：本表由施工承包单位填报，一式三份，监理单位、施工承包单位、业主各一份。

岗课赛证融通小测

1.（单项选择题）在施工准备阶段，必须首先进行的是（   ）。

A. 施工组织设计　　　　　　　　　　B. 工程量清单编制

C. 施工图纸会审　　　　　　　　　　D. 施工方案审批

2.（单项选择题）施工现场准备工作的首要任务是（   ）。

A. 材料采购　　　　　　　　　　　　B. 设备租赁

C. 场地平整　　　　　　　　　　　　D. 安全教育

3.（单项选择题）下列（   ）不是施工准备工作的内容。

A. 施工方案的编制　　　　　　　　　B. 施工图纸的审查

C. 工程量的清单　　　　　　　　　　D. 工程款的结算

4.（多项选择题）施工准备阶段，需要进行的审查和确认包括（   ）。

A. 施工图纸　　　　　　　　　　　　B. 材料和设备

C. 工程预算　　　　　　　　　　　　D. 员工培训

E. 项目进度计划

5.（多项选择题）施工图纸审核需要关注（   ）方面。

A. 规范性　　　　　　　　　　　　　B. 完整性

C. 实用性　　　　　　　　　　　　　D. 美观性

E. 安全性

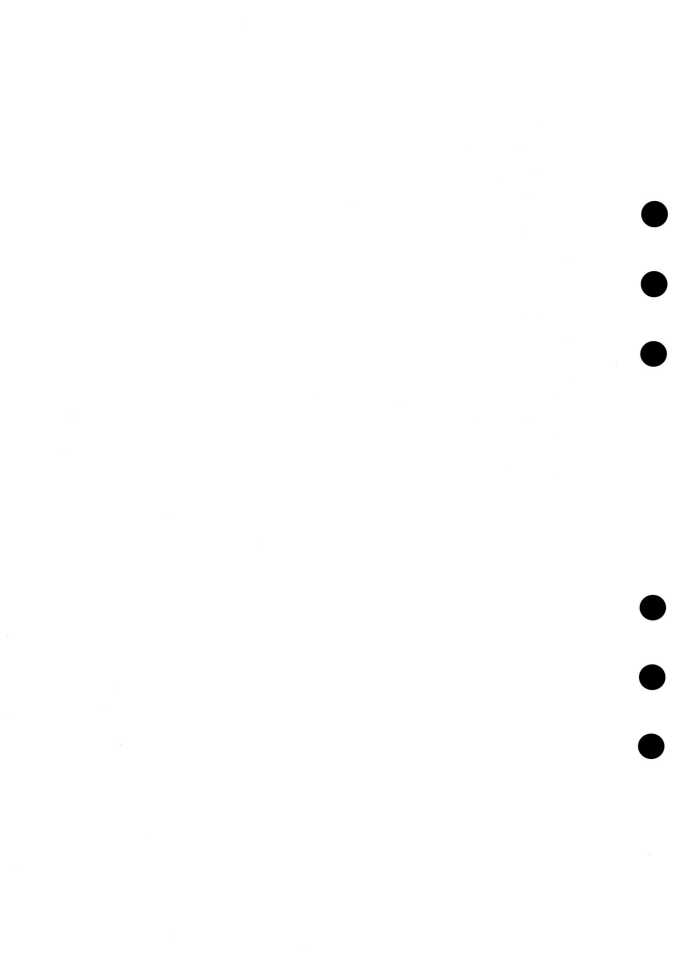

任务 2.2　工作任务单

学习任务名称：　　编写小平房工程施工准备文件

班级：＿＿＿＿＿＿＿＿＿＿＿＿＿　姓名：＿＿＿＿＿＿＿＿＿＿＿＿　日期：＿＿＿＿＿＿＿＿＿＿＿＿

01　学生任务分配表

组名		指导教师	
组长		学号	
组员			
任务分工			

02 任务准备表

工作目标	任务							
序号	准备小平房工程施工							
1	编写小平房工程施工准备工作计划表							

序号	施工准备工作	简要内容	要求	负责单位	负责人	配合单位	起止时间 月日	起止时间 月日
1								
2								
3								
4								
5								
6								
7								
8								
9								
10								

2 填写小平房工程开工报告

工程名称	
合同编号	

_____（监理单位）：

我单位承担_____工程施工任务，已完成开工前的各项准备（施工组织设计、施工进度计划、施工概预算、分包单位等以及现场的设施），已办妥各项手续（建筑许可证、施工许可）。计划于____年____月____日开工。请审批。

附：施工组织设计（施工方案）及说明书。

施工承包单位（章）_____ 日期_____

技术负责人_____ 日期_____

监理单位审意见：

监理工程师_____ 日期_____

总监理工程师_____ 日期_____

监理单位（章）_____ 日期_____

03　学生个人自评表

班级		组名		日期	
姓名		学号			
评价指标	评价内容			分数	分数评定
信息检索	能有效利用网络、图书资料找有用的相关信息等；能用自己的语言有条理地去解释、表述所学知识；能将查到的信息有效地传递到学习中			10 分	
感知课堂	是否熟悉项目经理助理岗位，认同岗位工作价值；在学习中是否能获得满足感，认同课堂文化			10 分	
参与态度	积极主动参与学习，能吃苦耐劳，崇尚劳动光荣，技能宝贵；与教师、同学之间是否相互尊重、理解、平等；与教师、同学之间是否能够保持多向、丰富、适宜的信息交流			10 分	
	能处理好合作学习和独立思考的关系，做到有效学习；能提出有意义的问题或能发表个人见解；能按要求正确完成任务；能够倾听别人意见、协作共享			10 分	
学习过程	1. 理解施工准备工作的主要内容			10 分	
	2. 能填写开工报告单			10 分	
	3. 能编写施工准备工作计划表			10 分	
思维态度	是否能发现问题、提出问题、分析问题、解决问题、创新问题			10 分	
自评反馈	按时按质完成工作任务；较好地掌握了专业知识点；具有较强的信息分析能力和理解能力；具有较为全面严谨的思维能力并能条理清楚明晰表达成文			20 分	
	自评分数				
有益的经验和做法					
总结反馈建议					

04 组内互评表

班级		组名		日期	
验收组长		被验收者		学号	
组内验收成员					
任务要求					
验收文档清单	任务工作单：				
	文献检索清单：				

	评分标准	分数	得分
验收评分	1. 会详细阐述施工准备工作内容，错误一处扣10分	40分	
	2. 能根据具体工程，编写施工准备工作计划表，错误一处扣5分	40分	
	3. 能根据具体工程，编写开工报告单	10分	
	4. 提供文献检索清单，不少于5项，缺一项扣2分	10分	
评价分值			
不足之处			

05　组间互评表

班级		被评组名		日期	
验收组名 （成员签字）					
评价指标		评价内容		分数	分数评定
汇报表述		表述准确		15 分	
		语言流畅		10 分	
		准确反映该组完成情况		15 分	
内容正确度		内容正确		30 分	
		阐述表达到位		30 分	
互评分数					
简要评述					

06 任务完成情况评价表

班级			组名			
姓名			学号			
序号	任务内容及要求		配分	评分标准	教师评价	
					结论	得分
1	详细阐述施工准备工作内容	描述正确	20分	错误一个扣5分		
		语言流畅	10分	酌情赋分		
2	能根据具体工程，编写施工准备工作计划表	描述正确	20分	错误一个扣5分		
		语言流畅	10分	酌情赋分		
3	能根据具体工程，编写开工报告单	描述正确	10分	错误一处，扣5分		
		语言流畅	10分	酌情赋分		
4	提供5项文献检索清单	数量	10分	缺一个扣2分		
		参考的主要内容要点	10分	酌情赋分		
5	素质素养评价	沟通交流能力	20分	酌情赋分，但违反课堂纪律，不听从组长、教师安排，不得分		
		团队合作				
		课堂纪律				
		自主探学				
		合作研学				
		精益求精、专心细致的工作作风				
		诚实守信的意识				
		讲原则守规矩的意识				
		规范意识				
总分						

任务 2.3　组织小平房工程流水施工

工作任务	组织小平房工程流水施工	建议学时	8 学时
任务描述	组织小平房工程流水施工，需要了解流水施工的分类、概念；掌握依次施工、平行施工和流水施工的组织方式及流水施工的基本参数。		
学习目标	★ 理解流水施工的概念； ★ 掌握流水施工的分类； ★ 计算流水施工的时间参数； ★ 会绘制小平房工程流水施工横道图； ★ 能够主动获取信息，展示学习成果，并相互评价。对小平房工程流水工程施工进行探索，与团队成员进行有效沟通，团结协作。		
任务分析	组织小平房工程流水施工，深入理解流水施工的意义及其重要性；学习流水施工的分类；掌握流水施工的相关参数；熟悉组织流水施工的程序；绘制小平房工程流水施工横道图。		

 任务导航

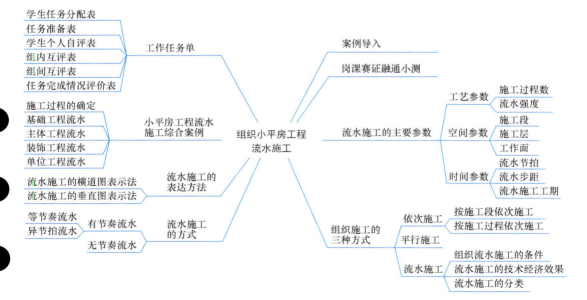

 案例导入

　　假设浙江梦想小镇有四幢相同小平房工程。该工程的基础工程，划分为基槽挖土、混凝土垫层、砖砌基础、回填土四个施工过程，每个施工过程安排一个施工队组进行一班制

施工，其中，挖土方工作队由 16 人组成，2 天完成；垫层工作队由 30 人组成，1 天完成；砖砌基础工作队由 20 人组成，3 天完成；回填土工作队由 10 人组成，1 天完成。根据工程要求工期为 19 天，应该如何组织施工呢？

 知识链接

2.3.1 流水施工的主要参数

案例中四幢、施工过程、一班制在组织施工过程中如何具体应用？他们背后又有哪些含义？在编制流水施工进度计划时，为了确定哪一个施工进度计划的编制更为科学、合理，我们需要借助流水施工的主要参数进行考核。流水施工参数是指组织流水施工时，为了表示各施工过程在时间上和空间上相互依存关系，引入一些描述施工进度计划图特征和各种数量关系的参数。流水施工参数，按其性质的不同，一般可分为工艺参数、空间参数和时间参数三种。

1. 工艺参数

工艺参数主要是指在组织流水施工时，用以表达流水施工在施工工艺方面进展状态的参数。工艺参数包括施工过程数和流水强度两个参数。

（1）施工过程数

1）施工过程的分类

① 制备类施工过程。这是为了提高建筑产品的装备化、工厂化、机械化和生产能力而形成的施工过程称为制备类施工过程。它一般不占施工对象的空间，不影响项目总工期，因此，在项目施工进度计划表上不表示。只有当其占有施工对象的空间并影响项目总工期时，在项目施工进度表上才列入。

② 运输类施工过程。将建筑材料、构配件、（半）成品、制品和设备等运到项目工地仓库或现场操作使用地点而形成的施工过程称为运输类施工过程。它一般不占施工对象的空间，不影响项目总工期，通常不列入施工进度计划中；只有当其占有施工对象的空间并影响项目总工期时，才被列入进度计划中。

③ 安装砌筑类施工过程。在施工对象空间上直接进行加工，最终形成建筑产品的施工过程称为砌筑安装类施工过程。它占有施工空间，同时影响项目总工期，必须列入施工进度计划中。

2）划分施工过程应考虑的因素

施工过程数是指参与一组流水的施工过程的数目，通常以 N 表示。在组织工程流水施工时，首先应将施工对象划分成若干个施工过程。施工过程划分的数目多少和粗细程度，一般与下列因素有关：

① 施工进度计划的作用。一幢房屋的建造，当编制控制性施工进度计划时，组织流水施工的施工过程可以划分得粗一些，一般只列出分部工程名称，如基础工程、主体结构工程、装修工程和层面工程等。当编制实施性施工进度计划时，施工过程可以划分得细一些。将分部工程再分解为若干个分项工程，如将基础工程分解为挖土、垫层、钢筋混凝土基础和回填土等。

② 施工方案。不同的施工方案，其施工顺序和方法也不同，如框架主体结构采用的

模板不同，其施工过程划分的数目也不同。

③ 工程量的大小与劳动组织。施工过程的划分与施工班组、施工习惯及工程量的大小有一定的关系。例如，支模、绑扎钢筋、浇筑混凝土 3 个施工过程，如果工程量较小，可以将它们合并为一个施工过程，即钢筋混凝土工程，组织一个混合施工班组；若工程就是框架结构，则可以将它们分为支模、绑扎钢筋、浇筑混凝土 3 个施工过程，各过程组织专业施工班组。再如，地面工程如果垫层的工程量较小，可以与面层合并为一个施工过程，这样就可以使各个施工过程的工程量大致相等，便于组织流水施工。

④ 施工过程的内容和工作范围。施工过程的划分与其工作内容和范围有关。例如，直接在施工现场与工程对象上进行的施工过程，可以划入流水施工过程，而场外的制备类施工内容（如零配件的加工）和场内外的运输类施工内容可以不划入流水施工过程。

综上所述，施工过程的划分既不能太多、过细，否则将给计算增添麻烦，重点不突出；也不能太少、过粗，否则将过于笼统，失去指导作用。

（2）流水强度

流水强度是指流水施工的某施工过程（专业工作队）在单位时间内所完成的工程量，也称为流水能力或生产能力，一般以 V_i 表示。

1）机械施工过程的流水强度

$$V_i = \sum_{i=1}^{n} R_i S_i \tag{2-1}$$

式中　V_i——某施工过程 i 的机械操作流水强度；

　　　R_i——投入施工过程 i 的某施工机械台数；

　　　S_i——投入施工过程 i 的某施工机械台班产量定额；

　　　n——投入施工过程 i 的资源种类数。

2）人工施工过程的流水强度

$$V_i = R_i S_i \tag{2-2}$$

式中　V_i——某施工过程 i 的人工操作流水强度；

　　　R_i——投入施工过程 i 的工作队人数；

　　　S_i——投入施工过程 i 的工作队的平均产量定额。

2. 空间参数

空间参数是指在组织流水施工时，用以表达流水施工在空间布置上开展状态的参数（通常包括施工段和工作面）。

（1）施工段

1）施工段的概念

施工段是指将施工对象在平面或空间上划分成若干个劳动量大致相等的施工段落，称为施工段或流水段，一般用 M 表示。每一个施工段在某一时间段内，只能供一个施工过程的工作队使用。划分施工段的目的，是为了在组织流水施工过程中，保证不同的施工班组能在不同的施工段上同时进行施工，从而使各施工班组按照一定的时间间隔从一个施工段转到另一个施工段进行连续施工。这样既可消除等待、停歇现象，又互不干扰，同时也缩短了工期。

2）划分施工段的基本原则

由于施工段内的施工任务由专业工作队依次完成，因而在两个施工段之间容易形成一个施工缝。同时，由于施工段数量的多少将直接影响流水施工的效果，为使施工段划分得合理，一般应该遵守下列原则：

① 主要专业工种在各施工段所消耗的劳动量应大致相等，其相差幅度不宜超过10%～15%，以保证各施工班组在不调整班组人数的情况下保持连续、均衡施工。

② 在保证专业工作队劳动组合优化的前提下，施工段大小要满足专业工种对工作面的要求，施工段的数目要适宜。施工段数过多势必减少工作面上的施工人数，工作面不能充分利用，拖长工期；施工段数过少，则会引起劳动力、机械和材料供应的过分集中，有时还会造成"断流"的现象。

③ 施工段划分界线应与施工对象的结构界线（温度缝、沉降缝或单元尺寸）或幢号一致，以保证施工质量；如果必须将其设在墙体中间，可将其设在门窗洞口处，以减少槎口。

④ 多层施工项目，既要在平面上划分施工段，又要在空间上划分若干个作业层，因而每层最少施工段数目 M，应大于等于施工过程数（N），即 $M \geqslant N$。

3）施工段划分的一般部位

施工段划分的部位要有利于结构的整体性，应考虑施工工程对象的轮廓形状、平面组成及结构构造等特点。在满足施工段划分基本要求的前提下，可按下述几种情况划分施工段的部位：

① 设置有伸缩缝、沉降缝的建筑工程，可按此缝为界划分施工段。

② 单元式的住宅工程，可按单元为界分段，必要时以半个单元处为界分段。

③ 道路、管线等按长度方向延伸的工程，可按一定长度作为一个施工段。

④ 多幢同类型建筑，可以一幢房屋作为一个施工段。

（2）施工层

施工层是指在施工对象垂直方向上划分的施工段落。对于多层或高层建筑物的某些施工过程进行流水施工时，必须既在平面上划分施工段，又在垂直方向上划分施工层。一般施工层的划分与结构层一致，有时也考虑施工方便，按一定高度划分一个施工层；砌筑工程可按一步架高（1.2～1.4m）为一个施工层。

对于划分施工层和施工段的工程，设每一施工层的段数为 M，应满足式（2-3）：

$$M \geqslant N + \Sigma Z_1/K + Z_2/K \qquad (2\text{-}3)$$

若施工对象的层数有 R 层，则总施工段 $m_{总} = R \times M$。

式中　M——分施工层时，每层施工段数目；

　　　　N——流水施工的施工过程数或专业工作队数；

　　ΣZ_1——施工过程之间停歇的时间之和（包括技术性和组织性停歇）；

　　　　Z_2——层停歇时间（包括技术性和组织性停歇）；

　　　　K——流水步距。

每层施工段数目 M 与施工过程数目的关系对分层流水施工的效果影响很大。只有按上式确定施工段数目，才能保证专业施工队在各层内连续施工。现举例说明如下：

某二层砖混结构工程，组织流水施工时将现浇楼板工程划分为三个施工过程，即支模板、绑钢筋和浇筑混凝土。分别划分为 4、3 和 2 个施工段，按这三种情况组织流水施工，设每个施工过程在各施工段上施工时间均为 5d。这三种流水施工的施工段数目与施工过程数目之间的关系，则分别属于以下三种情况：

1）当 $M>N$ 时，如每层分为 4 个施工段（$M=4$），其进度安排如图 2-3 所示。由图 2-3可以看出，当 $M=4$ 时，各专业施工队均能连续地作业；施工段有闲置，浇筑完第一层的混凝土后不能立即投入上一层的支模板。但有一定的闲置并非都有害，它可以弥补某些施工过程必要的间歇时间（如混凝土养护、楼层引测弹线等）或意外的拖延时间（如雨天）。

施工过程	施工进度/d									
	5	10	15	20	25	30	35	40	45	50
支模板	1-1	1-2	1-3	1-4	2-1	2-2	2-3	2-4		
绑钢筋		1-1	1-2	1-3	1-4	2-1	2-2	2-3	2-4	
浇筑混凝土			1-1	1-2	1-3	1-4	2-1	2-2	2-3	2-4

图 2-3　$M=4$ 时流水施工进度情况

注：1-1 表示第一层的第一个施工段；2-1 表示第二层的第一个施工段。

2）当 $M=N$ 时，即每层分为 3 个施工段，此时 $M=N=3$，其进度计划如图 2-4 所示。

施工过程	施工进度/d							
	5	10	15	20	25	30	35	40
支模板	1-1	1-2	1-3	2-1	2-2	2-3		
绑钢筋			1-1	1-2	1-3	2-1	2-2	2-3
浇筑混凝土				1-1	1-2	1-3	2-1	2-2	2-3

图 2-4　$M=3$ 时流水施工进度情况

从图 2-4 时可以看出，$M=N$ 时，工作队连续施工，施工段上始终有施工班组，工作面能充分利用，无停歇现象，也不会产生工人窝工现象，比较理想。

3）当 $M < N$ 时，即每层分为 2 个施工段，此时 $M = 2$、$N = 3$，其施工进度计划如图 2-5 所示。

从图 2-5 可以看出，各专业工作队在跨越施工层时，均不能连续地作业，产生窝工，施工段没有闲置；这对于单个建筑物组织流水施工是不适宜的。但有若干个同类型建筑物同时施工，组织群体大流水时，亦可使专业队连续作业。这对一个建筑物组织流水施工是不适宜的。

需要说明的是：本例中均以施工过程间歇和楼层间歇的时间为零来讨论。

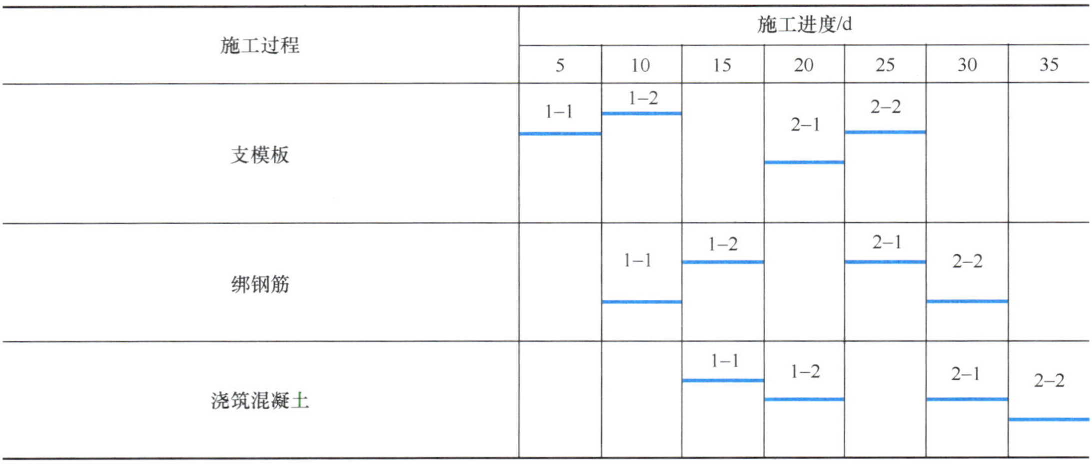

施工过程	施工进度/d						
	5	10	15	20	25	30	35
支模板	1–1	1–2		2–1	2–2		
绑钢筋		1–1	1–2		2–1	2–2	
浇筑混凝土			1–1	1–2		2–1	2–2

图 2-5　$M = 2$ 时流水施工进度情况

注：1-1 表示第一层的第一个施工段；2-1 表示第二层的第一个施工段。

（3）工作面

在组织流水施工时，某专业工种所必须具备的一定的活动空间，称为该工种的工作面。简单说，就是某一施工过程要正常施工必须具备的场地大小。在确定一个施工过程必要的工作面时，不仅要考虑前一施工过程为这个施工过程可能提供的工作面的大小，也要遵守安全技术和施工技术规范的规定，有关工种的工作面参考数据见表 2-3。

主要工种的工作面参考数据表　　　　　　表 2-3

工作项目	每个技工的工作面	说明
砖基础	7.5m/人	以 1.5 砖计，2 砖乘 0.8，3 砖乘 0.55
砌砖墙	8.5m/人	以 1 砖计，1.5 砖乘 0.7，3 砖乘 0.5
混凝土柱、墙基础	8m³/人	机拌、机捣
混凝土设备基础	7m³/人	机拌、机捣
现浇钢筋混凝土柱	3m³/人	机拌、机捣
现浇钢筋混凝土梁	3.5m³/人	机拌、机捣
现浇钢筋混凝土墙	5m³/人	机拌、机捣
现浇钢筋混凝土楼板	5m³/人	机拌、机捣
预制钢筋混凝土柱	4m³/人	机拌、机捣
预制钢筋混凝土梁	4.5m³/人	机拌、机捣

续表

工作项目	每个技工的工作面	说明
预制钢筋混凝土屋架	3m³/人	机拌、机捣
混凝土地坪及面层	40m²/人	机拌、机捣
外墙抹灰	16m²/人	
内墙抹灰	18.5m²/人	
卷材屋面	18.5m²/人	
防水水泥砂浆屋面	16m²/人	

3. 时间参数

时间参数是指在组织流水施工时，用以表达流水施工在时间安排上所处状态的参数，主要包括流水节拍、流水步距和流水施工工期等。

计算工程流水
施工时间参数

（1）流水节拍

1）流水节拍的概念

流水节拍是指在组织流水施工时，某个专业工作队在一个施工段上完成施工任务所需的时间，以 t_i 来表示（$i=1，2，…，n$）。流水节拍的大小关系到所需投入的劳动力、机械以及材料用量的多少，决定着施工的速度与节奏。

2）确定流水节拍的方法

① 定额计算法。流水节拍通常根据该过程的工程量、产量定额、班组人数以及工作班制来确定，如果已有定额标准，可按公式（2-4）或公式（2-5）确定流水节拍。

$$t_i = \frac{Q_i}{S_i R_i N_i} = \frac{P_i}{R_i N_i} \tag{2-4}$$

或

$$t_i = \frac{Q_i H_i}{R_i N_i} = \frac{P_i}{R_i N_i} \tag{2-5}$$

式中　t_i——某施工过程的流水节拍；

　　　Q_i——某施工过程在某施工段上的工程量；

　　　S_i——某施工队组的计划产量定额；

　　　H_i——某施工队组的计划时间定额；

　　　P_i——在一个施工段上完成某施工过程所需的劳动量（工日数）或机械台班量（台班数）；

　　　R_i——某施工过程的施工队组人数或机械台数；

　　　N_i——每天工作班制。

$$P_i = \frac{Q_i}{S_i} = Q_i H_i \tag{2-6}$$

在式（2-4）和式（2-5）中，S_i 和 H_i 应是施工企业的工人或机械所能达到实际定额水平。

② 经验估算法。它是根据以往的施工经验进行估算。一般为了提高其准确度，往往先估算出该流水节拍的最长、最短和最可能三种时间，然后据此求出期望时间作为某施工队组在某施工段上的流水节拍。因此，本法也称为三种时间估算法。一般按式（2-7）

计算：

$$t_i = \frac{a + 4c + b}{6} \qquad (2\text{-}7)$$

式中　t_i——某施工过程在某施工段上的流水节拍；

　　　a——某施工过程在某施工段上最短估算时间；

　　　b——某施工过程在某施工段上最长估算时间；

　　　c——某施工过程在某施工段上最可能估算时间。

对于采用新设备、新工艺、新方法和新材料等没有定额可循的工程项目，可以根据以往的施工经验估算流水节拍。

③ 工期计算法。对某些施工任务在规定日期内必须完成的工程项目，往往采用倒排进度法，即根据工期要求先确定流水节拍 t_i，然后应用式（2-6）、式（2-7）求出所需的施工队组人数或机械台数。但在这种情况下，必须检查劳动力和机械供应的可能性，物资供应能否与之相适应。具体步骤如下：

① 根据工期倒排进度，确定某施工过程的工作持续时间。

② 确定某施工过程在某施工段上的流水节拍。若同一施工过程的流水节拍不等，则用估算法；若流水节拍相等，则按公式（2-8）计算：

$$t_i = \frac{T_i}{M} \qquad (2\text{-}8)$$

式中　t_i——某施工过程的流水节拍；

　　　T_i——某施工过程的工作持续时间；

　　　M——施工段数。

3）确定流水节拍应考虑的因素

① 施工班组人数要适宜，既要满足最小劳动组合人数的要求，又要满足最小工作面的要求。所谓最小劳动组合，就是指某一施工过程进行正常施工所必需的最低限度的班组人数及其合理组合。如模板安装就要按技工和普工的最少人数及合理比例组成施工班组，人数过少或比例不当都将引起劳动生产率的下降。最小工作面是指施工班组为保证安全生产和有效操作所必需的工作空间。它决定了最高限度可安排多少工人。不能为了缩短工期而无限地增加人数，否则将造成工作面的不足而产生窝工。

② 工作班制要恰当。工作班制的确定要视工期要求、施工过程特点来确定。

③ 机械的台班效率或机械台班产量大小。

④ 节拍值一般取整数，必要时可保留 0.5 天的小数值。

⑤ 要考虑主要的，工程量大的施工过程的节拍，其次确定其他施工过程的节拍值。

（2）流水步距

1）流水步距的概念

流水步距是指组织流水施工时，相邻两个施工过程（专业工作队）相继开始施工的最小时间间隔。流水步距一般用 $K_{i,i+1}$ 表示（i 表示前一个施工过程，$i+1$ 表示后一个施工过程），其中 i（$i=1, 2, \cdots, n-1$）为专业工作队或施工过程的编号。例如，木工工作队第一天进入第一个施工段工作，5 天做完该段工作（流水节拍 $t=5$d），第六天油漆工作队开始进入第一个施工段工作，木工工作队与油漆工作队先后进入第一个施工段开始施工的间隔时间为 5 天，那么它们的流水步距 $K = 5d$。

流水步距的大小，反映着流水作业的紧凑程度，对工期有很大的影响。在流水段不变的条件下，流水步距越大，工期越长；流水步距越小，则工期越短。流水步距的数目，取决于参加流水施工的施工过程数。如果施工过程为 N 个，则流水步距的总数为（$N-1$）个。

2）确定流水步距时应满足的基本要求

① 主要施工队组连续施工的需要。流水步距的最小长度，必须使主要的专业队进入现场以后，不发生停歇、窝工的现象。

② 施工工艺的要求。保证每个施工段的正常作业程序，不发生前一个施工过程尚未全部完成，而后一个施工过程提前介入的现象。

③ 技术间歇的需要。有些施工过程完成后，后续施工过程不能立即投入作业，必须有足够的时间间歇，用 t_j 表示。例如，钢筋混凝土的养护、油漆的干燥等。

④ 组织间歇的需要。组织间歇是指由于考虑组织技术因素，相邻两个施工过程在规定流水步距之外所增加的必要时间分隔，以便对前一个施工过程进行检查验收，对下一个施工过程做必要的准备工作，用 t_d 表示。

⑤ 要满足保证工程质量、安全生产以及成品保护的需要。

3）流水步距的计算

流水步距的基本计算公式见式（2-9）：

$$K_{i,i+1} = \begin{cases} t_i + t_j - t_d & (t_i \leqslant t_{i+1}) \\ Mt_i - (M-1)t_{i+1} + t_j - t_d, & (t_i > t_{i+1}) \end{cases} \tag{2-9}$$

式中　t_j——两个相邻施工工程间的技术或组织间歇时间；

　　　t_d——两个相邻施工工程间的平行搭接时间。

注意事项：

① 技术与组织间歇时间是指在组织流水施工时，有些施工过程完成后，后续施工过程不能立即投入施工，必须有一定的间歇时间。由施工工艺或材料性质决定的间歇时间称为技术间歇时间；由施工组织原因造成的间歇时间称为组织间歇时间，通常用 t_j 表示。

② 平行搭接时间是指在组织流水施工时，有时为缩短工期，在工作面允许的情况下，如果前一个施工队完成部分施工任务后，为了能够缩短工期，使后一个施工过程的施工队提前进入该施工段，两个相邻施工过程的施工班组同时在一个施工段上施工的时间，称为平行搭接时间，通常用 t_d 表示。

③ 该公式适用于所有的有节奏流水施工，并且流水施工均为一般流水施工。

（3）流水施工工期

流水施工工期是指从第一个专业工作队投入流水施工开始，到最后一个专业工作队完成流水施工为止的整个持续时间。流水施工工期用 T 表示。由于一项建设工程往往包含有许多流水组，故流水施工工期一般均不是整个工程的总工期。流水施工工期应根据各施工过程之间的流水步距以及最后一个施工过程中各施工段的流水节拍等确定，其计算公式一般为：

$$T = \Sigma K_{i,i+1} + T_n \tag{2-10}$$

式中　$\Sigma K_{i,i+1}$——流水施工中各流水步距之和；

　　　T_n——流水施工中最后一个施工过程的持续时间。

【例 2-1】某工程划分为 A、B、C、D 四个施工过程，分四个施工段组织流水施工，各施工过程的流水节拍分别为 $t_A=3$ 天，$t_B=4$ 天，$t_C=5$ 天，$t_D=3$ 天；施工过程 B 完工后有 2 天的技术和组织间歇时间。试求各施工过程之间的流水步距及该工程的工期。

【解】根据已知条件，各流水步距计算如下：

因为 $t_A < t_B$，$t_j = t_d = 0$

所以 $K_{A,B} = 3 + 0 = 3$（天）

因为 $t_B < t_C$，$t_j = 2$（天），$t_d = 0$

所以 $K_{B,C} = t_B + (t_d - t_j) = 4 + (2 - 0) = 6$（天）

因为 $t_C < t_D$，$t_j = 0$，$t_d = 0$

所以 $K_{C,D} = mt_C - (m-1)t_D + (t_d - t_j)$

$= 4 \times 5 - (4-1) \times 3 + (0-0) = 11$（天）

该工程的工期按式（2-10）计算如下：

$$T = \sum K_{i,i+1} + T_n$$
$$= (3 + 6 + 11) + 4 \times 3$$
$$= 32（天）$$

2.3.2 组织施工的三种方式

任何一个建筑工程都是由许多施工过程组成的，而每一个施工过程可以组织一个或多个施工队组来进行施工。如何组织各施工队组的先后顺序或平行搭接施工，是组织施工中的一个最基本的问题。通常情况下，组织施工可以采用依次施工、平行施工和流水施工三种方式。

1. 依次施工

依次施工组织方式是将拟建工程项目的整个建造过程分解成若干个施工过程，按照一定的施工顺序，依次完成施工任务的一种组织方法。即前一个施工过程完成后，后一个施工过程才开始施工；或前一个工程完成后，后一个工程才开始施工。它是一种最基本的施工组织方式，若用 t 表示一道工序或一个单位工程施工所需用的时间，用 n 表示施工工序数或单位工程的个数，依次作业组织一项工程所需总的施工生产时间应为：$T = \sum nt$。采用此种方法组织施工同时投入的劳动力少，材料供应量也较少，机械设备的使用也相对较少。由于采用这种方法的各施工专业队伍的工作是间歇进行的，因此不能充分利用时间和空间，拖长了工程的周期。依次施工，施工时通常有以下两种安排：

（1）按施工段依次施工

1）按施工段依次施工是指第一个施工段上的所有施工过程全部施工完毕后，再进行第二个施工段的施工，依此类推的一种组织施工的方式。其中，施工段是指同一施工过程的若干个部分，这些部分的工程量一般应大致相等。按施工段依次施工的进度安排如图 2-6 所示。图 2-6 中进度表下方的曲线是劳动力消耗动态图，其纵坐标是每天施工人数，横坐标为施工进度（天）。

2）按施工段依次施工的工期

$$T = M \sum t_i \tag{2-11}$$

式中 M——表示施工段数或房屋幢数；

t_i——各施工过程在一个施工段上完成施工任务所需要时间；

T——表示完成该工程所需要总工期。

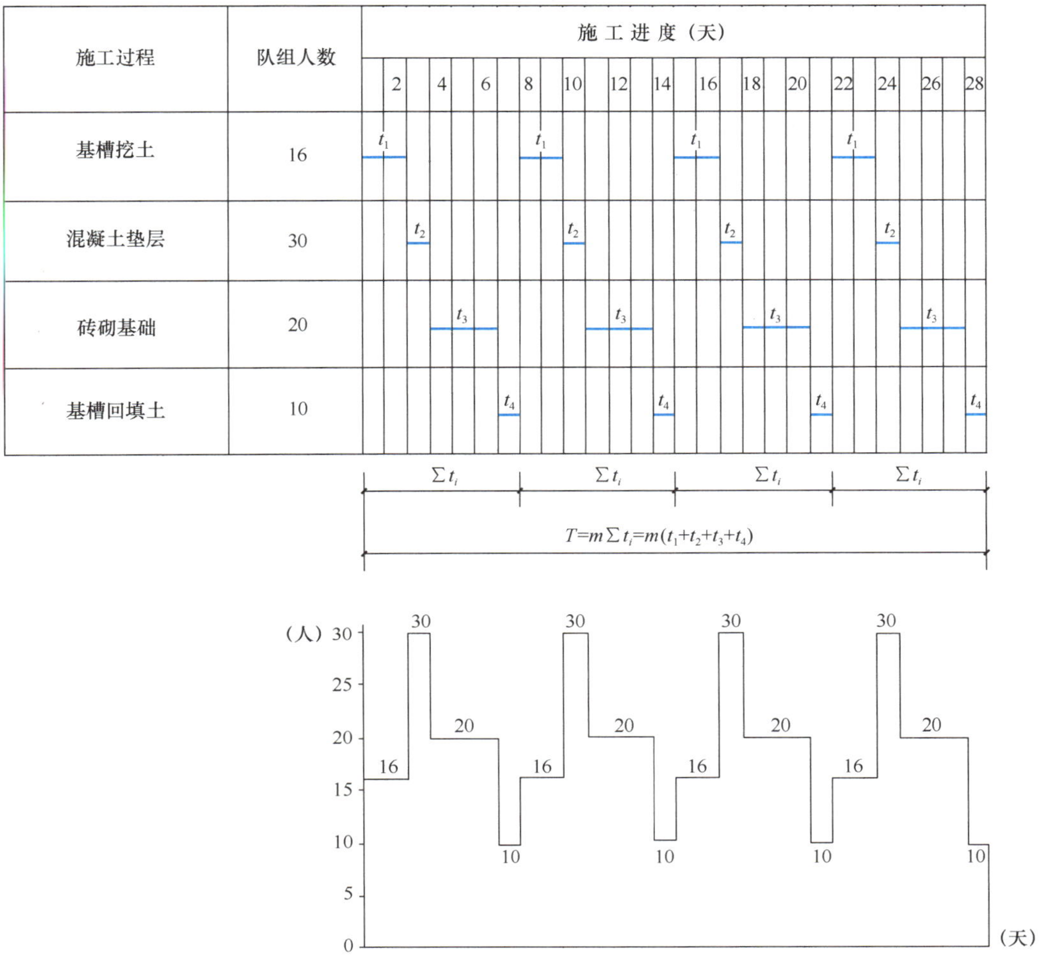

施工过程	队组人数	施工进度（天）												
		2	4	6	8	10	12	14	16	18	20	22	24	26	28
基槽挖土	16	t_1			t_1				t_1			t_1			
混凝土垫层	30		t_2			t_2				t_2			t_2		
砖砌基础	20			t_3			t_3			t_3				t_3	
基槽回填土	10				t_4			t_4			t_4				t_4

$$\sum t_i \qquad \sum t_i \qquad \sum t_i \qquad \sum t_i$$

$$T=m\sum t_i=m(t_1+t_2+t_3+t_4)$$

图 2-6　按幢（或施工段）依次施工

3）按施工段依次施工的特点

① 按施工段依次施工的优点：

A. 单位时间内投入的劳动力，施工机具、材料等资源量较少，有利于资源供应的组织。

B. 施工现场组织和管理简单。

② 按施工段依次施工的缺点：

A. 没有充分利用工作面进行施工，工期长。

B. 施工班组不能连续均衡地施工，工人存在窝工情况。

C. 不利于提高劳动生产率和工程质量。

（2）按施工过程依次施工

按施工过程依次施工是指第一个施工过程在所有施工段全部施工完毕后，再开始第二个施工过程，依此类推的一种组织施工的方式。按施工过程依次施工的进度安排如图 2-7 所示。按施工过程依次施工的工期计算公式：

$$T = M\sum t_i \tag{2-12}$$

① 按施工过程依次施工的优点：

A. 从事某过程的施工班组都能连续均衡地施工，工人不存在窝工情况。

B. 单位时间内投入的劳动力、施工机具、材料等资源量较少，有利于资源供应的组织。

② 按施工过程依次施工的缺点：工作面未充分利用，存在间歇时间，施工工期长。

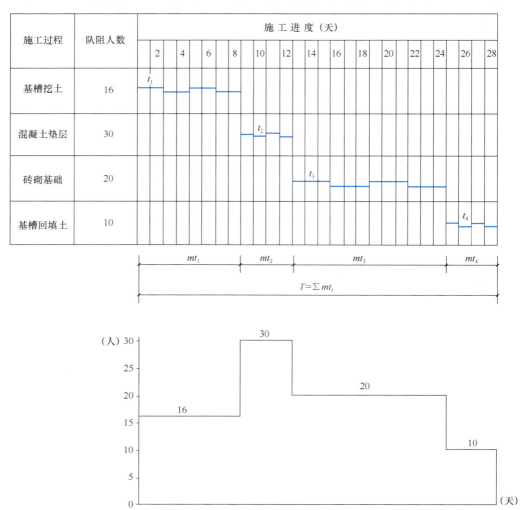

图 2-7　按施工过程依次施工

由上述两种依次施工的安排方式图可以看出：

依次施工的优点是：每天投入的劳动力较少，机具、设备使用不是很集中，材料供应比较单一，施工现场管理简单，便于组织和安排。当工程规模较小、施工工作面有限时，依次施工是适用的，也是常见的。

依次施工的缺点是：由于工作面不能充分利用，故工期长；各队组施工及材料供应无法保持连续和均衡，工人有窝工的情况；按施工过程依次施工时，各施工队组虽能连续施工，但不能充分利用工作面，工期长，且不能及时为上部结构提供工作面；不利于提高工程质量和劳动生产率。由此可见，采用依次施工不但工期较长，而且在组织安排上也不完全合理。

2. 平行施工

平行施工就是将若干个工程对象交给若干个施工队伍施工，他们既要同时开工，也要同时完工，中间任何施工过程中的工作节奏也一样。采用这种施工方法具有各个专业班组工作互不干扰、不空歇、工作面充分利用等优点，工程的周期仅为一个标准层施工的时间。但是，同时投入的施工队伍增加到4个，相应的材料、机械设备的使用也会增加，这就造成了技术与资源的高度集中，增加了临时设施的费用。而且，采用这种施工方法必须是在施工场地不受限制的前提条件下进行，然而在实际的大多数装饰装修项目中，施工的空间是有限的，无法满足超过限度的施工人员和设备进场施工。因此，这种方法的实施具有很大的局限性，此法施工在拟建工程任务十分紧迫、工作面允许以及资源保证供应的条件下才能采用，平行施工的进度安排如图2-8所示。

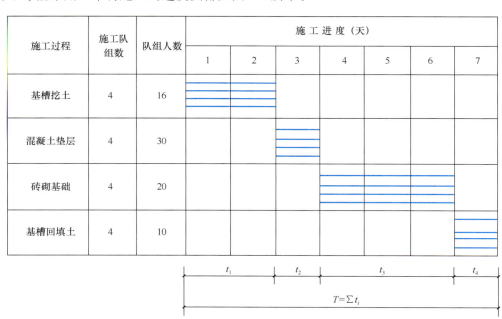

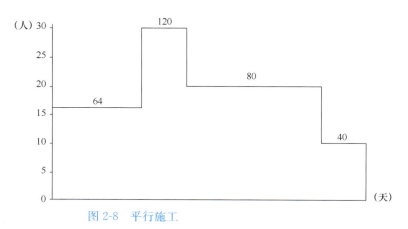

图 2-8 平行施工

（1）平行施工的优点：充分利用工作面进行施工，工期短。

（2）平行施工的缺点

1）如果一个施工对象均按专业成立工作队，则各专业队不能连续作业，劳动力及施工机具等资源无法均衡使用。

2）如果一个工作队完成一个工程施工对象的全部任务，则不能实现专业化施工，不利于提高劳动生产率和工程质量。

3）单位时间内投入的劳动力、施工机具、材料等资源成倍增长，不利于资源供应的组织。

4）施工现场的组织、管理比较复杂。

平行施工一般适用于工期要求紧，大规模建筑群及分期分批组织施工的工程任务。这种方式只有在各方面资源供应有保障的前提下才是合理的。

3. 流水施工

流水施工是应用流水线生产的基本原理，结合建筑安装工程的特点，科学地安排施工生产活动的一种组织形式。建筑工程的流水施工与工业企业中采用的流水线生产极为相似。不同的是，工业生产中各个工件在流水线上从前一个工序向后一个工序流动，生产者是固定的；而在建筑施工活动中各个施工对象是固定的，专业施工队伍则由前一个施工段向后一施工段流动，即生产者是移动的。因而它的组织与管理也更为复杂。

流水施工是将拟建工程划分为若干施工段，并将施工对象分解为若干个施工过程，按施工过程成立相应工作队，各工作队按施工过程顺序依次完成施工段内的工作，并依次从一个施工段转到下一个施工段；施工在各施工段、施工过程上连续、均衡地进行，使相应专业工作队间最大限度地实现搭接施工。

流水施工的特点：

1）科学利用工作面，争取时间，合理压缩工期；

2）工作队实现专业化施工，有利于工作质量和效率的提升；

3）工作队及其工人、机械设备连续作业，同时使相邻专业工作队的开工时间能够最大限度地搭接，减少窝工和其他支出，降低建造成本；

4）单位时间内资源投入量较均衡，有利于资源组织与供给。

为了更充分地利用工作面，可按如图 2-10 所示组织方式进行施工。由图 2-9 可以看出：工期比图 2-10 所示的流水施工缩短了 3 天，但垫层的施工显然是间断的。对于一个分部工程来说，只要安排好主要的施工过程（工程量大、施工持续时间长）连续、均衡施工，而次要的施工过程，在有利于缩短工期的情况下，可以安排间断施工。这样的施工组织方式也可以认为是流水施工。

（1）组织流水施工的条件

流水施工是一种以分工为基础的协作，是成批生产建筑产品的一种优越的施工方式。它们是在分工大量出现之后，在依次施工和平行施工的基础上产生的。在社会化大生产的条件下，随着社会的进步，分工将越来越细、专业化程度越来越高，分工协作体现得越来越明显。由于建筑产品的庞大性，划分施工段可以将单件产品转化成假想的多件同类型产品，从而达到成批生产的目的。因此，组织流水施工的条件可以归纳为以下几点：

1）划分分部分项工程

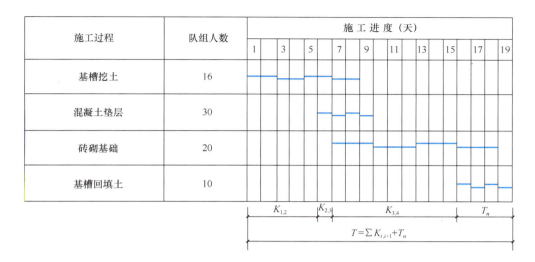

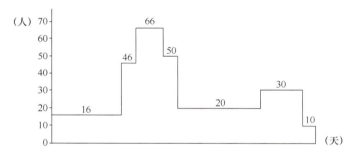

图 2-9　流水施工（全部连续）

一项工程要组织流水施工，首先应根据工程特点及施工要求，将拟建工程划分为若干个分部分项工程。如编制某土建单位工程施工组织设计，首先可以将其划分为基础工程、主体结构工程、屋面及装修工程等分部工程。对于某分部工程，又进一步划分为若干分项工程。如基础分部工程可以根据设计图纸及工期要求，划分为土方开挖、垫层、基础、回填土等分项工程。

2）划分施工段

划分施工段是为连续生产创造条件，任何施工过程如果只有一个施工段，则不存在流水施工。组织流水施工时，根据工程实际情况，将施工对象在平面上或空间上划分为工程量大致相等的若干个施工部分，即施工段。

3）每个施工过程组织独立的施工班组

为了更好地组织流水施工，应尽可能对每个施工过程组织独立施工班组，其形式可以是专业班组也可以是混合班组。这样的做法目的是该施工班组可以按照施工顺序，依次、连续地从一个施工段转到另一个施工段，实现连续施工。

（2）流水施工的技术经济效果

通过比较三种施工方式可以看出，流水施工方式是综合了平行施工和依次施工的优点而产生的，目前在施工现场被广泛采用。它具有以下几方面的优越的技术经济效果：

1）施工工期较短，可以尽早发挥投资效益

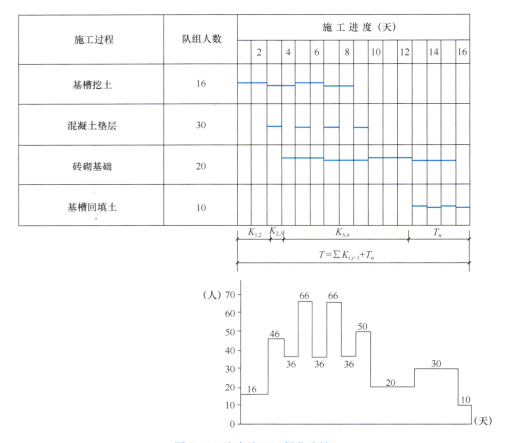

图 2-10　流水施工（部分连续）

由于流水施工的节奏性、连续性，可以加快各专业队的施工进度，减少时间间隔。特别是相邻专业队在开工时间上可以最大限度地进行搭接，充分利用工作面，做到尽可能早地开始工作，从而达到缩短工期的目的，使工程尽快交付使用或投产，尽早获得经济效益和社会效益。

2）实现专业化生产，可以提高施工技术水平和劳动生产率

流水施工方式建立了合理的劳动组织，使各工作队实现了专业化生产，工人连续作业，便于不断改进操作方法和施工机具，可以不断地提高施工技术水平和劳动生产率。

3）连续施工，可以充分发挥施工机械和劳动力的生产效率

流水施工组织合理、工人连续作业、没有窝工现象、机械闲置时间少、增加了有效劳动时间，从而使施工机械和劳动力的生产效率得以充分发挥。

4）提高工程质量

可以增加建设工程的使用寿命和节约使用过程中的维修费用，流水施工实现了专业化生产，工人技术水平高，而且各专业队之间紧密地搭接作业，互相监督，可以使工程质量得到提高，因而延长建设工程的使用寿命，同时可以减少建设工程使用过程中的维修费用。

5）降低工程成本，可以提高承包单位的经济效益

流水施工资源消耗均衡，便于组织资源供应，使得资源储存合理、利用充分，可以减少各种不必要的损失，节约材料费；流水施工生产效率高，可以节约人工费和机械使用费；流水施工降低了施工高峰人数，使材料、设备得到合理供应，可以减少临时设施工程费；流水施工工期较短，可以减少企业管理费。工程成本的降低，可以提高承包单位的经济效益。

（3）流水施工的分类

为了进一步提高流水施工的管理水平和经济效益，有必要对流水施工进行分类，以便根据拟建工程的具体情况，即工程的特征和规模、组织施工的要求和方式、施工计划的性质和作用，采用相应的流水施工组织方式。

流水施工的分类是组织流水施工的基础，可按不同的流水施工特征来划分。

1）根据研究对象及范围的大小分类

流水施工可以划分为细部流水、专业流水、综合流水和大流水。

① 细部流水（分项工程流水）。细部流水是指对某一分项工程组织的流水施工。例如，砌砖墙的流水组织情况。细部流水是组织流水施工中范围最小的流水施工。

② 专业流水（分部工程流水）。专业流水是指组织一个分部工程的流水施工。例如，基础工程的流水施工、主体工程的流水施工、装修工程的流水施工。专业流水是一个分部工程内各细部流水的工艺组合，是组织项目流水的基础。

③ 综合流水（单位工程流水）。综合流水是组织一个单位工程的流水施工，它以各分部工程的流水为基础，是各分部工程流水的组合。例如，土建单位工程流水。

④ 大流水（建筑群的流水）。大流水是指组织多幢房屋或建筑物的大流水施工。例如，一个住宅小区建设、一个工业厂区建设等所组织的流水施工。综合流水是指项目流水的扩大，是建立在项目流水及建筑施工组织与管理础上的。

2）按流水施工的节奏特征分类

根据流水施工的节奏（节拍）特征，流水施工可以划分为有节奏流水和无节奏流水。

① 有节奏流水。有节奏流水是指同一施工过程在各施工段上的流水节拍都相等的一种流水施工方式。有节奏流水又根据不同施工过程之间的流水节拍是否相等，分为等节奏流水和异节奏流水两大类型。

② 无节奏流水。无节奏流水是指同一施工过程在各施工段上的流水节拍不完全相等的一种流水施工方式。

3）按施工过程的分解程度分类

① 彻底分解流水。彻底分解流水是将工程对象的某一分部工程分解成若干施工过程，而每一个施工过程均为单一工程完成的施工过程，其施工队组由单一工种的工人（或机具设备）组成。例如，现浇钢筋混凝土设备基础可分解为安装模板、绑扎钢筋、浇筑混凝土三个施工过程，分别由木工、钢筋工、混凝土工三个施工队组完成。这种流水施工的特点是：各施工队组分工明确，工作单一，专业性强，便于熟练施工，保证质量，提高效率；但各队组的配合、协调要求较高，分工较细，因而施工管理较困难。

② 局部分解流水。局部分解流水是将工程对象的某一分部工程根据施工合理配合或施工队组的具体情况划分为若干施工过程，在划分施工过程时，有的施工过程彻底分解，有的施工过程则不彻底分解。而不彻底分解的施工过程是由多个工种配合组成的混合班组

来完成的。例如，现浇钢筋混凝土圈梁这一施工过程包括了安装模板、绑扎钢筋、浇筑混凝土几道工序，可由一个混合队组完成。

2.3.3 流水施工的方式

在流水施工中，由于流水节拍的规律不同，决定了流水步距、流水施工工期的计算方法等也不同，甚至影响各个施工过程的专业工作队数目。由于建筑工程的多样性和各分部工程的工程量的差异性，要想使所有的流水施工都形成统一的流水节拍是很困难的。因此，在大多数情况下，各施工过程的流水节拍不一定相等，有的甚至同一施工过程本身在不同的施工段上流水节拍也不相同，这样就形成了不同节奏特征的流水施工。流水施工根据节奏特征，可分为有节奏流水和无节奏流水两类。

1. 有节奏流水

有节奏流水是指同一施工过程在各施工段上的流水节拍都相等的一种流水施工方式。有节奏流水又根据不同施工过程之间的流水节拍是否相等，分为等节奏流水和异节奏流水两大类型。

（1）等节奏流水

等节奏流水也叫全等节拍流水，是指同一施工过程在各施工段的流水节拍都相等，并不同施工过程之间的流水节拍也相等的一种流水施工方式。等节奏流水根据相邻施工过程之间是否存在间歇时间或搭接时间，又可分为等节拍等步距流水和等节拍不等步距流水两种。

1）等节拍等步距流水

同一施工过程流水节拍都相等，不同施工过程流水节拍也都相等，并且各过程之间不存在间歇时间 t_j 或搭接时间 t_d 的流水施工方式，即 $t_j = t_d$。该流水施工方式情况下的各过程节拍、过程之间的步距、工期的特点如下：

① 节拍特征：

$$t = 常数$$

② 步距特征：

$$K_{i,i+1} = 节拍(t) = 常数$$

③ 工期计算公式：

$$T = \sum K_{i,i+1} + T_n$$

因为

$$\sum K_{i,i+1} = (N-1)t \ 且 \ T_n = Mt$$

所以

$$T = (N-1)t + Mt$$
$$T = (N+M-1)t \tag{2-13}$$

【例 2-2】某分部工程可以划分为 A、B、C、D 四个施工过程，每个施工过程可以划分为 5 个施工段，且各过程之间既无间歇时间也无搭接时间，流水节拍均为 2 天。试组织全等节拍流水，要求计算工期并绘制横道图。

【解】计算工期，根据式（2-13）得：

$$T = (N+M-1)t = (4+5-1) \times 2 = 16（天）$$

绘制横道图，如图 2-11 所示。

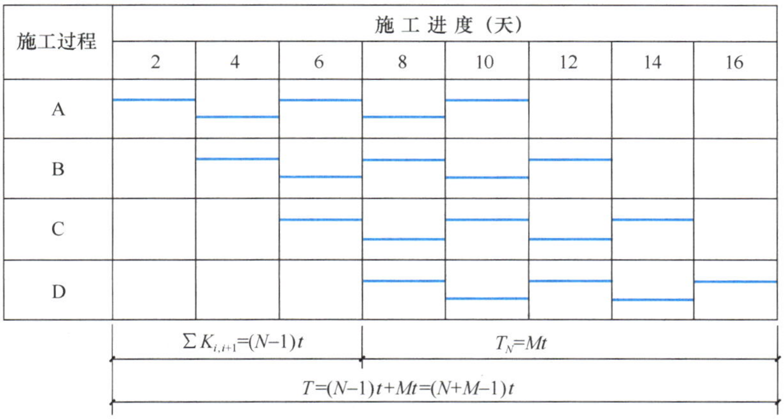

施工过程	施 工 进 度（天）							
	2	4	6	8	10	12	14	16
A								
B								
C								
D								

$\sum K_{i,i+1}=(N-1)t$　　　$T_N=Mt$

$T=(N-1)t+Mt=(N+M-1)t$

图 2-11　某分部工程全等节拍流水施工进度表

全等节拍流水的组织方法如下：

① 划分施工过程，将工程量较小的施工过程合并到相邻的施工过程中去，目的是使各过程的流水节拍相等。

② 根据主要施工过程的工程量以及工程进度要求，确定该施工过程的施工班组人数，从而确定流水节拍。

③ 根据已确定的流水节拍，确定其他施工过程的施工班组人数。

④ 检查按此流水施工方式组织的流水施工是否符合该工程工期以及资源等的要求，如果符合，则按此计划实施；如果不符合，则通过调整主导施工过程的班组人数，使流水节拍发生改变，从而调整了工期以及资源消耗情况，使计划符合要求。

2）等节拍不等步距流水

所有施工过程的流水节拍都相等，但是各过程之间的间歇时间 t_j 或搭接时间 t_d 不等于零的流水施工方式，即 $t_j \neq 0$ 或 $t_d \neq 0$。该流水施工方式情况下的各个过程节拍、过程之间的步距、工期的特点如下：

（1）节拍特征

$$t＝常数$$

（2）步距特征

$$K_{i,i+1} = t + t_j - t_d \tag{2-14}$$

式中　t_j——第 i 个过程和第 $i+1$ 个过程之间的技术或组织间歇时间；

　　　t_d——第 i 个过程和第 $i+1$ 个过程之间搭接时间。

工期计算公式：

$$T = (M+N-1)t + \sum t_i - \sum t_d \tag{2-15}$$

式中　$\sum t_i$——表示所有相邻施工过程之间的技术或组织间歇时间之和；

　　　$\sum t_d$——表示所有相邻施工过程之间搭接时间之和。

【例 2-3】某分部工程划分为 A、B、C、D、E 五个施工过程和四个施工段，流水节拍均为 4 天，其中 A 和 D 施工过程各有 2 天的技术间歇时间，C 和 B、D 和 C 施工过程各有

2 天的搭接。试组织全等节拍流水施工。

【解】（1）计算流水工期

因为 $m=4$，$n=5$，$K=4$，$\sum t_i = 2+2 = 4$（天），$\sum t_d = 2+2 = 4$（天）

$$T = (M+N-1)t + \sum t_i - \sum t_d$$
$$= (4+5-1) \times 4 + 4 - 4$$
$$= 32（天）$$

（2）绘制进度计划，如图 2-12 所示。

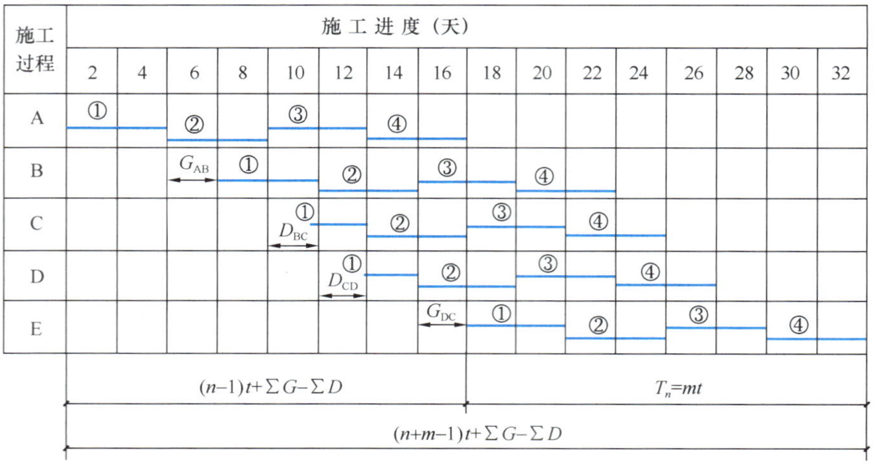

图 2-12　有间歇和搭接的全等节拍流水施工横道图计划

等节奏流水虽然是一种比较理想的流水施工方式，既能保证各专业施工班组连续均衡地施工，又能保证充分利用工作面，但是，实际工作中，要使某分部工程的各个施工过程都采用相同的流水节拍，组织时困难较大。因此，全等节拍流水的组织方式仅适用于施工过程数目不多的某些分部工程的流水。

等节奏流水施工的组织方法是：①划分施工过程，应将劳动量小的施工过程合并到相邻施工过程中，以使流水节拍相等；②确定主要施工过程的施工队组人数，计算其流水节拍；③根据已定的流水节拍，确定其他施工过程的施工队组人数及其组成。

等节奏流水施工一般适用于工程规模较小，建筑结构比较简单，施工过程不多的房屋或某些构筑物。常用于组织一个分部工程的流水施工，不适用于单位工程，特别是大型的建筑群。因此，其实际应用范围不是很广泛。

（2）异节拍流水

异节拍流水是指在有节奏流水施工中，各施工过程的流水节拍都相等，不同施工过程之间的流水节拍不一定相等的一种流水施工方式。该种流水方式根据各施工过程的流水节拍是否为整数倍（或公约数）关系可以分为：成倍节拍流水（等步距异节奏）和不等节拍流水（异步距异节奏流水）两种。

1）成倍节拍流水（等步距异节奏）

成倍节拍流水是指同一施工过程在各施工段上的流水节拍相等，不同施工过程之间的流水节拍不完全相等，但各施工过程的流水节拍均为其中最小流水节拍的整数倍的流水施工方式。

① 成倍节拍流水施工的特征

A. 同一施工过程在其各个施工段上的流水节拍均相等，不同施工过程的流水节拍不等，其值为倍数关系；

B. 相邻施工过程的流水步距相等，且等于流水节拍的最大公约数；

C. 专业工作队数大于施工过程数，部分或全部施工过程按倍数增加相应专业工作队；

D. 各个专业工作队在各施工段上能够连续作业，各施工过程间没有间隔时间。

需要注意的是：

A. 各施工过程之间如果要求有间歇时间或搭接时间，流水步距应相应加上或减去。

B. 流水步距是指任意两个相邻施工班组开始投入施工的时间间隔，这里的"相邻施工班组"并不一定是指从事不同施工过程的施工班组。因此，步距的数目并不是根据施工过程数目来确定的，而是根据班组数之和来确定。假设班组数之和用 N' 表示，则流水步距数目为（ $N'-1$ ）个。

② 工期计算公式：成倍节拍流水实质上是一种不等节拍等步距的流水，它的工期计算公式与等节拍流水工期表达式相近，可以表达为：

$$T = (N' + M - 1)t_{\min} + \sum t_j - \sum t_d \tag{2-16}$$

式中 N'——施工班组之和，$N' = \sum_{i=1}^{n} b_i$，$b_i = \dfrac{t_i}{t_{\min}}$；

　　　　$t_{\min}$——流水节拍最大公约数。

【例 2-4】已知某工程可划分为 A、B、C、D 四个施工过程，即 $N = 4$，6 个施工段，$M = 6$，各施工过程的流水节拍分别为 $t_A = 2$ 天，$t_B = 4$ 天，$t_C = 6$ 天，$t_D = 2$ 天。试组织成倍节拍流水，并绘制成倍节拍流水进度计划。

【解】因为最大公约数＝最大公约数 {2，4，6，2} ＝2 天，根据 $b_i = \dfrac{t_i}{t_{\min}}$ 可得：

$b_1 = \dfrac{t_i}{t_{\min}} = \dfrac{2}{2} = 1$；$b_2 = \dfrac{t_i}{t_{\min}} = \dfrac{4}{2} = 2$；$b_3 = \dfrac{t_i}{t_{\min}} = \dfrac{6}{2} = 3$；$b_4 = \dfrac{t_i}{t_{\min}} = \dfrac{2}{2} = 1$

$N' = \sum_{i=1}^{n} b_i = 1 + 2 + 3 + 1 = 7$

该工程的工期 $T = (N' + M - 1)t_{\min} + \sum t_j - \sum t_d$

$\qquad\qquad\quad = (7 + 6 - 1) \times 2 + 0 - 0$

$\qquad\qquad\quad = 24$（天）

该工程成倍节拍流水施工进度表见图 2-13。

如果施工中无法按照成倍节拍特征相应增加班组数，每个施工过程都只有一个施工班组，则具备组织成倍节拍流水特征的工程，只能按照不等节拍流水组织施工。同样一个工程，如果组织成倍节拍流水，则工作面充分利用，工期较短；如果组织一般流水，则工作面没有充分利用，工期较长。

成倍节拍流水施工方式比较适用于道路、管道等工程的施工，也适用于房屋建筑施工。有时由于各施工过程之间的工程量相差很大，各施工队组的施工人数又有所不同，使不同施工过程在各施工段上的流水节拍无规律性。这时，组织等节奏流水或成倍节拍流水均有困难，则可组织不等节拍流水。

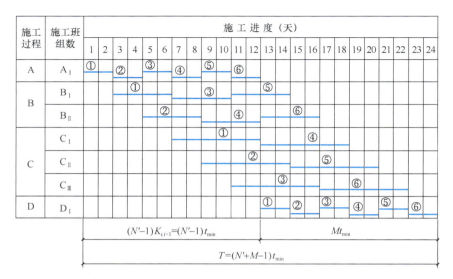

图 2-13　成倍节拍流水施工进度表

2）不等节拍流水（异步距异节奏流水）

不等节拍流水是指同一施工过程在各个施工段的流水节拍相等，不同施工过程之间的流水节拍不相等也不成倍的流水施工方式。不等节拍流水施工方式的特点如下：

① 节拍特征：同一施工过程在各个施工段上流水节拍均相等，不同施工过程之间的流水节拍不尽相等；

② 步距特征：相邻施工过程之间的流水步距不尽相等，流水步距确定方法为基本步距计算公式：

$$K_{i,i+1} = \begin{cases} t_i + t_j - t_d & (t_i \leqslant t_{i+1}) \\ Mt_i - (M-1)t_{i+1} + t_j - t_d, & (t_i > t_{i+1}) \end{cases} \tag{2-17}$$

式中　t_j——两个相邻施工过程间的技术或组织间歇时间；

　　　t_d——两个相邻施工过程间的平行搭接时间。

③ 工期特征：不等节拍工期计算公式为一般流水工期计算公式。

④ 工作队特征：专业工作队数等于施工过程数；

⑤ 组织特点：各个专业工作队在各施工段上能够连续作业，施工过程间没有间隔时间。

组织不等节拍流水施工的基本要求是：各施工队组尽可能依次在各施工段上连续施工，允许有些施工段出现空闲，但不允许多个施工队组在同一施工段交叉作业，更不允许发生工艺顺序颠倒的现象。

不等节拍流水的实质是一种不等节拍不等步距的流水施工，这种方式适用于施工段大小相等的工程施工组织，它在进度安排上比等节奏流水灵活，实际应用范围较广泛，适用于各种分部和单位工程流水。

⑥ 不等节拍流水的组织方式

A. 根据工程对象和施工要求，将工程划分为若干个施工过程。

B. 根据各施工过程的工程量，计算每个过程的劳动量，然后根据各过程施工班组人数，确定出各自的流水节拍。

C. 组织同一施工班组连续均衡地施工，相邻施工过程尽可能平行搭接施工。

【例 2-5】已知某工程可以划分为四个施工过程（$N=4$），3 个施工段（$M=3$），各过程的流水节拍分别为 $t_A=2$ 天，$t_B=4$ 天，$t_C=3$ 天，$t_D=3$ 天，并且，A 过程结束后，B 过程开始之前，工作面有 1 天技术间歇时间。试组织不等节拍流水，并绘制流水施工进度计划表。

【解】根据计算式（2-17）计算流水步距：

因为 $t_A=2$ 天 $<t_B=4$ 天，A，B 施工过程间有 1 天间歇时间，所以：$K_{A,B}=2+1=3$（天）

因为 $t_B=4$ 天 $>t_C=3$（天）所以 $K_{B,C}=Mt_B-(M-1)t_C=3\times4-(3-1)\times3=6$（天）

因为 $t_C=3$ 天 $=t_D=3$（天）

所以 $K_{C,D}=3$（天）

该工程的工期：$T=3+6+3+3\times3=21$（天）

根据流水施工参数绘制流水施工进度计划表，如图 2-14 所示。

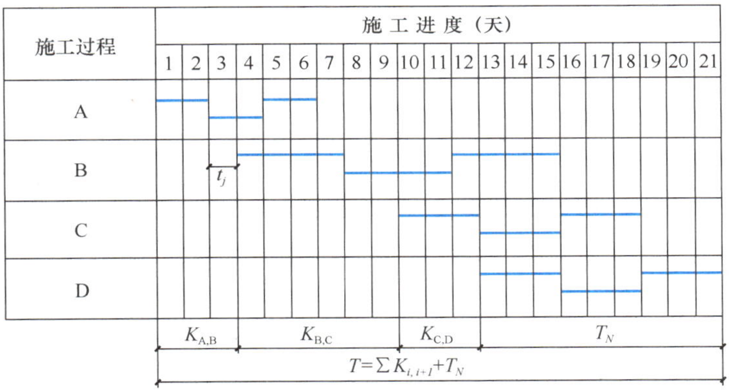

图 2-14　不等节拍流水施工进度表

2. 无节奏流水

无节奏流水施工是指同一施工过程在各施工段上流水节拍不完全相等的一种流水施工方式。在实际工程中，通常每个施工过程在各施工段上的工程量彼此不等，各专业施工队组的生产效率相差较大，导致大多数的流水节拍也彼此不相等。因此，有节奏流水，尤其是等节奏流水和成倍节拍流水往往是难以组织的。而无节奏流水则是利用流水施工的基本概念，在保证施工工艺、满足施工顺序要求的前提下，按照一定的计算方法，确定相邻专业施工队组之间的流水步距，使其在开工时间上最大限度地、合理地搭接起来，形成每个专业施工队组都能连续作业的流水施工方式，它是流水施工的普遍形式。

无节奏流水是实际工程中常见的一种组织流水的方式。它不像有节奏流水那样有一定的时间规律约束。因此，在进度安排上比较灵活、自由。所以该方法较为广泛地应用于实际工程。

（1）无节奏流水施工的特点

1）各施工过程在各施工段的流水节拍不全相等。

2）相邻施工过程的流水步距不尽相等。

3）专业工作队数等于施工过程数。

4）专业工作队能够在施工段上连续作业，但有的施工段之间可能有空闲时间。

（2）无节奏流水的时间参数计算

流水节拍的计算方法同前面其他有节奏流水。组织无节奏流水的关键在于流水步距的计算。无节奏流水步距的计算采用"累加斜减取大差"的方法，由于这种方法是由潘特考夫斯基（译音）首先提出的，故又称为潘特考夫斯基法。这种方法敏捷、准确、便于掌握。即：

1）将每个施工过程的流水节拍逐段累加。

2）错位相减，即从前一个施工队组自加入流水起到完成该段工作为止的持续时间之和减去后一个施工队组自加入流水起到完成前一个施工段工作为止的持续时间之和（即相邻斜减），得到一组差数。

3）取上一步斜减差数中的最大值作为流水步距。

工期计算公式同一般流水施工工期计算式。

【例 2-6】某工程可以分为 A、B、C、D 四个施工过程，四个施工段，各施工过程在各施工段上的流水节拍见表 2-4。试计算流水步距和工期，绘制流水施工进度计划表。

流水节拍　　　　　　　　　　　　　　　表 2-4

施工过程	施工段			
	I	II	III	IV
A	4	3	2	1
B	5	2	3	3
C	1	4	2	2
D	3	2	1	3

【解】1）流水步距计算

因每一施工过程在各施工段的流水节拍不相等，没有任何规律，故采用"累加数列，错位相减，取大差法"的方法进行计算，计算过程及结果如下：

① 求 $K_{A,B}$

$$\begin{array}{r} 4 \quad 7 \quad 9 \quad 10 \\ -) \quad 5 \quad 7 \quad 10 \quad 13 \\ \hline 4 \quad 2 \quad 2 \quad 0 \quad -13 \end{array}$$

$$K_{A,B} = \max\{4, 2, 2, 0, -13\} = 4（天）$$

② 求 $K_{B,C}$

$$\begin{array}{r} 5 \quad 7 \quad 10 \quad 13 \\ -) \quad 1 \quad 5 \quad 7 \quad 9 \\ \hline 5 \quad 6 \quad 5 \quad 6 \quad -9 \end{array}$$

$$K_{A,B} = \max\{5, 6, 5, 6, -9\} = 6（天）$$

③ 求 $K_{C,D}$

$$\begin{array}{r} 1\ \ 5\ \ 7\ \ 9 \\ -)\quad 3\ \ 5\ \ 6\ \ 9 \\ \hline 1\ \ 2\ \ 2\ \ 3\!-\!9 \end{array}$$

$$K_{A,B} = \max\{1, 2, 2, 3, -9\} = 3（天）$$

2）工期计算：$T = 4 + 6 + 3 + 9 = 22$（天），该工程进度计划安排如图 2-15 所示。

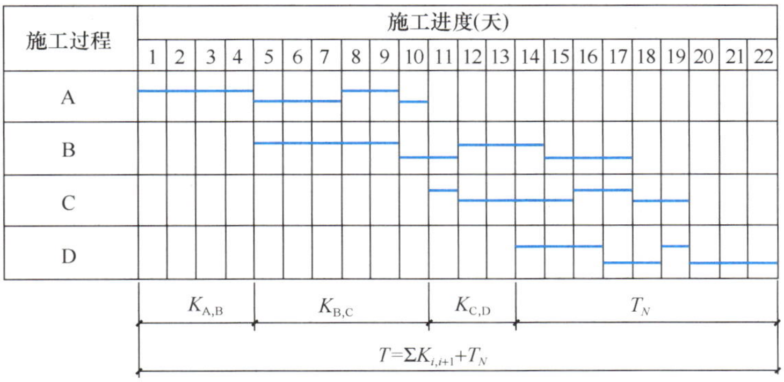

施工过程	施工进度(天)
	1 2 3 4 5 6 7 8 9 10 11 12 13 14 15 16 17 18 19 20 21 22
A	
B	
C	
D	

$K_{A,B}$　$K_{B,C}$　$K_{C,D}$　T_N

$$T = \Sigma K_{i,i+1} + T_N$$

图 2-15　无节奏流水施工进度表

无节奏流水施工适用于各种不同性质、不同用途、不同规模建筑工程的单位工程流水或分部工程流水，是一种较为自由的流水施工组织方式。上述流水施工方式中，采用哪一种流水施工方式，除了分析流水节拍的特点外，还要考虑工期要求和各项资源的供应情况。

2.3.4　流水施工的表达方法

流水施工的表达方式除网络图外，主要还有横道图和垂直图两种方式。

绘制某工程流水
施工横道图

（1）流水施工的横道图表示法

横坐标表示流水施工的持续时间，纵坐标表示施工过程的名称或编号。n 条带有编号的水平线段表示 n 个施工过程或专业工作队的施工进度安排，其编号①、②……表示不同的施工段。横道图表示法的优点是：绘图简单，施工过程及其先后顺序表达清楚，时间和空间状况形象直观，使用方便，因而被广泛用来表达施工进度计划。

（2）流水施工的垂直图表示法

横坐标表示流水施工的持续时间，纵坐标表示流水施工所处的空间位置，即施工段的编号。n 条斜向线段表示各施工过程或专业工作队的施工进度。垂直图表示法的优点是：施工过程及其先后顺序表达清楚，时间和空间状况形象直观，斜向进度线的斜率可以直观地表示出各施工过程的进展速度，但编制实际工程进度计划不如横道图方便。

2.3.5　小平房工程流水施工综合案例

在建筑施工中，流水施工是一种行之有效的科学组织施工的计划方法。编制施工进度计划时应根据施工对象的特点，选择适当的流水施工方式组织施工，以保证施工的节奏性、均衡性和连续性。

在上述讲解中已阐述有节奏流水施工（全等节拍流水施工、成倍节拍流水施工、异节拍流水施工）和无节奏的流水施工方式。如何正确选用上述流水方式，需根据工程具体情况而定，通常的做法是将单位工程流水先分解为分部工程流水，然后根据分部工程的各施工过程劳动量的大小、施工班组人数来选择流水施工方式。若分部工程的过程数目不多（3~5个），可以通过调整班组人数使得各施工过程的流水节拍相等，从而采用全等节拍流水施工方式，这是一种最理想、最合理的流水施工方式。若分部工程的施工过程数目较多，要使其流水节拍相等较困难，因此，可考虑流水节拍的规律，分别选择成倍节拍、异节拍、无节奏流水施工方式。组织一个项目施工时，往往是流水施工与搭接施工混合应用，可以缩短工期，又能使大部分的工种连续施工。

小平房工程在建筑设计上体形较简单，一般为"一"字形、转角形；结构上一般为砖墙承重，钢筋混凝土梁、板、楼梯；现浇或预制楼板；建筑装修上为普通抹灰、水泥砂浆楼地面。每栋小平房工程在建筑及结构上基本一致，这就为应用流水施工创造了有利条件。

【例 2-7】 设有 4 栋小平房建筑，每栋建筑面积 $150m^2$ 砖混结构住宅楼工程，平面尺寸约为 $7.4 \times 53m^2$，总建筑面积为 $600m^2$，试组织单位工程的流水施工。

【解】（1）施工过程的确定

根据施工对象的结构构造，分成三个分部工程及相应的施工过程：

1）基础工程：开挖基槽土方，浇筑混凝土垫层，砌砖墙基，浇捣钢筋混凝土地基圈梁（含支模、绑扎钢筋、浇捣混凝土），回填土，施工过程数 $N = 5$。具体划分施工过程中要综合考虑劳动量大小，施工班组等因素。

2）主体结构工程：每层楼均分为砌内外砖墙（含立门窗框、搭设里脚手架），现浇钢筋混凝土构件（含圈梁、阳台挑梁、厨厕现浇板、楼梯），吊装预制楼板（含嵌板缝）。施工过程数 $n = 3$。

3）装饰工程：每层楼均分为天棚与内墙抹灰、地面抹灰、外墙抹灰、安装门窗扇、油漆玻璃。施工过程数 $N = 5$。而屋面找平层、防水层、隔热层、地面混凝土垫层、阳台楼板杆栏等不参与流水，可利用立体交叉平行搭接施工。

由于三个分部工程的各个施工过程的节拍不易取得一致，故宜组织成分别流水，即分别组织基础、主体、装饰工程的独立流水，然后用合理的流水步距将它们搭接起来形成单位工程的流水。

（2）基础工程流水

已知 $N = 5$，由于基槽土方开挖过程中使用场地较宽，挖后要组织外单位来验槽，因而不宜分成多段施工，宜先挖基槽，挖完后，其余工作可组织流水施工。设每单元为一段，共分成四段施工，即 $M = 4$。各施工过程每段的劳动量、每天出工人数及计算所得流水节拍，见表 2-5。

施工过程流水节拍计算表

表 2-5

施工过程	挖基槽	铺垫层	砌砖基	浇圈梁	回填土
每段劳动量/（人·d）	50	22	20	20	22
每天出工人数（一班制）	25	11	10	10	11
流水节拍/d	2	2	2	2	2

基础工程工期计算：已知 $n=4$（土方开挖不参与流水），$m=4$，$t=K=2\text{d}$，技术停歇 $t_{垫-砖}=1\text{d}$，$t_{圈-填}=2\text{d}$。

则工期 $T=(M+N-1)K+\sum t_j=(4+4-1)\times 2\text{d}+(1+2)\text{d}=17\text{d}$，连同基槽开挖工期 10d，合计 27d。

绘制基础工程流水进度如图 2-16 所示。

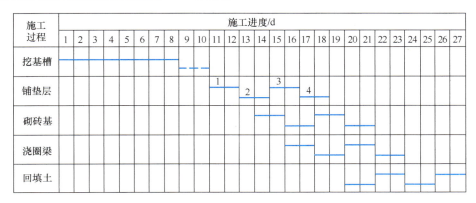

图 2-16　基础工程流水进度

（3）主体工程流水

已知 $n=3$，层数 $R=6$，设现浇梁板后 1d 才能吊装预制楼板，即 $t_{j浇-吊}=1\text{d}$，楼层停歇 $t_2=1\text{d}$（即现浇板完后要养护 1d 才能在其上进行下道工序）。

各施工过程的数据及流水节拍计算见表 2-6。

主体分部各施工过程流水节拍计算表　　　　表 2-6

施工过程	砌内外砖墙	现浇梁板	吊预制板
每段劳动量/（人·d）	40	24	16
每天出工人数	20	12	8
每天班制	1	1	1
流水节拍/d	2	2	2

由于现浇梁板的工序多，包括支模、绑扎钢筋、浇捣混凝土，可组成一个综合的施工队。因工程量不大，仍取流水节拍 $t=2\text{d}$，则 $K=t=2\text{d}$。

每层施工段数按层间施工及楼层停歇的公式计算：

$$M\geqslant N+\sum t_{j1}/K+t_{j2}/k=3+1/2+1/2=4\ 段$$

与每层在建筑上分成四单元一致。则流水总工期 $T=(R\times M+N-1)\times K+\sum t_j=(6\times 4+3-1)\times 2+2=54\text{d}$

（4）装饰工程流水

上述装饰工程中参与流水的五项施工，由于天棚、内墙、外墙抹灰有底层抹灰与面层抹灰之分，两层之间要有干燥的技术间歇时间，因此施工过程按表 2-7 划分，各过程各段的劳动量、每天有工人数及相应的流水节拍见表 2-7。内抹灰、外抹灰的底层面层之间 t_j 均为 2d。

装饰工程流水节拍计算表　　　　　　　　　　　表 2-7

施工过程	内抹灰（打底）	内抹灰（面层）	楼地面	外抹灰（打底）	外抹灰（面层）	安门窗	油漆玻璃
每段劳动量	32	16	12	10	10	8	12
每天工人数（一班制）	16	8	6	5	5	4	6
流水节拍	2	2	2	2	2	2	2

装饰工程每层施工段数确定：由于先行完成的结构层已为装饰工程提供了工作面，因而虽是层间装饰，但不同于结构的层间施工，不必要求本层最后施工过程完成后第 1 施工过程才可进入上一层。如在表 2-7 中，每层分 4 段流水，当内抹灰打底完成第 4 段，要连续转入上层第 1 段时，外抹灰打底仍是在本层第 1 段施工，并不发生交叉，因已有楼板隔开，彼此不在同一个工作面上，即各个施工过程不受 M 限制，均可连续施工，因此 $m=4$，而不必要分 7 段。装饰工程工期 T 仍可按层间公式确定（但不必要求 $M \geqslant N$）。

$$T = (R \times M + N - 1) \times K + \Sigma t_j = (6 \times 4 + 7 - 1) \times 2 + 2 + 2 = 64 \text{d}$$

（5）单位工程流水

将基础工程、主体工程、装饰工程三个独立的分部工程流水用适当的步距连接起来形成单位工程流水。

1）基础工程最后施工过程的流水节拍 $t=2$d，主体工程的最前一个施工过程是砌砖墙，$t=2$d，考虑两者停歇 $t_j = 2$d。则回填开始 4d 后，砌砖开始。

2）主体工程最后的施工过程是吊楼板，装饰工程最前的施工过程是室内抹灰的打底，两者节拍均为 2d。本例由于工期不紧张，抹灰顺序应从顶层而下，在屋面吊板后抹找平层，才开始从顶层第一段抹灰。即技术停歇 $t_j = 2$d。根据以上三个分部工程的独立流水及它们之间的流水步距及技术停歇，可组成单位工程的流水。

 岗课赛证融通小测

1．（单项选择题）在无节奏流水施工中，通常用来计算流水步距的方法是（　　）。

A．累加数列错位相减取差值最大值

B．累加数列错位相加取和值最小值

C．累加数列对应相减取差值最大值

D．累加数列对应相减取差值最小值

2．（单项选择题）关于流水步距的说法，正确的是（　　）。

A．第一个专业队与其他专业队开始施工的最小间隔时间

B．第一个专业队与最后一个专业队开始施工的最小间隔时间

C．相邻专业队相继开始施工的最小间隔时间

D．相邻专业队相继开始施工的最大间隔时间

3．（单项选择题）关于异节奏流水施工特点的说法，正确的是（　　）。

A．流水步距等于流水节拍

B．专业工作队数目大于施工过程数目

C．所有施工过程在各施工段上的流水节拍均相等

D. 不同施工过程在同一施工段上的流水节拍都相等

4. （多项选择题）组织流水施工时，如果按专业成立专业工作队，则其特点有（   ）。

A. 各专业队在各施工段均可组织流水施工

B. 只有一个专业队在各施工段组织流水施工

C. 各专业队可按施工顺序实现最大搭接

D. 有利于提高劳动生产效率和工程质量

E. 同一时间段只能有一个专业队投入流水施工

5. （多项选择题）组织流水施工时，合理划分施工段应遵循的原则有（   ）。

A. 施工段的界限与结构界限无关，但应使同一专业工作队在各个施工段的劳动量大致相等

B. 每个施工段内要有足够的工作面以保证相应数量的工人、主导施工机械的生产效率，满足合理劳动组织的要求

C. 施工段的界限应设在对建筑结构整体性影响小的部位，以保证建筑结构的整体性

D. 每个施工段要有足够的工作面，以满足同一施工段内组织多个专业工作队同时施工的要求

E. 施工段的数目要满足合理组织流水施工的要求，并在每个施工段内有足够的工作面

任务 2.3　工作任务单

学习任务名称：　　组织小平房工程流水施工

班级：＿＿＿＿＿＿＿＿＿＿　姓名：＿＿＿＿＿＿＿＿＿＿　日期：＿＿＿＿＿＿＿＿＿＿

01　学生任务分配表

组名		指导教师	
组长		学号	
组员			
任务分工			

02　任务准备表（1）

工作目标	组织小平房工程流水施工
序号	任务

1	案例背景：假设有四幢相同的小平房工程，其装修工程的施工过程分为：A 天棚、内墙面抹灰；B 地面面层、踢脚线；C 窗台、勒脚、明沟、散水；D 刷白、油漆、玻璃。每一幢工程的各施工过程的劳动量、专业工作队人数见下表： **小平房装修工程数据表** 问题： （1）若采用一班制组织施工，试计算该装修工程各施工过程在各施工段上的流水节拍和工期，并绘制流水施工的横道图（手绘和 Excel 表格绘制）。 （2）什么是流水节拍和流水步距？如果该工程的工期为 35 天，按等节奏流水施工方式组织施工，则该工程的流水节拍和流水步距应为多少？

小平房装修工程数据表

施工过程	劳动量（工日）	每天人数
天棚、内墙面抹灰	80	20
地面面层、踢脚线	46	12
窗台、勒脚、明沟、散水	39	10
刷白、油漆、玻璃	40	10

03　任务准备表（2）

工作目标	组织小平房工程流水施工

序号	任务
1	案例背景：假设某一层小平房工程采用现浇整体式框架结构，主体结构施工顺序划分为：柱、梁、板。拟分成三段组织流水施工，其流水节拍如下表所示：

施工过程编号	施工过程名称	流水节拍		
		Ⅰ	Ⅱ	Ⅲ
1	柱	4	3	3
2	梁	2	4	2
3	板	2	2	3

问题：

（1）简述组织流水施工的主要过程。

（2）计算该小平房工程主体结构施工所需要的时间。

（3）试绘制该小平房工程施工的横道计划。

04　学生个人自评表

班级		组名		日期	
姓名		学号			
评价指标	评价内容			分数	分数评定
信息检索	能有效利用网络、图书资料找有用的相关信息等；能用自己的语言有条理地去解释、表述所学知识；能将查到的信息有效地传递到学习中			10 分	
感知课堂	是否熟悉项目经理助理岗位，认同岗位工作价值；在学习中是否能获得满足感，认同课堂文化			10 分	
参与态度	积极主动参与学习，能吃苦耐劳，崇尚劳动光荣，技能宝贵；与教师、同学之间是否相互尊重、理解、平等；与教师、同学之间是否能够保持多向、丰富、适宜的信息交流			10 分	
	能处理好合作学习和独立思考的关系，做到有效学习；能提出有意义的问题或能发表个人见解；能按要求正确完成任务；能够倾听别人意见、协作共享			10 分	
学习过程	1. 会区分流水施工的类别			10 分	
	2. 能计算流水施工的时间参数			10 分	
	3. 能绘制流水施工横道图			10 分	
思维态度	是否能发现问题、提出问题、分析问题、解决问题、创新问题			10 分	
自评反馈	按时按质完成工作任务；较好地掌握了专业知识点；具有较强的信息分析能力和理解能力；具有较为全面严谨的思维能力并能条理清楚明晰表达成文			20 分	
自评分数					
有益的经验和做法					
总结反馈建议					

05　组内互评表

班级		组名		日期	
验收组长		被验收者		学号	
组内验收成员					
任务要求					
验收文档清单	任务工作单： 文献检索清单：				

	评分标准	分数	得分
验收评分	1. 会区分流水施工的类别，错误一处扣 5 分	30 分	
	2. 能根据具体工程，计算流水施工的时间参数，错误一处扣 5 分	40 分	
	3. 能根据具体工程，绘制流水施工横道图	20 分	
	4. 提供文献检索清单，不少于 5 项，缺一项扣 2 分	10 分	
评价分值			
不足之处			

06 组间互评表

班级		被评组名		日期	
验收组名 （成员签字）					
评价指标		评价内容		分数	分数评定
汇报表述		表述准确		15 分	
		语言流畅		10 分	
		准确反映该组完成情况		15 分	
内容正确度		内容正确		30 分	
		阐述表达到位		30 分	
互评分数					
简要评述					

07　任务完成情况评价表

班级			组名			
姓名			学号			
序号	任务内容及要求		配分	评分标准	教师评价	
					结论	得分
1	详细阐述流水施工的分类	描述正确	20 分	错误一个扣 5 分		
		语言流畅	10 分	酌情赋分		
2	能根据具体工程，计算流水工程的时间参数	计算正确	20 分	错误一个扣 5 分		
		语言流畅	10 分	酌情赋分		
3	能根据具体工程，绘制流水施工横道图	绘制正确	10 分	错误一处，扣 2 分		
		语言流畅	10 分	酌情赋分		
4	提供 5 项文献检索清单	数量	10 分	缺一个扣 2 分		
		参考的主要内容要点	10 分	酌情赋分		
5	素质素养评价	沟通交流能力	20 分	酌情赋分，但违反课堂纪律，不听从组长、教师安排，不得分		
		团队合作				
		课堂纪律				
		自主探学				
		合作研学				
		精益求精、专心细致的工作作风				
		诚实守信的意识				
		讲原则守规矩的意识				
		规范意识				
总分						

项目3 多层建筑施工组织管理
（以新农村别墅为例）

任务 3.1 认识多层建筑项目特点

工作任务	识别多层建筑项目特点	建议学时	2 学时
任务描述	认识多层建筑特点，了解多层建筑建设背景，熟悉多层建筑的特点，掌握多层建筑的应用和施工难点。		
学习目标	★了解多层建筑的建设背景； ★熟悉多层建筑的特点； ★掌握多层建筑的应用和施工难点； ★能够主动获取信息，展示学习成果，并相互评价、对多层建筑项目未来发展进行探索，与团队成员进行有效沟通，团结协作。		
任务分析	首先要正确理解多层建筑的建设背景，明确多层建筑的特点，熟悉多层建筑的应用和施工难点。		

 任务导航

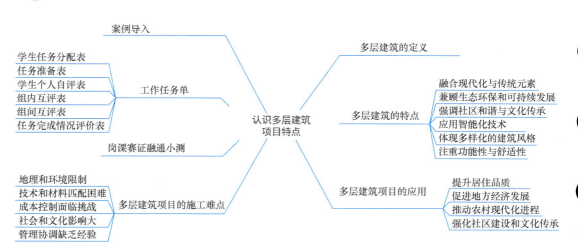

在我国某地新农村发展区域，政府推动了一项名为"绿野山庄"的多层建筑项目。该项目建设目的是提供高质量的住宅，吸引当地居民和城市居民购买使用；保护并利用自然景观，增强项目的生态可持续性；促进当地经济发展，通过建设和运营创造就业机会。整个项目占地约 50 公顷，规划建设 100 栋别墅，每栋别墅的建筑面积约为 380m²，采用三层设计；设计风格融合了传统中国建筑元素与现代建筑理念；在施工过程中使用了本地材料，以减少运输成本和碳足迹；施工过程严格遵守了国家施工标准，确保安全生产。整体别墅设计灵感来自于民族的自信与文化的自信，有了足够的文化自信，才会有海纳百川的胸怀。该项目具体效果如图 3-1 所示。

图 3-1　多层建筑效果图

3.1.1　多层建筑的定义

多层建筑指高度不大于 27.0m 的住宅建筑、建筑高度不大于 24.0m 的公共建筑及建筑高度大于 24.0m 的单层公共建筑（《民用建筑设计统一标准》GB 50352—2019）；但人们通常将 2 层以上的建筑都笼统地概括为多层建筑。

在农村地区，多层建筑通常指新建的、具有一定现代化建筑特征和生活设施的独立住宅。这类别墅通常融合了现代建筑风格和传统农村元素，是为了提高农村居住环境质量，同时满足现代生活需求。多层建筑的兴建往往是农村改革和新农村建设计划的一部分，反映了农村地区面貌的现代化转变和生活水平的提高。

3.1.2 多层建筑的特点

我国的多层建筑项目是新农村建设的一个重要组成部分，建设目的是提升农村居住环境，促进农村经济和社会的全面发展。这些项目反映了中国农村地区在经历快速城镇化进程中的居住文化和建筑风格的变化。我国目前多层建筑的主要特点有：

（1）融合现代化与传统元素

多层建筑在设计上既注重现代建筑风格的应用，包括简洁的线条、开放式空间布局、大窗户等，又兼顾传统建筑元素的保留，如使用本地建筑材料、传统屋顶形状等，现代与传统融合，创造出既符合现代居住需求又不失地方特色的居住环境。

（2）兼顾生态环保和可持续发展

随着我国各地环保意识的增强和绿色建筑理念的推广，多层建筑项目越来越注重生态环保和可持续发展的原则。具体措施包括使用环境友好型材料、节能设计（如良好的自然通风和光照、太阳能利用）、雨水收集和废水处理系统等，以减少对环境的影响。

（3）强调社区和谐与文化传承

多层建筑项目不仅关注单个建筑的设计和功能，还重视整个社区的规划和发展，包括公共空间的设置、基础设施的完善、文化活动的举办等，以促进社区成员之间的互动和地方文化的传承。

（4）应用智能化技术

随着科技的进步，智能家居系统等现代科技元素也被引入多层建筑的设计中，提高居住的便利性和舒适性。这些技术的应用包括远程控制家居设备、智能安防系统、能源管理系统等。

（5）体现多样化的建筑风格

我国的多层建筑展现了丰富多样的建筑风格，不仅有现代简约风、中式古典风格等，还根据地域特色创造了许多富有地方特色的设计。这种多样性满足了不同文化背景和审美偏好的居民需求。

（6）注重功能性与舒适性

多层建筑的设计注重居住的功能性和舒适性，通过合理的空间规划和现代化的居住设施，提高居住品质。这包括宽敞的居住空间、合理的光线布局、完善的生活设施等。

我国的多层建筑项目在追求现代化居住环境的同时，不忘生态环保、社区和谐和文化传承的重要性，展现了农村建设领域的新趋势和新理念。

3.1.3 多层建筑项目的应用

多层建筑的应用涉及多个层面，主要目的是改善农村居住环境，推动农村经济和文化发展，以及实现社区和谐与可持续发展。

（1）提升居住品质

多层建筑通过现代化设计、舒适的居住环境和配套设施的改善，大幅提升了农村居民的居住品质。宽敞的空间布局、良好的采光和通风，以及现代化的家居设施，为居民提供了更高标准的居住环境。

（2）促进地方经济发展

多层建筑的建设和运营促进了当地建筑业和相关产业的发展，如材料生产、家居装饰等，从而为地方经济发展注入新的活力。此外，高质量的居住环境也吸引了更多人才和投资，促进了地方产业升级。

（3）推动农村现代化进程

多层建筑的建设是农村现代化战略的重要组成部分，不仅改善了农村居住条件，也促进了农村基础设施和公共服务的改善，如教育、卫生、交通等，为农村地区的全面现代化奠定了基础。

（4）强化社区建设和文化传承

通过社区公共空间的规划和文化活动的举办，多层建筑项目促进了邻里间的交流与合作，增强了社区凝聚力。同时，设计中融入的地方传统元素有助于保持和传承地方文化和建筑风格。

3.1.4　多层建筑项目的施工难点

多层建筑项目的施工面临多方面的挑战和难点，主要涉及技术、环境、社会经济和管理等领域。

（1）地理和环境限制

农村地区往往地理环境复杂，如地形起伏、交通不便、水电资源有限等，这些因素都会增加施工的难度和成本。同时，为了保护生态环境，施工时还需采取相应的环境保护措施，避免对当地生态造成破坏。

（2）技术和材料匹配困难

多层建筑项目往往追求现代化和生态化设计，需要使用新型材料和先进技术。在农村地区，面临新型建筑材料的供应和质量，以及施工人员对新技术的掌握和应用的严峻挑战。

（3）成本控制面临挑战

虽然多层建筑项目的目的是提升农村居住环境，但项目的经济性也是不可忽视的因素。高昂的设计、材料和施工成本往往是项目推进过程中需要重点考虑的问题。如何在保证项目质量和生态环保要求的同时有效控制成本，是施工过程中的一大难题。

（4）社会和文化影响大

多层建筑项目需要考虑当地的社会文化特点，包括居民的生活习惯、审美偏好等。项目的设计和施工需要与当地社会文化相融合，避免造成文化冲突或不适应，这在项目规划和执行阶段是一项挑战。

（5）管理协调缺乏经验

多层建筑项目的施工管理涉及多方面的协调和管理工作，包括材料供应、施工队伍管理、施工进度和质量控制等。在农村地区，由于专业人才和管理经验的缺乏，项目管理和协调成为施工过程中的一大难点。

 岗课赛证融通小测

1.（单项选择题）在多层建筑建设中，社会和文化因素考量不包括（　　　）。

A. 居民生活习惯　　　　　　　　B. 审美偏好

C. 政治倾向　　　　　　　　　　D. 地方传统

2.（单项选择题）多层建筑设计中应用的现代科技元素包括（　　　）。

A. 人工智能   B. 石墨烯材料

C. 远程控制家居设备   D. 智能安防系统

3. （单项选择题）施工难点中，不属于技术和材料匹配困难的是（   ）。

A. 新型材料供应   B. 施工人员技能培训

C. 高昂的设计成本   D. 施工技术应用

4. （多项选择题）多层建筑建设中的管理协调挑战包括（   ）。

A. 材料供应   B. 施工队伍管理

C. 施工进度和质量控制   D. 土地资源紧缺

E. 项目管理和协调

5. （多项选择题）多层建筑项目中，（   ）措施有利于提升居住品质。

A. 现代化设计   B. 舒适的居住环境

C. 完善的配套设施   D. 忽视居民意见

E. 合理的空间规划

任务 3.1　工作任务单

学习任务名称：　　识别多层建筑项目特点

班级：　　　　　　　　　　　姓名：　　　　　　　　　　　日期：　　　　　　　　　　　

01　学生任务分配表

组名		指导教师	
组长		学号	
组员			
任务分工			

02　任务准备表

工作目标	识别多层建筑项目特点
序号	任务
1	举例分析多层建筑工程特点
2	阐述多层建筑工程施工难点

03 学生个人自评表

班级		组名		日期	
姓名		学号			
评价指标	评价内容		分数	分数评定	
信息检索	能有效利用网络、图书资料找有用的相关信息等；能用自己的语言有条理地去解释、表述所学知识；能将查到的信息有效地传递到学习中		10 分		
感知课堂	是否熟悉项目经理助理岗位，认同岗位工作价值；在学习中是否能获得满足感，认同课堂文化		10 分		
参与态度	积极主动参与学习，能吃苦耐劳，崇尚劳动光荣，技能宝贵；与教师、同学之间是否相互尊重、理解、平等；与教师、同学之间是否能够保持多向、丰富、适宜的信息交流		10 分		
	能处理好合作学习和独立思考的关系，做到有效学习；能提出有意义的问题或能发表个人见解；能按要求正确完成任务；能够倾听别人意见、协作共享		10 分		
学习过程	1. 理解多层建筑建设背景		10 分		
	2. 熟悉多层建筑工程特点		10 分		
	3. 掌握多层建筑工程的应用和施工难点		10 分		
思维态度	是否能发现问题、提出问题、分析问题、解决问题、创新问题		10 分		
自评反馈	按时按质完成工作任务；较好地掌握了专业知识点；具有较强的信息分析能力和理解能力；具有较为全面严谨的思维能力并能条理清楚明晰表达成文		20 分		
自评分数					
有益的经验和做法					
总结反馈建议					

04　组内互评表

班级		组名		日期	
验收组长		被验收者		学号	
组内验收成员					
任务要求					
验收文档清单	任务工作单： 文献检索清单：				

验收评分	评分标准	分数	得分
	1. 详细阐述多层建筑工程特点，错误一处扣 10 分	40 分	
	2. 能根据具体工程分析多层建筑工程的应用和施工难点，错误一处扣 5 分	40 分	
	3. 能按时提交工作任务单，迟 10 分钟，扣 5 分	10 分	
	4. 提供文献检索清单，不少于 5 项，缺一项扣 2 分	10 分	
评价分值			

不足之处	

05 组间互评表

班级		被评组名		日期	
验收组名 （成员签字）					
评价指标		评价内容		分数	分数评定
汇报表述		表述准确		15 分	
		语言流畅		10 分	
		准确反映该组完成情况		15 分	
内容正确度		内容正确		30 分	
		阐述表达到位		30 分	
互评分数					
简要评述					

06　任务完成情况评价表

班级				组名			
姓名				学号			
序号	任务内容及要求		配分	评分标准	教师评价		
					结论	得分	
1	详细阐述多层建筑项目工程特点	描述正确	20分	错误一个扣5分			
		语言流畅	10分	酌情赋分			
2	根据具体工程分析多层建筑工程的应用和施工难点	描述正确	20分	错误一个扣5分			
		语言流畅	10分	酌情赋分			
3	能够按时提交工作任务单	按时提交	10分	延迟10分钟，扣5分			
		延迟提交	10分	酌情赋分			
4	提供5项文献检索清单	数量	10分	缺一个扣2分			
		参考的主要内容要点	10分	酌情赋分			
5	素质素养评价	沟通交流能力	20分	酌情赋分，但违反课堂纪律，不听从组长、教师安排，不得分			
		团队合作					
		课堂纪律					
		自主探学					
		合作研学					
		精益求精、专心细致的工作作风					
		诚实守信的意识					
		讲原则守规矩的意识					
		规范意识					
总分							

任务3.2　管理新农村别墅项目施工现场

工作任务	管理新农村别墅项目施工现场	建议学时	4 学时
任务描述	管理新农村别墅项目施工现场，需要了解施工现场管理的概念、内容；掌握施工现场项目经理部建立的原则，绘制施工现场组织结构图，掌握施工现场的技术、料具、机械、劳动力、文明施工、环境的管理内容和方法。		
学习目标	★理解施工现场管理的内容； ★绘制施工现场组织结构图； ★掌握施工现场料具管理的办法； ★能够管理施工现场环境； ★能够主动获取信息，展示学习成果，并相互评价。对新农村别墅项目现场管理工作进行探索，与团队成员进行有效沟通，团结协作。		
任务分析	管理新农村别墅项目施工现场，深入理解施工现场管理的内容；学习施工现场项目经理部建立的原则；掌握施工现场的技术、料具、机械、劳动、文明施工、环境的管理内容和方法；绘制施工现场组织结构图。		

任务导航

案例导入

　　某建筑公司承接了"绿野山庄"项目，现在面临的主要问题有：地理位置偏远，施工现场距离主要的物资供应点和劳动力市场较远，物资运输和人员到达现场存在一定难度；环境保护要求高，项目所在地紧邻一个自然保护区，施工过程中必须严格控制噪声、尘土和废弃物排放，以减少对周边环境的影响；技术和管理要求高，别墅建设涉及多种新技术和材料，对施工技术和现场管理提出了较高要求。假如，你作为该建筑公司的一名项目负责人，这种情况下应该如何对施工现场的人员、材料与设备以及环境等要素进行管理呢？

知识链接

3.2.1　施工现场管理的概念

　　施工现场管理就是运用科学的管理思想、管理方法和管理手段，对施工现场的各种生产要素（人、机、料、法、环境、能源、信息）进行合理配置和优化组合，通过计划、组织、控制、协调、激励等管理职能，以保证施工现场按预定的目标，优质、高效、低耗、按期、安全、文明地进行生产。

　　在建筑施工中，新技术、新材料、新工艺、新设备不断涌现并得到推广应用，高层、大跨、精密、复杂的建筑越来越多，信息技术与建筑技术相互渗透结合而产生的智能建筑，在施工阶段更是需要多专业多工种多个施工单位的协调配合。因此现场施工管理如何适应现代化大生产的要求，已成为建筑企业深化改革的一个重要内容。企业现代化生产的特点是专业化、协作化、社会化，它要求整个生产过程和生产环境实现标准化、规范化和科学化管理。因此，作为企业管理的基础——施工现场管理，只有按标准化、规范化和科学化的要求建立起科学的管理体系、严格的规章制度和管理程序，才能保证专业化分工和协作，符合现代化生产的要求。

　　施工现场管理是建筑企业管理的重要环节，也是企业管理的落脚点。企业管理中的许多问题必然会在现场得到反映，各项专业管理工作也要在现场贯彻落实。但是，作为建筑企业最基层的基础工作——施工现场管理，是企业形象的"窗口"，施工现场管理水平的高低决定着建筑企业对市场的应变能力和竞争能力。

3.2.2　施工现场管理的内容

　　施工现场管理是对施工过程中各个生产环节的管理，它不仅包括现场施工的组织管理工作，而且包括企业管理的基础工作在施工现场的落实和贯彻。施工现场管理的主要内容包括以下几个方面：设置现场组织机构；签订内部承包合同，落实施工任务；开工前的准备和经常性的准备工作；施工现场平面布置；施工现场计划管理；施工现场安全管理；施工现场质量管理；施工现场成本管理；施工现场技术管理；施工现场料具管理；施工现场机械管理；施工现场劳动管理；施工现场文明管理和环境管理；施工现场资料管理。

3.2.3　施工现场项目经理部的建立

　　施工现场项目经理部是企业临时性的基层施工管理机构，建立施工现场项目经理部的目的是使施工现场更具有生产组织功能，更好地实现施工项目管理的总目标。它是施工项目管理的工作班子，置于项目经理的领导之下。

1. 建立施工项目经理部的基本原则

（1）要根据设计的项目组织结构形式设置项目经理部

因为项目组织结构形式与企业对施工项目的管理方式有关，与企业对项目经理部的授权有关。不同的组织形式对项目经理部的管理力量和管理职责提出了不同的要求。提供了不同的管理环境，因此，必须根据项目组织形式设置项目经理部。目前，常见的项目组织结构形式有以下四种：

1）线性组织结构模式

线性组织结构模式（图 3-2），其特征是结构简单而权力层级清晰，职权从组织上层"流向"组织基层。下属人员只接受一个上级的命令，有明确上下级关系。该模式的优点是个人责任和权限明确，工作间的联系协调较少，容易较迅速地做出决定；缺点是当组织规模较大、业务较复杂时，管理职能集中由一人承担比较困难，不利于专业分工原则。该模式适用于小型的、专业性较强、不涉及众多部门的施工项目。

在国际上，线性组织结构模式是建设项目管理组织系统的一种常用模式，因为一个建设项目的参与单位很多，少则数十，多则数百，大型项目的参与单位数以千计，在项目实施过程中矛盾的指令会给工程项目目标的实现造成很大的影响，而线性组织结构模式可确保工作指令的唯一性。但在一个特大的组织系统中，由于线性组织结构模式的指令路径过长，有可能会造成组织系统在一定程度上运行的困难。

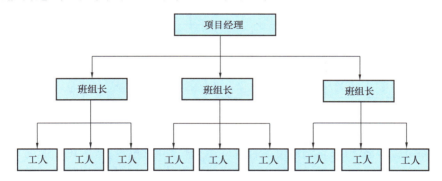

图 3-2　线性组织结构模式

2）职能式组织结构模式

职能式组织结构模式（图 3-3）是在各管理层次之间设置职能部门，各职能部门分别从职能角度对下级执行者进行业务管理。在职能制组织机构中，各级领导不直接指挥下

图 3-3　职能式组织结构模式

级，而是指挥职能部门。各职能部门可以在上级领导的授权范围内，就其所辖业务范围向下级执行者发布命令和指示。

3）直线职能式组织结构模式

直线职能式组织结构模式（图3-4）是吸收了直线式和职能式两种组织结构模式的优点而形成的一种组织机构形式。与职能式组织结构模式相同的是，在各位管理层次之间设置职能部门，但职能部门只作为本层次领导的参谋，在其所辖业务范围内从事管理工作，不直接指挥下级，与下一层次的职能部门构成业务指导关系。职能部门的指令，必须经过同层次领导的批准才能下达。各管理层次之间按直线式的原理构成直接上下级关系。

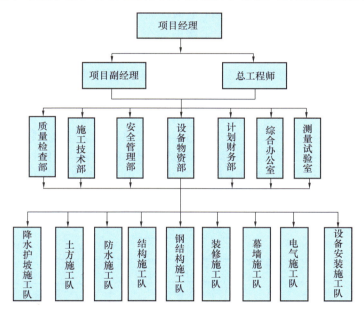

图 3-4　直线职能式组织结构形式

直线职能式组织结构模式既保持了直线式统一指挥的特点，又满足了职能式对管理工作专业化分工的要求。其主要优点是集中统导、职责清楚，有利于提高管理效率。但这种组织机构中各职能部门之间的横向联系差，信息传递路线长，职能部门与指挥部门之间容易产生矛盾。

4）矩阵式组织结构模式

矩阵式组织结构模式（图3-5）是将按职能划分的部门与按工程项目（或产品）设立的管理机构，依照矩阵方式有机地结合起来的一种组织机构形式。这种组织机构以工程项目为对象设置，各项目管理机构内的管理人员从各职能部门临时选调，归项目经理统一管理，待工程完工交付后又回到原职能部门或到另外的工程项目组织机构中工作。

矩阵式组织结构模式的优点是能根据工程任务的实际情况灵活地组建与之相适应的管理机构，具有较大的机动性和灵活性。它实现了集权与分权的最优结合，有利于调动各类人员的工作积极性，使工程项目管理工作顺利地进行。但是，矩阵式组织结构模式经常变动，稳定性差，尤其是业务人员的工作岗位调动频繁。此外，矩阵中的每一个成员都受项目经理和职能部门经理的双重领导，如果处理不当，会造成矛盾，产生"推诿、扯皮"等现象。

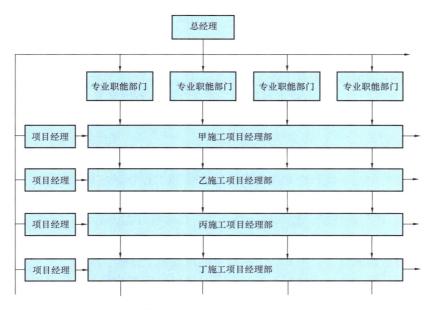

图 3-5　矩阵式组织结构形式

（2）要根据工程项目的规模、复杂程度和专业特点设置项目经理部

根据一些企业的经验：一级项目经理部可设职能部、处；二级项目经理部可设处、科；三级项目经理部设职能人员即可。

一级项目一般是指建筑面积在 15 万 m^2 以上的群体工程。面积在 10 万 m^2 以上（含 10 万 m^2）的单体工程；投资在 8000 万元以上（含 8000 万元）的各类工程项目。

二级项目一般是指建筑面积在 15 万 m^2 以下、10 万 m^2 以上（含 10 万 m^2）的群体工程；面积在 10 万 m^2 以下、5 万 m^2 以上（含 5 万 m^2）的单体工程；投资在 8000 万元以下 3000 万元以上（含 3000 万元）的各类施工项目。

三级项目一般是指建筑总面积在 10 万 m^2 以下，1 万 m^2 以上（含 1 万 m^2）的群体工程；面积在 5 万 m^2 以下，5000m^2 以上（含 5000m^2）的单体工程；3000 万元以下，500 万元以上（含 500 万元）的各类施工项目。

建筑总面积在 1 万 m^2 以下的群体工程，面积在 5000m^2 以下的单体工程，按照项目经理负责制的有关规定，实行栋号承包。承包栋号的队伍以栋号长为承包人，直接与公司（或工程部）经理签订承包合同。

2. 施工项目经理部的部门设置和人员配备

（1）部门的设置

施工项目管理的主体是施工项目经理部，施工项目经理部是指在施工项目经理领导下的施工项目经营管理层，其职能是对施工项目实行全过程的综合管理。施工项目经理部的机构的设置和人员配备必须根据项目任务的具体情况定，以施工项目经理为核心，目前国家对项目经理部的部门设置尚无具体规定，根据一些企业的实践经验，一般设以下五个部门：

1）经营核算部门：主要负责预算合同、索赔、资金收支、成本核算、劳动配置及劳动分配等工作。

2）工程技术部门：主要负责生产调度、文明施工、技术管理、施工组织设计、计划统计等工作。

3）物资设备部门：主要负责材料的询价，采购、计划、供应、管理、运输、工具管理、机械设备的租赁配套使用等工作。

4）监控管理部门：主要负责工程质量、安全管理、消防保卫、环境保护等工作。

5）测试计量部门：主要负责计量、测量、试验等工作。

（2）人员的配备

施工项目经理部人员配备的指导思想是把项目建成企业市场竞争的核心、企业管理的重心、成本核算的中心、代表企业履行合同的主体和工程管理实体。根据一些企业经验，一般项目经理部可以按"一长一师四大员"的模式配备人员，即项目经理（一长）、项目工程师（一师）、项目经济员、技术员、料具员、总务员（四大员），其中包含了项目管理所必需的预算成本、合同、技术、施工、质量、安全、机械、材料、档案、后勤等多种职能。为强化项目管理职能，公司和各工程部可抽调领导干部和管理骨干充实项目。有些建设工程公司按照动态管理，优化配置的原则，对项目经理部的编制进行设岗定员，人员配备分别由项目经理、项目工程师、经济师、会计师以及技术、预算、劳资、定额、计划、质量、保卫、测试、计量和辅助生产人员共计约15～45人组成，一级项目经理部30～45人，二级项目经理部20～30人，三级项目经理部15～20人。其中，专业职称设岗为高级3％～8％、中级30％～40％、初级 37％～42％，剩余的为其他人员。实行一职多岗，全部岗位职责覆盖项目施工的全过程，实行全面管理，不留死角，避免了职责重叠交叉。

（3）施工企业项目经理的工作性质、任务

1）项目经理的工作性质

《国务院关于取消第二批行政审批项目和改变一批行政审批项目管理方式的决定》（国发〔2003〕5号）规定："取消建筑施工企业项目经理资质核准，由注册建造师代替，并设立过渡期。"建筑业企业项目经理资质管理制度向建造师执业资格制度过渡的时间定为五年，即从国发〔2003〕5号文印发之日起至 2008 年 2 月 27 日止。过渡期内，凡持有项目经理资质证书或者建造师注册证书的人员，经其所在企业聘用后均可担任工程项目施工的项目经理。过渡期满后，大、中型工程项目施工的项目经理必须由取得建造师注册证书的人员担任；但取得建造师注册证书的人员是否担任工程项目施工的项目经理，由企业自主决定。在全面实施建造师执业资格制度后仍然要坚持落实项目经理岗位责任制。项目经理岗位是保证工程项目建设质量、安全、工期的重要岗位。建筑施工企业项目经理（简称项目经理），是指受企业法定代表人委托，对工程项目施工过程全面负责的项目管理者，是建筑施工企业法定代表人在工程项目上的代表人。建造师是一种专业人士的名称，而项目经理是一个工作岗位的名称，应注意这两个概念的区别和关系。取得建造师执业资格的人员表示其知识和能力符合建造师执业的要求，但其在企业中的工作岗位则由企业视工作需要安排确定。

2）施工企业项目经理的任务

项目经理在承担工程项目施工管理过程中，履行下列职责：

① 贯彻执行国家和工程所在地政府的有关法律、法规和政策，执行企业的各项管理制度。

② 严格财务制度，加强财经管理，正确处理国家、企业与个人的利益关系。

③ 执行项目承包合同中由项目经理负责履行的各项条款。

④ 对工程项目施工进行有效控制，执行有关技术规范和标准，积极推广应用新技术，确保工程质量和工期，实现安全、文明生产，努力提高经济效益。

项目经理在承担工程项目施工的管理过程中，应当按照建筑施工企业与建设单位签订的工程承包合同，与本企业法定代表人签订项目承包合同，并在企业法定代表人授权范围内，行使以下管理权力：

① 组织项目管理班子。

② 以企业法定代表人的代表身份处理与所承担的工程项目有关的外部关系，受托签署有关合同。

③ 指挥工程项目建设的生产经营活动，调配并管理进入工程项目的人力、资金、物资、机械设备等生产要素。

④ 选择施工作业队伍。

⑤ 进行合理的经济分配。

⑥ 企业法定代表人授予的其他管理权力。

在一般的施工企业中设工程计划、合同管理、工程管理、工程成本、技术管理、物资采购、设备管理、人事管理、财务管理等职能管理部门（各企业所设的职能部门的名称不一，但其主管的工作内容是类似的），项目经理可能在工程管理部，或项目管理部下设的项目经理部主持工作。施工企业项目经理往往是一个施工项目施工方的总组织者、总协调者和总指挥者，其承担的管理任务不仅依靠所在的项目经理部的管理人员来完成，还依靠整个企业各职能管理部门的指导、协作、配合和支持。项目经理不仅要考虑项目的利益，还应服从企业的整体利益。企业是工程管理的一个大系统，项目经理部则是其中的一个子系统。过分地强调子系统的独立性是不合理的，对企业的整体经营也是不利的。

项目经理的任务包括项目的行政管理和项目管理两个方面，其在项目管理方面的主要任务是：

① 施工安全管理。

② 施工成本控制。

③ 施工进度控制。

④ 施工质量管理。

⑤ 工程合同管理。

⑥ 工程信息管理。

⑦ 工程组织与协调等。

单位工程成本
控制措施

3.2.4　施工现场技术管理

施工现场技术管理是对现场施工中的一切技术活动进行一系列组织管理工作的总称。技术管理是施工现场进行生产管理的重要组成部分。它的任务是对设计图纸、技术方案、技术操作、技术检验和技术革新等因素进行合理安排；保证施工过程中的各项工艺和技术建立在先进的技术基础上，使施工过程符合技术规定要求；充分发挥材料的性能和设备的潜力完善劳动组织，提高生产率，降低成本；保证专业技术充分发挥作用，不断提高施工现场的技术水平。

1. 施工现场技术管理制度

施工现场技术管理制度是施工现场中的一切技术管理准则的总和。建立和健全严格的技术管理制度，是技术管理中一项重要的基础工作。施工现场技术管理制度主要有以下几项：施工图会审制度、编制施工组织设计、技术交底制度、技术复核与核定制度、材料检验制度、计量管理制度、翻样与加工订货制度、工程质量检验与验收制度、施工工艺卡的编制与执行、设计变更和技术核定制度、工程技术资料与档案管理制度。

（1）技术交底制度

技术交底是指工程开工前，由各级技术负责人将有关工程施工的各项技术要求逐级向下贯彻，直到基层。其目的是使参与施工任务的技术人员和工人明确所担负工程任务的特点、技术要求、施工工艺等。做到心中有数，保证施工的顺利进行。

现场技术交底的内容根据不同层次有所不同，主要包括施工图纸、施工组织设计、施工工艺、施工方法、技术安全措施、规范要求、质量标准、设计变更等。对于重点工程、特殊工程、新结构、新工艺和新材料的技术要求，更需做详细的技术交底。

技术交底工作应分级进行。企业总工程师向项目部技术负责人进行交底；项目经理部技术负责人向各专业施工员或工长交底；由施工员或工长向班组进行交底。技术交底的最基础一级是施工员或工长向班组的交底工作，这是各级技术交底的关键。施工员或工长在向班组交底时，要结合具体操作部位，明确关键部位的质量要求、操作要点及注意事项。对关键性项目、部位、新技术的推广项目应反复、细致地向操作班组进行交底。技术交底应视工程技术复杂程度的不同，采取不同的形式。一般采用文字、图形形式交底或采用示范操作和样板的形式交底。

（2）技术复核

技术复核是指在施工过程中，依据设计文件和有关技术标准，对重要的、涉及工程全局的技术工作进行的复查和校核。技术复核的目的是避免由于发生重大差错而影响工程的质量和使用，以维护正常的技术工作秩序。技术复核除按质量标准规定的复查、检查内容外，一般在分项工程正式施工前，应重点检查表 3-1 所列的项目和内容。建筑企业应将技术复核工作形成制度，发现问题及时纠正。

技术复核项目及内容表 表 3-1

项目	复核内容
建（构）筑物定位	测量定位的标准轴线桩、水平桩、龙门桩、轴线标高
基础及设备基础	土质、位置、标高、尺寸
模板	尺寸、位置、标高、预埋件预留孔、牢固程度、模板内部的清理工作、湿润情况
钢筋混凝土	现浇混凝土的配合比，现场材料的质量和水泥品种、强度等级，商品混凝土的各项技术指标，预制构件的位置、标高、型号、搭接长度、焊缝长度，吊装构件的强度
砖砌体	墙身轴线，皮数杆，砂浆配合比
大样图	钢筋混凝土柱、屋架、吊车梁以及特殊项目大样图的形状、尺寸、预制位置
其他	根据工程需要复核的项目

（3）试块、试件、材料检测制度

试块、试件、材料检测就是对工程中涉及结构安全的试块、试件、材料按规定进行必要的检测。因为结构安全问题涉及人民财产和生命的安危，所以企业必须建立健全试块、试件、材料检测制度，严把质量关，才能确保工程质量。工程施工中必须进行检验、试验的材料种类很多，每一种材料都有相应的试验项目。

（4）翻样制度

施工图翻样是施工单位为了方便施工和简化砌筑、木工作业、钢筋等工程的图纸内容将施工图或重复使用图按施工要求绘制成施工翻样图的工作。有时由于原设计图纸表达不清楚、图纸比例太小按图施工有困难、施工过程中图纸修改、工程比较复杂等，也需要另行绘制施工翻样图。

（5）设计变更

设计变更通知是设计单位针对施工图存在的问题进行变更的文字记载和修改记录。虽然设计单位有较严格的设计审批制度，但由于建筑施工条件变化大，不可预见的因素多，因此，仍然会出现变更原设计图纸的情况。变更施工图的内容可由设计单位提出，也可由监理单位、建设单位、施工单位提出，但设计变更通知必须由设计单位签发。设计单位发出变更通知后，由监理单位（建设单位）转发给施工单位。

（6）施工日志

施工日志是施工现场技术管理的内容之一，是工程施工的备忘录，记录了工程的全过程，是改进和提高技术管理水平的重要工作。因此，施工现场的施工日志记录是否完整、全面，反映了该施工企业施工技术管理的水平。单位工程技术负责人应从工程施工开始到工程竣工为止，不间断地详细记录每天的施工情况。

施工日志包括的内容如下：

① 当天施工工程的部位名称、日期、气象、施工现场负责人和各工种负责人的姓名、施工队主要负责人出差、探亲、病事假的情况以及现场人员变动、调度情况。

② 工程现场施工当天的进度是否满足施工组织设计与计划调度部门的要求，若不满足应记录原因，如停工待料、停电、停水、各种工程质量事故、设计原因等，当时处理办法，以及建设单位、设计代表与上级管理部门的意见。

③ 建筑材料进场情况，包括建筑材料的名称、规格、数量等，还包括检验单、验收单、出厂合格证，进场检查验收人员姓名，对进场材料的验收意见。

④ 记录施工现场具体情况：各工种负责人姓名及其实际施工人数；施工任务分配情况；当天施工质量、安全情况；收到各种施工技术文件名称、编号、发文单位、主要内容、收文时间等；施工现场召开的各种技术性会议与碰头会记录；参与隐蔽工程检查验收的人员、数量、隐蔽工程验收的始终时间，检查验收的意见等情况；建设、监理、设计、质监、施工等单位代表到现场人员的姓名、职务、时间及他们对施工现场与工程质量的意见与建议。

各施工企业所写施工日志的内容与深度均不相同，长时间形成的习惯与风格也不相同。施工日志所记内容也各有侧重，一般均采用表格形式，便于施工现场记录。

2. 施工现场技术管理组织措施

施工企业要提高技术水平和管理水平，必须合理采取先进的技术组织措施，同时要抓住薄弱环节不断革新技术。制订技术组织措施的目的在于把实践证明是成功的技术和施工经验推广应用到施工中去，技术革新的出发点在于攻克难关，创造出新的技术来代替落后的技术。在施工中，为了提高工程质量，节约原材料，降低工程成本，加快进度，提高劳动生产率和改善劳动条件，而在技术组织上采取一系列的措施，称为施工现场技术管理组织措施。

施工现场技术管理组织措施包括的内容如下：

1）加快施工进度、缩短工期方面的措施；

2）保证和提高工程质量的措施；

3）降低施工成本的措施；

4）充分利用地方材料、综合利用工业废渣、废料的措施；

5）推广新技术、新工艺、新设备、新材料的措施；

6）革新技术、提高机械化水平的措施；改进施工机械设备的组织和管理，提高设备完好率、利用率的措施；

7）改进施工工艺和技术操作的措施；

8）季节性施工技术措施（高温、低温、雨季）。

为了使施工现场技术管理组织措施得以实施，企业在下达施工计划的同时，将技术组织措施计划下达到分公司和施工队，施工队的组织措施计划要直接下达到施工项目管理部、工长和有关班组，督促其执行并认真检查，每月底要汇总当月的技术组织措施计划执行情况，以便总结经验，不断完善技术组织措施。

技术组织措施中的技术革新是一项群众性的技术工作，因此要加强组织管理，充分发挥群众的聪明才智，调动各方面的积极性和创造性。为此，必须加强组织领导和管理，做好以下工作：

1）制订好技术革新计划。为了使计划作为技术革新的行动纲领，必须密切结合生产和施工的实际需要，发动群众在认真总结以往技术革新经验的基础上，充分挖掘潜力，明确重点，分期分批攻关，坚持一切经过试验的原则，由点到面，逐步推广。既要有长远规划，又要有年度计划。计划要在技术主管的领导下进行编制。

2）开展群众性的合理化建议活动。要充分发动群众积极"提建议、找关键、挖潜力"，鼓励群众积极完成技术革新任务，推广使用革新成果，总结提高，力求完善，由点到面，不断扩大。要发动群众广泛提合理化建议，高效改革。

3）组织攻关小组解决技术难关。

4）做好成果的应用推广和鉴定、奖励工作。

技术革新完成后，要经过鉴定和验收，完全成功以后才能投入生产。凡是技术上切实可行、经济上合算的技术革新成果，就应该在生产中推广使用。革新成果采纳后，要根据经济效益的大小，按国家规定给技术革新者一定的奖励，以资鼓励。

3.2.5 施工现场料具管理

施工现场料具管理是对现场施工中一切材料和机具进行组织管理工作的总称。在建筑企业生产经营中，占建筑产品造价70％的料具要通过现场施工来耗用，因此，实现施工现场的整齐、清洁、文明、做好料具管理，具有重要意义。

1. 施工现场工具管理

施工现场工具管理是对现场施工所用的工具（如双轮车、锤子、靠尺等）进行使用管理的总称。

（1）施工现场工具使用方法

为了减少工具损失，提高专业化利用率，项目经理部目前主要采取外包班组的形式。外包班组使用工具采用购买和租赁的办法。由于外包班组使用的随手工具，其工具费用已包括在包工单价中，一律执行购买和租用的办法。租用的具体做法如下：

1）外包队使用低值工具，向项目经理部租用，按实际使用天数付租赁费。若包工队租用的工具拿到承包工程以外使用，一经发现加倍计算租赁费。

2）外包队丢失所租用的工具，按市场价处以两倍的罚款。

3）外包队委托所在项目部修理工具，按现行标准付维修费。

4）外包队退场时，料具手续不清，劳资部门不准结算工资，财务部门不得付款。

5）各单位与外包队签订工程承包合同时，要有体现工具租用、丢失赔偿等条款。

（2）施工现场工具管理办法

1）班组要有兼职工具员，负责保管工具，督促组内人员爱护工具和记载保管手册。

2）为加强班组工具保管，现场要给班组提供存放工具的地方。

3）零星工具可由班组交给个人保管，丢件赔偿。

4）对工具要精心爱护使用，每日收工时由使用人员做好清理洗刷工作，由工具员检查数量和保洁情况后妥善保管。

2. 施工现场材料管理办法

（1）施工现场材料质量管理

现场材料质量管理是指在现场验收中有凭证，在保管中不变质，在发料时附质量证明。

1）水泥、钢材、墙体砌块、砂、石子、沥青、卷材、焊条等材料必须提供出厂合格证或试验报告。

2）砂、墙体砌块、生石灰外观检查

砂的颗粒坚硬，粒度均匀，表面洁净。墙体砌块的外观检查，外形方正，棱方整齐，不得有弯曲；颜色纯正，不得有"欠火砖"（色浅）和"过火砖"（色深）；尺寸测定不得超过误差规定；敲击声音响亮，不得有暗哑声。生石灰外观碎屑一般不得超过 30%；煤渣、石块等杂质含量要少于 8%；过火、欠火灰要少。

3）水泥、砂石、石灰、墙体砌块的保管

水泥库要邻近搅拌站，要有排水、通风、防雨、防潮、防盗等措施。库内地板垫离地面的高度，水泥垛与壁墙的距离、水泥堆垛的高度、垛间通道，都要符合保管规程的规定。分规格品种、进料日期堆放；超过储存期限的水泥，用前应进行试验。在露天存放时，要选择地势高而干燥的场地，下面垫离地面 30～50cm，上面用苫布盖严，防止雨水浸入。

砂石按品种、规格和产地分堆堆放；砂石堆上禁倒垃圾、液体、油脂；要注意防止风吹、人畜践踏和车辆碾轧。

石灰应存放在离施工地点较远的地方。石灰容易吸收水分，石灰粉末容易被风吹雨淋造成损失，所以施工所用干灰除宜放在棚内保管外，其余均应淋化为石灰膏保存。

墙体砌块成丁，每丁 200～250 块，每垛多丁（是在堆砌砖块时，每层或每垛之间故意留出的空隙或者增加的凸出部分，用于增强整个堆垛的稳定性，促进空气流通，或者便于搬运。这种做法有助于防止砖块之间因为紧密堆放而造成的损伤或因为缺乏通风而引发潮湿问题）。

（2）现场材料数量管理

现场材料数量管理是指材料进场的验收、堆放、保管和发放的定额管理。材料消耗定额（施工定额）是材料消耗的数量标准，是核发材料的定量依据。

1）材料进场时，除保证上述质量合格外，还应保证数量相符。

2）对于实行经济承包制的工程，按照承包范围的施工预算对幢号班组实行总量控制供料。至于在经济承包范围内对班组的材料供应办法，应由承包班组结合内部承包形式决定。

3）对于实行统一施工管理的现场，分部分项工程对班组实行定额供料。这是依据分部分项工程量和施工定额中的材料消耗定额，由定额员计算的。工长签发定额供料单，与施工任务书同时下达给施工班组，作为班组供料的凭证，是耗料限额和班组材料核算、业务核算、成本核算的依据。

3.2.6 施工现场机械设备管理

1. 施工现场机械设备使用管理

施工现场机械设备使用管理就是保证机械在使用中处于良好状态，减少闲置和损坏，提高使用效率及生产水平。合理使用机械设备应做到以下几点：

选择施工机械

（1）正确选择机械

合理使用设备的先决条件是在编制施工组织设计时，正确选择施工机械。在选择机械设备时应考虑以下因素：

1）工程量大而集中时，应选用大型机械设备；工程量小而分散时，宜选用一专多用或移动灵活的中小型机械设备。

2）应结合工程量、施工方法、进度要求和工程特点，先确定主要机械设备的机种和规格，而后配以辅助机械，使机械效能得到充分发挥，避免"宽打窄用"。

3）施工机械设备的台数是根据工程量、工期和机械设备的生产能力，通过计算来确定的，以避免机械运行能力不足或窝工。

4）尽量发挥机械效能，使机械设备能在相邻工程项目上综合流水，多次使用，减少拆装、转运次数，避免停多用少，考虑经济效果。

（2）施工现场应为机械运行创造良好条件

1）排除一切妨碍机械施工的障碍物，合理布置材料、构件等的堆放位置，为机械施工创造工作面，并要设计好机械运行路线。

2）根据施工方法和机械设备特点，合理安排施工顺序，并给机械设备留出维修时间。

3）夜间施工要安装照明设备。

（3）合理使用机械的要求

1）实行"三定"制度（定机、定人、定岗）"人机固定"就是由谁操作哪台机械固定后不随意变动，并把机械使用、维护保养各环节的具体责任落实到每个人身上。

2）实行"操作合格证"制度。每台机械的专门操作人员必须经过培训和统一考试，确认合格，具有操作合格证书。这是安全生产的重要前提，也是保证机械得到合理使用的必要条件。

3）实行"交接班制度"。交接班制度由值班司机执行。多班制作业、"歇人不歇机"时，多人操作的机械，除岗位交接外，值班负责人应全面交接。

4）遵守走合期使用规定。新购机械或经过大修机械必须经过一段试运转，称为走合期。遵守走合期的使用规定可以延长机械使用寿命，防止机件过早损坏。

5）实行安全交底制度。现场分管机械设备技术人员在机械作业前应向操作人员进行安全操作交底，使操作人员对施工要求、场地环境、气候等安全生产要素有详细的了解。项目经理部须按安全操作要求安排工作，不得要求操作人员违章作业，也不得强令操作人员和机械带病操作。

2. 施工现场机械设备的保养与维修

（1）施工现场机械设备的保养

根据机械设备技术状况变化规律及现场施工实践，机械设备保养内容主要有：保持机械清洁、检查运转情况、防止螺钉脱落和零件腐蚀、按技术要求润滑等。

1）保持机械清洁

保持机械清洁不仅是机容整洁卫生的需要，更是保持机械设备安全和正常工作的需要。尤其是在施工现场，灰尘、污物较多，必然引起机械内外及系统各部位的脏污，有些关键部位脏污将使机械不能正常工作。

2）防止螺钉松动脱落

现场施工中由于机械不断振动和交变负荷的影响，有些螺钉可能松动或脱落，必须及时检查，予以紧固，并及时调整零部件相对位置。以免造成机械设备事故性损坏及人员伤亡。

3）防止零件受腐蚀

机械设备在运行过程中，不可避免地会造成一些金属零件表面保护层的脱落。因此必须进行补漆或涂油脂等防腐涂料。

4）按要求润滑

润滑是防止机械磨损最有效的手段。正常的润滑工作能保证机械持久而良好地运转防止机械故障的发生，同时也能降低能源消耗，使机械更能充分发挥其技术性能，延长使用寿命。

（2）施工现场机械设备的修理

机械设备的修理可分为大修、中修、小修。

1）大修是对机械设备进行全面检查修理，修复各零部件的可靠性和精度工作性能，保证其满足质量和配合要求，使其达到良好的技术状态，延长机械的使用寿命。

2）中修是大修间隔期间对少数零部件进行大修，对其他不进行大修的零部件只做检查保养。中修的目的是对不能延续使用的部件进行修复，使其达到技术性能的要求，同时也使整机状态达到平衡，以延长机械设备大修的间隔。

3）小修是临时安排的修理，其目的是消除操作人员无法排除的突然故障，个别零部件损坏，或一般事故性损害等问题，一般都是和保养相结合，不列入修理计划，而大、中修要列入计划，并形成制度。

3.2.7 施工现场劳动管理

施工现场劳动管理就是按施工现场客观规律的要求，合理配备和使用劳动力，并按工程实际的需要不断地调整，使人力资源得到充分利用，降低工程成本，同时确保现场生产计划的顺利完成。

1. 施工现场劳动力的资源与配置方法

（1）劳动力资源的落实

建筑劳动力的资源目前主要是建筑劳务市场招聘的合同制工人。就一个施工项目而言，当任务需要时，可以按劳动计划向企业内部或企业外部劳务市场招募所需作业工人，并签订合同，任务完成后解除合同，劳动力返还劳务市场。项目经理有权依法辞退劳务人员和解除劳动合同。

（2）劳动力的配置方法

1）尽量做到优化配置

施工现场劳动力存在参差不齐的状况，因此应从素质上将其分为好、中、差。在组合时应按照每个人的不同优势与劣势、长处与短处，合理搭配，使其取长补短，达到充分发挥整体效能的目的。

2）尽量使劳动组合相对稳定

作业层的劳动组织形式一般有专业班组和混合班组两种。对项目经理部来说，应尽量使作业层正在使用的劳动力和劳动组织保持稳定，防止频繁调动。当现场的劳动组织不适应任务要求时，应及时进行劳动组织调整。劳动组织调整时应根据施工对象的特点分别采用不同劳动组织形式，有利于工种间和工序间的协作配合。

3）技工与普工比例要适当

为保证作业需要和工种组合，技术工人与普通工人比例要适当，使技术工人和普通工人能够密切配合，以保证工程质量。

4）劳动力资源要均衡

尽量使劳动力配置均衡，使资源强度适当，有利于现场管理，同时可以减少临时设施的费用，以达到节约的目的。

2. 施工现场劳动力的管理

（1）上岗前的培训

项目经理部在准备组建现场劳动组织时，若在专业技术或其他素质方面现有人员或新招人员不能满足要求时，应提前进行培训，再上岗作业。培训任务主要由企业劳动部门负责，项目经理部只能进行辅助培训，即临时性的操作训练或实验性操作练兵，进行劳动纪律、工艺纪律及安全作业教育等。

（2）施工现场劳动力的动态管理

根据施工现场工程进展情况和需要的变化而随时进行人员结构、数量的调整，不断达到新的优化。当需要人员时立即进场；当出现过多人员时向其他现场转移，使每个岗位负荷饱满。

（3）现场劳动要奖罚分明

施工现场的劳动过程就是建筑产品的生产过程，工程的质量、进度、效益取决于现场劳动的管理水平、劳动组织的协作能力及劳动者的施工质量、效率。所以，要求每一个工人的操作必须规范化、程序化。施工现场要建立考勤及工作质量完成情况的奖罚制度。对于遵守各项规章制度，严格按规范、规程操作，完成工程质量好的工人或班组给予奖励；对于违反操作规程，不遵守现场规章制度的工人或班组给予处罚，严重者返回劳务市场。

（4）做好现场劳动保护和安全卫生管理

施工现场劳动保护及卫生工作较其他行业复杂。不安全、不卫生的因素较多，因此必须做好以下几个方面的工作：①建立劳动保护和安全卫生责任制，使劳动保护和安全卫生有人抓，有人管，有奖罚；②对进入现场人员进行教育，增强职工自我防范意识；③落实劳动保护及安全卫生的具体措施及专项资金，并定期进行全面的专项检查。

3.2.8　施工现场安全生产管理

施工现场安全生产管理是施工项目管理的一项重要内容。施工中必须做好安全生产，进行安全控制，采取必要的施工安全措施，经常进行安全检查与教育，同时生产中应坚持"安全第一，预防为主"的总方针。

编制施工安全文明、环保措施

1. 安全控制的概念

安全生产是指生产过程处于避免人身伤害、设备损坏及其他不可接受的损害风险（危险）的状态。不可接受的损害风险（危险）通常是指超出了法律、法规和规章的要求；超出了方针、目标和企业规定的其他要求；超出了人们普遍接受（通常是隐含的）的要求。因此，安全与否要对照风险接受程度来判定，是一个相对性的概念。安全控制是通过对生产过程中涉及的计划、组织、监控、调节和改进等一系列致力于满足生产安全所进行的管理活动。

2. 安全控制的方针与目标

（1）安全控制的方针

安全控制的目的是安全生产，因此安全控制的方针也应符合安全生产的方针，即"安全第一，预防为主，综合治理"。

"安全第一"是把人身的安全放在首位，安全为了生产，生产必须保证人身安全，充分体现了"以人为本"的理念。

"预防为主"是实现"安全第一"的最重要手段，采取正确的措施和方法进行安全控制，从而减少甚至消除事故隐患，尽量把事故消灭在萌芽状态，这是安全控制最重要的思想。

（2）安全控制的目标

安全控制的目标是减少和消除生产过程中的事故，保证人员健康安全和财产免受损失。具体包括：

1）减少或消除不安全行为的目标。

2）减少或消除设备、材料的不安全状态的目标。

3）改善生产环境和保护自然环境的目标。

4）安全管理的目标。

3. 施工安全控制措施

（1）施工安全控制的基本要求

1）必须取得安全行政主管部门颁发的《安全施工许可证》后才可开工。

2）总承包单位和每一个分包单位都应持有《施工企业安全资格审查认可证》。

3）各类人员必须具备相应的执业资格才能上岗。

4）所有新员工必须经过三级安全教育，即进厂、进车间和进班组的安全教育。

5）特殊工种作业人员必须持有特种作业操作证，并严格按规定定期进行复查。

6）对查出的安全隐患要做到"五定"，即定整改责任人、定整改措施、定整改完成时间、定整改完成人、定整改验收人。

7）必须把好安全生产"六关"，即措施关、交底关、教育关、防护关、检查关、改进关。

8）施工现场安全设施齐全，并符合国家及地方有关规定。

9）施工机械（特别是现场安设的起重设备等）必须经安全检查合格后方可使用。

（2）建设工程施工安全技术措施计划

1）建设工程施工安全技术措施计划内容

主要内容包括工程概况、控制目标、控制程序、组织机构、职责权限、规章制度、资源配置、安全措施、检查评价、奖惩制度等。

2）编制施工安全技术措施计划

编制施工安全技术措施计划时，对于某些特殊情况应考虑：

① 对结构复杂、施工难度大、专业性较强的项目，除制订项目总体安全保证计划外，还必须制订单位工程或分部分项工程的安全技术措施。

② 对高处作业，井下作业等专业性较强的作业，电器、压力容器等特殊工种作业，应制订单项安全技术规程，并应对管理人员和操作人员的安全作业资格和身体状况进行合格检查。

3）制定安全操作规程

制订和完善施工安全操作规程，编制各施工工种，特别是危险性较大工种的安全施工操作要求，作为规范和检查考核员工安全生产行为的依据。

4）施工安全技术措施

施工安全技术措施包括安全防护设施的设置和安全预防措施，主要有十七个方面的内容，即防火、防毒、防爆、防洪、防尘、防雷击、防触电、防坍塌、防物体打击、防机械伤害、防起重设备滑落、防高空坠落、防交通事故、防寒、防暑、防疫、防环境污染等方面措施。

（3）施工安全技术措施计划的实施

1）安全生产责任制

建立安全生产责任制是施工安全技术措施计划实施的重要保证。安全生产责任制是指企业对项目经理部各级领导、各个部门、各类人员所规定的在他们各自职责范围内对安全生产应负责任的制度。

2）安全技术交底

① 安全技术交底的基本要求：项目经理部必须实行逐级安全技术交底制度，纵向延伸到班组全体作业人员；技术交底必须具体、明确，针对性强；技术交底的内容应针对分部分项工程施工中给作业人员带来的潜在危害和存在问题；应优先采用新的安全技术措施；应将工程概况、施工方法、施工程序、安全技术措施等向工长、班组长进行详细交底；定期向由两个以上作业队和多工种进行交叉施工的作业队伍进行书面交底；保持书面

安全技术交底签字记录。

② 安全技术交底主要内容：本工程项目的施工作业特点和危险点；针对危险点的具体预防措施；应注意的安全事项；相应的安全操作规程和标准；发生事故后应及时采取的避难和急救措施。

4. 安全检查与教育

（1）安全检查的主要内容

1）查思想。主要检查企业的领导和职工对安全生产工作的认识。

2）查管理。主要检查工程的安全生产管理是否有效。主要内容包括安全生产责任制、安全技术措施计划、安全组织机构、安全保证措施、安全技术交底、安全教育、持证上岗、安全设施、安全标识、操作规程、违规行为、安全记录等。

3）查隐患。主要检查作业现场是否符合安全生产、文明生产的要求。

4）查事故处理。对安全事故的处理应达到查明事故原因、明确责任并对责任者作出处理、明确和落实整改措施等要求。同时还应检查对伤亡事故是否及时报告、认真调查、严肃处理。

安全检查的重点是违章指挥和违章作业。安全检查后应编制安全检查报告，说明已达标项目、未达标项目、存在的问题、原因分析及纠正和预防措施。

（2）安全检查的方法

1）"看"：主要查看管理记录、持证上岗情况、现场标识、交接验收资料、"安全三宝"使用情况、"洞口"防护情况、"临边"防护情况、设备防护装置等。

2）"量"：主要是用尺实测实量。

3）"测"：用仪器、仪表实地进行测量。

4）"现场操作"：由司机对各种限位装置进行实际运作，检验其灵敏程度。

（3）安全检查的主要形式

1）项目每周或每旬由主要负责人带队组织定期的安全大检查。

2）施工班组每天上班前由班组长和安全值日人员组织的班前安全检查。

3）季节更换前由安全生产管理人员和安全专职人员、安全值日人员等组织的季节劳动保护安全教育。

4）由安全管理组、职能部门人员、专职安全员和专业技术人员组成对电气、机械设备、脚手架、登高设施等专项设施设备、高处作业、临边防护、用电安全、消防保卫等进行专项安全检查。

5）由安全管理小组成员、安全专兼职人员和安全值日人员进行日常的安全检查。

6）对塔式起重机等起重设备、井架、龙门架、脚手架、电气设备、现浇混凝土模板及其支撑等施工设备在安装搭设完成后进行安全检查验收。

（4）安全教育

1）安全教育的要求

① 广泛开展安全生产的宣传教育，使全体员工真正认识到安全生产的重要性和必要性，懂得安全生产和文明施工的科学知识，牢固树立安全第一的思想，自觉地遵守各项安全生产法律、法规和规章制度。

② 把安全知识、安全技能、设备性能、操作规程、安全法律等作为安全教育的主要

内容。

③ 建立经常性的安全教育考核制度，考核成绩要记入员工档案。

④ 电工、电焊工、架子工、司炉工、爆破工、起重工、机械司机、机动车辆司机等特殊工种工人，除一般安全教育外，还要经过专业安全技能培训，经考试合格持证后，方可独立操作。

⑤ 采用新技术、新工艺、新设备施工和调换工作岗位时，也要进行安全教育，未经安全教育培训的人员不得上岗操作。

2）三级安全教育

三级安全教育是指公司、项目经理部、施工班组三个层次的安全教育。三级教育的内容、时间及考核结果要有记录。

公司教育内容是：国家和地方有关安全生产的方针、政策、法规、标准、规程和企业的安全规章制度等。公司安全教育由施工单位的主要负责人负责。

项目经理部教育内容是：工地安全制度、施工现场环境、工程施工特点及可能存在的不安全因素等。项目经理部的教育由项目负责人负责。

施工班组教育内容是：本工种的安全操作规程、事故安全剖析、劳动纪律和岗位讲评等。施工班组的教育由专职安全生产管理人员负责。

5. 安全员和注册安全工程师

（1）安全员

A、B、C 三级安全员证书在中国建筑工程领域中通常指代安全生产考核合格证的不同等级，它们代表了持证人在安全管理能力和知识掌握方面的不同层次。这些等级的具体要求和区别主要体现在资格考试的难度、工作经验要求以及能够承担的安全管理职责上。

1）A 级安全员（高级安全员）

知识要求：需要具备全面的安全管理知识，包括高级的安全法规、事故预防与控制策略等。

经验要求：通常要求有多年的安全管理经验，能够独立负责大型项目或企业的安全生产管理工作。

职责范围：负责制订和实施安全管理计划，组织开展安全培训，事故调查和处理等。

2）B 级安全员（中级安全员，项目经理必须具有 B 级安全员资格证书）

知识要求：需要掌握较为全面的安全管理知识，能够进行安全风险评估并制订相应的安全措施。

经验要求：需要一定的工作经验，能够在高级安全员的指导下参与项目的安全管理。

职责范围：参与安全管理计划的实施，协助开展安全培训，日常安全巡查和隐患排查等。

3）C 级安全员（初级安全员）

知识要求：掌握基本的安全管理和法规知识，了解常见的安全风险和预防措施。

经验要求：不一定需要相关工作经验，适合刚进入安全管理领域的人员。

职责范围：执行安全管理计划中的具体任务，进行日常的安全监督和隐患排查。

（2）注册安全工程师

注册安全工程师是指通过注册安全工程师职业资格考试并取得《中华人民共和国注册安全工程师执业资格证书》，并经注册的专业技术人员，英文全称 Certified Safety Engineer，简称 CSE。

注册安全工程师级别设置为：高级、中级、初级。各级别注册安全工程师中英文名称分别为：高级注册安全工程师 Senior Certified Safety Engineer、中级注册安全工程师 Intermediate Certified Safety Engineer、初级注册安全工程师 Assistant Certified Safety Engineer。2021 年 12 月起，根据《人力资源社会保障部办公厅关于推行专业技术人员职业资格电子证书的通知》，注册安全工程师在专业技术人员职业资格中推行电子证书。

3.2.9　现场文明施工

1. 现场场容管理

（1）工地主要入口要设置简朴规整的大门，门旁必须设立明显的标牌，标明工程名称、施工单位和工程负责人姓名等内容。

（2）建立文明施工责任制，划分区域，明确管理负责人，实行挂牌制，做到现场清洁整齐。

（3）施工现场场地平整，道路坚实畅通，主要通道路面应采用硬化处理。有排水措施，基础地下管道施工完后要及时回填平整，清除积土。出入口处设置车辆冲洗台，确保车轮干净。

（4）现场施工临时水电要有专人管理，不得有长流水、长明灯。

（5）施工现场的临时设施，包括生产、办公、生活用房、仓库、料场、临时上下水管道以及照明、动力线路，要严格按施工组织设计确定的施工平面图布置、搭设或埋设整齐。

（6）工人操作地点和周围必须清洁整齐，做到活完脚下清，工完场地清，丢撒在楼梯、楼板上的砂浆、混凝土要及时清除，落地灰要回收过筛后使用。

（7）砂浆、混凝土在搅拌、运输、使用过程中，要做到不洒、不漏、不剩，使用地点盛放砂浆、混凝土必须有容器或垫板，如有洒落要及时清理。

（8）要有严格的成品保护措施，严禁损坏或污染成品、堵塞管道。高层建筑要设置临时便桶，严禁在建筑物内大小便。

（9）建筑物内清除的垃圾渣土，要利用临时搭设的竖井、电梯井或采取其他措施稳妥下卸，严禁从门窗口向外抛掷。

（10）施工现场不准乱堆垃圾及余物。应在适当地点设置临时堆放点，并定期外运。清运渣土垃圾及流体物品，采取遮盖防漏措施，运送途中不得遗撒。

（11）根据工程性质和所在地区的不同情况，采取必要的围护和遮挡措施，并保持外观整洁。

（12）针对施工现场情况设置宣传标语和黑板报，并适时更换内容，切实起到表扬先进、促进后进的作用。

（13）施工现场严禁居住家属，严禁居民、家属小孩在施工现场穿行、玩耍。

2. 办公室管理

（1）办公室的卫生由办公室全体人员轮流值班，负责打扫，排出值班表。

（2）值班人员负责打扫卫生、打水、做好来访记录、整理文具。文具应摆放整齐，做到窗明地净，无蝇、无鼠。

（3）冬季负责取暖炉的看火，落地炉灰及时清扫，炉灰按指定地点堆放，定期清理外运，防止发生火灾。未经许可一律禁止使用电炉及其他电加热器。

3. 食堂管理

（1）新建、改建、扩建的集体食堂，在选址和设计时应符合卫生要求，远离有毒有害场所。不得有露天坑式厕所、暴露垃圾堆（站）和粪堆畜圈等污染源。

（2）需有与进餐人数相适应的餐厅、制作间和原料库等辅助用房。餐厅和制作间（含库房）建筑面积比例一般应为 1：1.5。其地面和墙裙的建筑材料，要用具有防鼠防潮和便于洗涮的水泥等。有条件的食堂、制作间灶台及其周围要镶嵌白瓷砖，炉灶应有通风排烟设备。

（3）制作间应分为主食间、副食间、烧水间，有条件的可开设摘菜间、炒菜间、冷荤间和面点间。做到生与熟、原料与成品及半成品、食品与杂物分开。食品与毒物（亚硝酸盐农药、化肥等）要严格分开。冷荤间备"五专"（专人、专室、专容器用具、专消毒、专冷藏）。

（4）主副食应分开存放。易腐食品应有冷藏设备（冷藏库或冰箱）。

（5）食品加工机械、用具、炊具、容器应有防蝇、防尘设备。用具、容器和食用苦布要有生、熟及反、正面标记，防止食品污染。

（6）采购运输要有专用食品容器及专用车。

（7）食堂应有相应的更衣、消毒、盥洗、采光、照明、通风和防蝇、防尘设备，以及通畅的上下水管道。

（8）餐厅设有洗碗池、残渣桶和洗手设备。

（9）公用餐具应有专用洗刷、消毒和存放设备。

（10）食堂炊管人员（包括合同工、临时工）必须按有关规定进行健康检查和卫生知识培训，并取得健康合格证和培训证。

（11）具有健全的卫生管理制度。有专人负责食堂管理工作，并将提高食品卫生质量、预防食物中毒，列入岗位责任制的考核评奖条件中。

（12）集体食堂的经常性食品卫生检查工作，各单位要根据《食品卫生法》的有关规定和本地区颁发的《饮食行业（集体食堂）食品卫生管理标准和要求》及《建筑工地食堂卫生管理标准和要求》进行管理与检查。

4. 职工饮水卫生规定

施工现场应供应开水，饮水器具要卫生。夏季要确保施工现场的凉开水或清凉饮料供应，暑伏天可增加绿豆汤，防止中暑脱水现象发生。

5. 厕所卫生管理

（1）施工现场要按规定设置厕所。厕所的设置要离食堂 30m 以外，屋顶墙壁要严密，门窗齐全有效，便槽内必须铺设瓷砖。厕所要有专人管理，应有化粪池，严禁将粪便直接排入下水道或河流沟渠中，露天粪池必须加盖。

（2）厕所定期清扫制度：厕所设专人天天冲洗打扫，做到无积垢、垃圾及明显臭味，并应有洗手水源，市区工地厕所要有水冲设施以保持厕所清洁卫生。

（3）厕所灭蝇蛆措施：厕所按规定采取冲水或加盖措施，定期打药或撒白灰粉，消灭蝇蛆。

3.2.10　施工现场环境管理

1. 施工现场环保的意义

施工现场环保的目的是保护和改善生活环境与生态环境，防止由于建筑施工造成的作业污染和扰民，保障建筑工地附近居民和施工人员的身体健康。为促进社会主义现代化建设的发展，必须做好建筑施工现场的环境保护工作。施工现场的环境保护是文明施工的具体体现，是施工现场管理达标考评的一项重要指标。所以，必须采取现代化的管理措施做好这项工作。

2. 施工现场环保内容与措施

（1）防止水污染

1）施工现场防止水污染的内容

搅拌站的废水排放；现制水磨石作业、乙炔发生罐作业产生的污水处理；油漆、油料的渗漏防治；施工现场临时食堂的污水排放。

2）施工现场防止水污染措施

① 搅拌机的废水排放控制：凡在现场搅拌作业的，必须在搅拌机前台及运输车清洗处设置沉淀池。废水要排放在沉淀池内，经二次沉淀后，方可排入市政污水管线或回收用于洒水降尘。未经处理的泥浆水，严禁直接排入市政设施和河流中。

② 现制水磨石作业污水的排放控制：施工现场现制水磨石作业产生的污水，禁止随地排放。作业时严格控制污水流向，在合理位置设置沉淀池，经沉淀后方可排入市政污水管线。

③ 乙炔发生罐污水排放控制：施工现场由于气焊使用乙炔发生罐产生的污水严禁随地倾倒，要求专用容器集中存入，倒入沉淀池处理，以免污染环境。

④ 食堂污水的排放控制：施工现场临时食堂，要设置简易有效的隔油池，产生的污水要经过隔油池。平时加强管理，定期掏油，防止污染。

⑤ 油漆油料库的防渗漏控制：施工现场要设置专用的油漆油料库，油库内严禁放置其他物资，库房地面和墙面要做防渗的特殊处理，油料的储存、使用和保管要有专人负责，防止油料的跑冒滴漏污染水体。

⑥ 禁止将有毒有害的废弃物作土方回填，以免污染地下水和环境。

（2）防止大气污染

1）施工现场防大气污染内容

大气污染物的种类有数千种，已发现有危害作用的有 100 多种，其中大部分是有机物。大气污染物通常以气体状态和粒子状态存在于空气中。如施工扬尘、生产和生活的烟尘排放（锅炉、茶炉、沥青锅的消烟除尘）。

2）施工现场防大气污染措施

① 施工现场垃圾渣土要及时清理出现场。

② 对于细颗粒散体材料（如水泥、粉煤灰、白灰等）的运输、储存要注意遮盖、密封，防止和减少飞扬。

③ 车辆开出工地要做到不带泥沙，基本做到不撒土、不扬尘，减少对周围环境的污染。

④ 除设有符合规定的装置外，禁止在施工现场焚烧油毡、橡胶、塑料、皮革、树叶、枯草、各种包装物等废弃物品以及其他会产生有毒、有害烟尘和恶臭气体的物质。

⑤ 机动车都要安装减少尾气排放的装置，确保符合国家标准。

⑥ 工地茶炉应尽量采用电热水器。若只能使用烧煤茶炉和锅炉时，应选用消烟除尘型茶炉和锅炉，大灶应选用消烟节能回风炉灶，使烟尘降至允许排放范围为止。

⑦ 大城市市区的建设工程已不容许现场搅拌混凝土。在容许设置搅拌站的工地，应将搅拌站封闭严密，并在进料仓上方安装除尘装置，采用可靠措施控制工地粉尘污染。

⑧ 拆除旧建筑物时，应适当洒水，防止扬尘。

（3）施工现场的噪声控制

1）施工现场噪声的限值

声音是由物体振动产生的，当频率在 20～20 000Hz 时，作用于人的耳膜而产生的感觉，称之为声音。由声构成的环境称为"声环境"。当环境中的声音对人类、动物及自然物没有产生不良影响时，就是一种正常的物理现象。相反，对人的生活和工作造成不良影响的声音就称之为噪声。

根据国家标准《建筑施工场界环境噪声排放标准》GB 12523—2011 的要求，对施工作业的环境噪声排放限值见表 3-2。在工程施工中，特别注意不得超过国家标准的限值。

建筑施工场界环境噪声排放限值　　　　　　　　　　　　表 3-2

项目	昼间	夜间
噪声限值/dB（A）	70	55

2）施工现场的噪声控制措施

施工现场噪声的控制可从声源、传播途径、接收者防护等方面来考虑。

① 声源控制。从声源上降低噪声，这是防止噪声污染的最根本的措施。尽量采用低噪声设备和工艺代替高噪声设备与加工工艺，如采用低噪声振捣器、风机、电动空压机、锯等。在声源处安装消声器消声，如在通风机、鼓风机、压缩机、燃气机、内燃机及各类排气放空装置等进出风管的适当位置设置消声器。

② 传播途径的控制。在传播途径上控制噪声的方法主要有以下几种：

吸声：利用吸声材料（大多由多孔材料制成）或由吸声结构形成的共振结构（如金属或木质薄板钻孔形成的空腔体等）吸收声能，降低噪声。

隔声：应用隔声结构，阻碍噪声向空间传播，将接收者与噪声声源分隔。隔声结构包括隔声室、隔声罩、隔声屏障、隔声墙等。

消声：利用消声器阻止噪声传播。允许气流通过的消声降噪是防治空气动力性噪声的主要装置。如对空气压缩机、内燃机产生的噪声等就采用这种装置。

减振降噪：对来自振动引起的噪声，通过降低机械振动减小噪声，如将阻尼材料涂在振动源上，或改变振动源与其他刚性结构的连接方式等。

③ 接收者的防护。让处于噪声环境下的人员使用耳塞、耳罩等防护用品，减少相关人员在噪声环境中的暴露时间，以减轻噪声对人体的危害。严格控制人为噪声。进入施工现场不得高声喊叫、无故甩打模板、乱吹哨，限制高音喇叭的使用，最大限度地减少噪声扰民。

控制强噪声作业的时间。凡在人口稠密区进行强噪声作业时，须严格控制作业时间，一般晚 10 点到次日早 6 点之间停止强噪声作业。确系特殊情况必须昼夜施工时，尽量采取降低噪声措施，并会同建设单位联系当地居委会、村委会或当地居民协调，发布公告，求得群众谅解。

（4）施工现场固体废物的处理

固体废物是生产、建设、日常生活和其他活动中产生的固态、半固态废弃物质。固体废物是一个极其复杂的废物体系。按照其化学组成可分为有机废物和无机废物；按照其对环境和人类健康的危害程度可以分为一般废物和危险废物。

1）施工工地上常见的固体废物

① 建筑渣土：包括砖瓦、碎石、渣土、混凝土碎块、碎玻璃、废屑、废弃装饰材料等。

② 废弃的散装建筑材料包括散装水泥、石灰等。

③ 生活垃圾：包括炊厨废物、丢弃食品、废纸、生活用具、玻璃、陶瓷碎片、废电池、废旧日用品、废塑料制品、煤灰渣、废交通工具等。

④ 设备、材料等的废弃包装材料。

2）施工现场固体废物的处理

① 回收利用：回收利用是对固体废物进行资源化、减量化的重要手段之一。对建筑渣土可视其情况加以利用。废钢可按需要做金属原材料，对废电池等废弃物应分散回收，集中处理。

② 减量化处理：减量化是对已经产生的固体废物进行分选、破碎、压实、浓缩、脱水等减少其最终处置量，降低处理成本，减少对环境的污染，在减量化处理的过程中，也包括和其他处理技术相关的工艺方法，如焚烧、热解、堆肥等。

③ 焚烧技术：焚烧用于不适合再利用且不宜直接予以填埋处置的废物，尤其是对于受到病菌、病毒污染的物品，可以用焚烧进行无害化处理。焚烧处理应使用符合环境要求的处理装置，注意避免对大气的二次污染。

④ 稳定和固化技术：利用水泥、沥青等胶结材料，将松散的废物包裹起来，减小废物的毒性和可迁移性，使得污染减少。

⑤ 填埋：填埋是固体废物处理的最终技术，经过无害化、减量化处理的废物残渣集中到填埋场进行处置。填埋场应利用天然或人工屏障。尽量使需处置的废物与周围的生态环境隔离，并注意废物的稳定性和长期安全性。

3.2.11　施工现场防火管理

（1）施工现场防火制度要求

1）施工现场要建立健全防火安全制度。

2）建立义务消防队，人数不少于施工总人数的 10%。

3）建立现场动用明火审批制度。

（2）施工现场动火等级的划分

1）凡属下列情况之一的动火，均为一级动火：

① 禁火区域内。

② 油罐、油箱、油槽车和储存过可燃气体、易燃液体的容器及与其连接在一起的辅

助设备。

③ 各种受压设备。

④ 危险性较大的登高焊、割作业。

⑤ 比较密封的室内、容器内、地下室等场所。

⑥ 现场堆有大量可燃和易燃物质的场所。

2）凡属下列情况之一的动火，均为二级动火：

① 在具有一定危险因素的非禁火区域内进行临时焊、割等用火作业。

② 小型油箱等容器。

③ 登高焊、割等用火作业。

3）在非固定的、无明显危险因素的场所进行用火作业，均属三级动火作业。

（3）施工现场动火审批程序

1）一级动火作业由项目负责人组织编制防火安全技术方案，填写动火申请表，报企业安全管理部门审查批准后，方可动火，如钢结构的安装焊接。

2）二级动火作业由项目责任工程师组织拟定防火安全技术措施，填写动火申请表报项目安全管理部门和项目负责人审查批准后，方可动火。

3）三级动火作业由所在班组填写动火申请表，经项目责任工程师和项目安全管理部门审查批准后，方可动火。

4）动火证当日有效，如动火地点发生变化，则需重新办理动火审批手续。

（4）施工现场防火措施要求

1）施工组织设计中的施工平面图、施工方案均应符合消防安全的相关规定和要求。

2）施工现场应明确划分施工作业区、易燃可燃材料堆场、材料仓库、易燃废品集中站和生活区。

3）施工现场夜间应设置照明设施，保持车辆畅通，有人值班巡逻。

4）不得在高压线下面搭设临时性建筑物或堆放可燃物品。

5）施工现场应配备足够的消防器材，并设专人维护、管理，定期更新，确保使用有效。

6）土建施工期间，应先将消防器材和设施配备好，同时敷设室外消防水管和消火栓。

7）危险物品之间的堆放距离不得小于10m，危险物品与易燃易爆品的堆放距离不得小于30m。

8）乙炔瓶和氧气瓶的存放间距不得小于2m，使用时距离不得小于5m；距火源的距离不得小于10m。

9）氧气瓶、乙炔瓶等焊割设备上的安全附件应完整、有效，否则不得使用。

10）施工现场的焊、割作业，必须符合安全防火的要求。

11）冬期施工采用保温加热措施时，应有相应的方案并符合相关规定要求。

12）施工现场动火作业必须执行动火审批制度。

3.2.12　施工现场消防管理

施工现场的消防管理工作，应遵照国家有关法律、法规，以及所在地政府关于施工现场消防安全的规章、规定开展消防安全管理工作。施工现场必须成立消防安全领导机构，建立健全各种消防安全职责，落实消防安全责任，包括消防安全制度、消防安全操作规程、消防应急预案及演练、消防组织机构、消防设施平面布置、组织义务消防队等。

1. 施工期间的消防管理

施工组织设计应含有消防安全方案及防火设施布置平面图，并按照有关规定报公安监督机关审批或备案。

（1）施工现场使用的电气设备必须符合防火要求。临时用电设备必须安装过载保护装置，电闸箱内不准使用易燃、可燃材料。严禁超负荷使用电气设备。施工现场存放易燃可燃材料的库房、木工加工场所、油漆配料房及防水作业场所不得使用明露高热的强光源。

（2）电焊工、气焊工从事电气设备安装和电、气焊切割作业时，要有操作证和动火证并配备看火人员和灭火器具，动火前，要清除周围的易燃、可燃物，必要时采取隔离等措施，作业后必须确认无火源隐患方可离去。动火证当日有效并按规定开具，动火地点变换，要重新办理动火证手续。

（3）氧气瓶、乙炔瓶工作间距不小于 5m，两瓶与明火作业距离不小于 10m。建筑工程内禁止氧气瓶、乙炔瓶存放，禁止使用液化石油气"钢瓶"。

（4）从事油漆或防水施工等危险作业时，要有具体的防火要求和措施，必要时派专人看护。

（5）施工现场严禁吸烟。不得在建设工程内设置宿舍。

（6）施工现场使用的大眼安全网、密目式安全网、密目式防尘网、保温材料，必须符合消防安全规定，不得使用易燃、可燃材料。使用时施工企业保卫部门必须严格审核，凡是不符合规定的材料，不得进入施工现场使用。

（7）项目部应根据工程规模、施工人数，建立相应的消防组织，配备足够的义务消防人员。

（8）施工现场动火作业必须执行动火审批制度。

2. 消防器材的配备

（1）临时搭设的建筑物区域内每 100m² 配备 2 只 10L 灭火器。

（2）大型临时设施总面积超过 1200m² 时，应配有专供消防用的太平桶、积水桶（池）、黄砂池，且周围不得堆放易燃物品。

（3）临时木料间、油漆间、木工机具间等，每 25m² 配备一只灭火器。油库、危险品库应配备数量与种类匹配的灭火器、高压水泵。

（4）应有足够的消防水源，其进水口一般不应少于两处。

（5）室外消火栓应沿消防车道或堆料场内交通道路的边缘设置，消火栓之间的距离不应大于 120m；消防箱内消防水管长度不小于 25m。

3. 灭火器设置要求

（1）灭火器应设置在明显的位置，如房间出入口、通道、走廊、门厅及楼梯等部位。

（2）灭火器的铭牌必须朝外，以方便人们直接看到灭火器的主要性能指标和使用方法。

（3）手提式灭火器设置在挂钩、托架上或消防箱内，其顶部离地面高度应小于 1.50m，底部离地面高度不宜小于 0.15m。这一要求的目的是：

1）便于人们对灭火器进行保管和维护；

2）方便救火人员安全、方便取用；

3）防止潮湿的地面对灭火器性能的影响和便于平时卫生清理。

（4）设置于挂钩、托架上或消防箱内的手提式灭火器应正面竖直放置。

（5）对于环境干燥、条件较好的场所，手提式灭火器可直接放在地面上。

（6）对设置于消防箱内的手提式灭火器，可直接放在消防箱的底面上，但消防箱离地面的高度不宜小于 0.15m。

（7）灭火器不得放置于环境温度超出其使用温度范围的地点。

（8）从灭火器出厂日期算起，达到灭火器报废年限的，必须强制报废。

4．重点部位的防火要求

（1）存放易燃材料仓库的防火要求

1）易燃材料仓库应设在水源充足、消防车能驶到的地方，并应设在下风方向。

2）易燃材料露天仓库四周内，应有宽度不小于 6m 的平坦空地作为消防通道，通道上禁止堆放障碍物。

3）储量大的易燃材料仓库，应设两个以上的大门，并应将生活区、生活辅助区和堆场分开布置。

4）有明火的生产辅助区和生活用房与易燃材料之间，至少应保持 30m 的防火间距，有飞火的烟囱应布置在仓库的下风地带。

5）危险物品之间的堆放距离不得小于 10m，危险物品与易燃易爆品的堆放距离不得小于 30m，平面划分为若干防火单元。

6）对易引起火灾的仓库，应将库房内、外按每 500m² 区域分段设立防火墙，把建筑平面划分为若干防火单元。

7）可燃材料库房单个房间的建筑面积不应超过 30m²，易燃易爆危险品库房单个房间的建筑面积不应超过 20m²。房间内任一点至最近疏散门的距离不应大于 10m，房门的净宽度不应小于 0.8m。

8）对贮存的易燃材料应经常进行防火安全检查，并保持良好通风。

9）在仓库或堆料场内进行吊装作业时，其机械设备必须符合防火要求，严防产生火星，引发火灾。

10）装过化学危险物品的车辆，必须在清洗干净后方准装运易燃物和可燃物。

11）仓库或堆料场内电缆一般应埋入地下；若有困难需设置架空电力线时，架空电力线与露天易燃物堆垛的最小水平距离不应小于电杆高度的 1.5 倍。

12）仓库或堆料场所使用的照明灯具与易燃堆垛间至少应保持 1m 的距离。

13）安装的开关箱、接线盒，应距离堆垛外缘不小于 1.5m，不准乱拉临时电气线路。

14）仓库或堆料场严禁使用碘钨灯，以防引起火灾。

15）对仓库或堆料场内的电气设备，应经常进行检查维修和管理，形成检查记录；贮存大量易燃品的仓库应设置独立的避雷装置。

（2）电、气焊作业场所的防火要求

1）焊、割作业点与氧气瓶、乙炔瓶等危险物品的距离不得小于 10m，与易燃易爆物品的距离不得少于 30m。

2）乙炔瓶和氧气瓶之间的存放距离不得小于 2m，使用时两者的距离不得小于 5m。

距火源的距离不得小于 10m。

3）氧气瓶、乙炔瓶等焊割设备上的安全附件应完整而有效，否则严禁使用。

4）施工现场的焊、割作业，必须符合防火要求，严格执行"十不烧"规定：

① 焊工必须持证上岗，无证者不准进行焊、割作业；

② 属一、二、三级动火范围的焊、割作业，未经办理动火审批手续，不准进行焊割作业；

③ 焊工不了解焊、割现场周围情况，不得进行焊、割作业；

④ 焊工不了解焊件内部是否有易燃、易爆物时，不得进行焊、割作业；

⑤ 各种装过可燃气体、易燃液体和有毒物质的容器，未经彻底清洗或未排除危险之前，不准进行焊、割作业；

⑥ 用可燃材料对设备做保温、冷却、隔声、隔热的，或火星能飞溅到的地方，在未采取切实可靠的安全措施之前，不准进行焊、割作业；

⑦ 有压力或密闭的管道、容器，不准进行焊、割作业；

⑧ 焊、割部位附近有易燃易爆物品，在未作清理或未采取有效的安全防护措施前不准进行焊、割作业；

⑨ 附近有与明火作业相抵触的工种在作业时，不准进行焊、割作业；

⑩ 与外单位相连的部位，在没有弄清有无险情或明知存在危险而未采取有效的措施之前，不准进行焊、割作业。

（3）油漆料库与调料间的防火要求

① 油漆料库与调料间应分开设置，且应与散发火星的场所保持一定的防火间距。

② 涂料和稀释剂的存放和管理，应符合《仓库防火安全管理规则》的要求。

③ 调料间应通风良好，并应采用防爆电器设备，室内禁止一切火源，调料间不能兼做更衣室和休息室。

④ 调料人员应穿不易产生静电的工作服、不带钉子的鞋。开启涂料和稀释剂包装时，应采用不易产生火花型工具。

⑤ 调料人员应严格遵守操作规程，调料间内不应存放超过当日调制所需的原料。

（4）木工操作间的防火要求

① 操作间的建筑应采用阻燃材料搭建。

② 操作间应设消防水箱和消防水桶，储存消防用水。

③ 操作间冬季宜采用暖气（水暖）供暖，如用火炉取暖时，必须在四周采取挡火措施；不应用燃烧劈柴、刨花代煤取暖。每个火炉都要有专人负责，下班时要将余火彻底熄灭。

④ 电气设备的安装要符合要求。抛光、电锯等部位的电气设备应采用密封式或防爆式设备。刨花、锯末较多部位的电动机，应安装防尘罩并及时清理。

⑤ 操作间内严禁吸烟和明火作业。

⑥ 操作间只能存放当班的用料，成品及半成品要及时运走。木工应做到活完场地清，刨花、锯末每班都打扫干净，倒在指定地点。

⑦ 严格遵守操作规程，对旧木料一定要经过检查，起出铁钉等金属后，方可上锯锯料。

⑧ 配电盘、刀闸下方不能堆放成品、半成品及废料。

⑨ 工作完毕应拉闸断电，并经检查确无火险后方可离开。

 岗课赛证融通小测

1. （单项选择题）施工现场管理中，（　　　）不属于料具管理的内容。

A. 采购计划的制订　　　　　　　　B. 施工材料的验收

C. 施工机械的维护　　　　　　　　D. 施工材料的储存

2. （单项选择题）施工现场项目经理部的建立原则中，不包括（　　　）。

A. 权责一致原则　　　　　　　　　B. 统一指挥原则

C. 分散管理原则　　　　　　　　　D. 协调一致原则

3. （单项选择题）施工现场文明施工的主要措施不包括（　　　）。

A. 现场清洁　　　　　　　　　　　B. 噪声控制

C. 绿色施工　　　　　　　　　　　D. 增加施工人员

4. （多项选择题）关于施工现场消火栓距离的说法，正确的有（　　　）。

A. 消火栓间距不应大于120m　　　B. 消火栓距路边不宜大于3m

C. 消火栓距路边不宜大于2m　　　D. 消火栓距拟建房屋不应小于10m

E. 消火栓距拟建房屋不应小于5m且不宜大于25m

5. （多项选择题）建筑施工对环境的常见影响有（　　　）。

A. 模板支拆、清理与修复作业等产生的噪声排放

B. 施工现场垃圾

C. 现场钢材、木材等主要建筑材料的消耗

D. 机械、车辆使用过程中产生的尾气

E. 现场用水、用电等的消耗

任务 3.2 工作任务单

学习任务名称：___管理新农村别墅项目施工现场___

班级：_____ 姓名：_____ 日期：_____

01 学生任务分配表

组名		指导教师	
组长		学号	
组员			
任务分工			

02 任务准备表

工作目标	管理新农村别墅项目施工现场
序号	任务
1	绘制新农村别墅项目组织结构图，并明确各岗位职责
2	编写新农村别墅项目施工现场技术管理方案

03 学生个人自评表

班级		组名		日期	
姓名		学号			
评价指标	评价内容			分数	分数评定
信息检索	能有效利用网络、图书资料找有用的相关信息等；能用自己的语言有条理地去解释、表述所学知识；能将查到的信息有效地传递到学习中			10分	
感知课堂	是否熟悉项目经理助理岗位，认同岗位工作价值；在学习中是否能获得满足感，认同课堂文化			10分	
参与态度	积极主动参与学习，能吃苦耐劳，崇尚劳动光荣，技能宝贵；与教师、同学之间是否相互尊重、理解、平等；与教师、同学之间是否能够保持多向、丰富、适宜的信息交流			10分	
	能处理好合作学习和独立思考的关系，做到有效学习；能提出有意义的问题或能发表个人见解；能按要求正确完成任务；能够倾听别人意见、协作共享			10分	
学习过程	1. 理解施工现场管理的内容			10分	
	2. 能绘制施工现场组织机构图			10分	
	3. 能编写施工现场技术管理方案			10分	
思维态度	是否能发现问题、提出问题、分析问题、解决问题、创新问题			10分	
自评反馈	按时按质完成工作任务；较好地掌握了专业知识点；具有较强的信息分析能力和理解能力；具有较为全面严谨的思维能力并能条理清楚明晰表达成文			20分	
自评分数					
有益的经验和做法					
总结反馈建议					

04 组内互评表

班级		组名		日期	
验收组长		被验收者		学号	
组内验收成员					
任务要求					

<table>
<tr><td rowspan="2">验收文档清单</td><td colspan="5">任务工作单：</td></tr>
<tr><td colspan="5">文献检索清单：</td></tr>
</table>

验收评分	评分标准		分数	得分	
	1. 详细阐述施工现场管理的内容，错误一处扣10分		10分		
	2. 能根据具体工程，绘制施工现场组织机构图，错误一处扣5分		40分		
	3. 能根据具体工程，编写施工现场技术管理方案		40分		
	4. 提供文献检索清单，不少于5项，缺一项扣2分		10分		
评价分值					

不足之处	

05　组间互评表

班级		被评组名		日期	
验收组名 （成员签字）					
评价指标		评价内容		分数	分数评定
汇报表述		表述准确		15 分	
		语言流畅		10 分	
		准确反映该组完成情况		15 分	
内容正确度		内容正确		30 分	
		阐述表达到位		30 分	
互评分数					
简要评述					

06 任务完成情况评价表

班级			组名			
姓名			学号			
序号	任务内容及要求		配分	评分标准	教师评价	
					结论	得分
1	详细阐述施工现场管理工作内容	描述正确	20分	错误一个扣5分		
		语言流畅	10分	酌情赋分		
2	能根据具体工程，绘制施工现场项目组织结构图	描述正确	20分	错误一个扣5分		
		语言流畅	10分	酌情赋分		
3	能根据具体工程，编写施工现场技术管理方案	描述正确	10分	错误一处，扣5分		
		语言流畅	10分	酌情赋分		
4	提供5项文献检索清单	数量	10分	缺一个扣2分		
		参考的主要内容要点	10分	酌情赋分		
5	素质素养评价	沟通交流能力	20分	酌情赋分，但违反课堂纪律，不听从组长、教师安排，不得分		
		团队合作				
		课堂纪律				
		自主探学				
		合作研学				
		精益求精、专心细致的工作作风				
		诚实守信的意识				
		讲原则守规矩的意识				
		规范意识				
总分						

任务3.3　绘制新农村别墅项目网络计划图

工作任务	绘制新农村别墅项目网络计划图	建议学时	12学时
任务描述	绘制新农村别墅项目网络计划图，需要了解网络计划的概念、分类；掌握网络图的绘制原则，计算网络图的时间参数，熟悉网络计划优化的方法。		
学习目标	★理解网络计划的概念和分类； ★能绘制双代号网络图； ★掌握双代号网络图的时间参数； ★能够优化网络计划； ★能够主动获取信息，展示学习成果，并相互评价。对新农村别墅项目进度管理进行探索，与团队成员进行有效沟通，团结协作。		
任务分析	绘制新农村别墅项目网络计划图，深入理解网络计划的概念和分类；学习网络计划的绘制原则；掌握网络计划的参数计算；熟悉双代号时标网络图的相关知识，能够根据工程特点，对网络计划进行优化；绘制新农村别墅项目网络计划图。		

任务导航

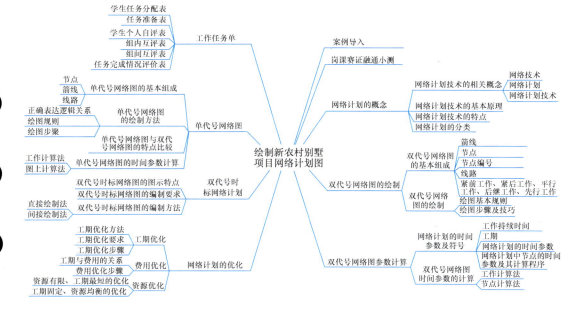

案例导入

在筹划"绿野山庄"项目时，目标是在18个月之内完工，作为项目经理，你面临着

确保工程质量、精准规划施工流程、控制成本并且保证按期交付的多重挑战。尽管你已经掌握了流水施工等传统的项目管理方法，但这些方法在面对相对复杂的多层建筑项目时显得力不从心，难以满足精细化进度安排的需求。此时，探索并运用更为先进的项目管理工具变得迫在眉睫，网络计划技术便是其中的关键策略。

 知识链接

3.3.1 网络计划的概念

网络计划技术是 20 世纪 50 年代后期发展起来的一种科学的计划管理方法。1956 年由美国的杜邦·来莫斯公司和赖明顿·兰德公司内部建筑计划小组合作开发的一种面向计算机描述工程项目的合理安排进度计划的方法，后被称为关键线路法（CMP），并自 1957 年起网络计划技术的关键线路方法得以广泛应用。

总结网络计划的
作用和类别

随着电子计算机技术的突飞猛进，边缘科学的不断发展，又产生了多种网络计划技术，如计划评审技术（PERT）、搭接网络计划法（OLN）、图示评审技术（GERT）、决策网络计划（DN）、风险评审技术（VERT）、仿真网络计划法和流水网络计划法等，使得网络计划技术作为现代计划管理方法，广泛应用于工业、农业、建筑业、国防和科学研究各个领域。

1965 年，网络计划技术由华罗庚教授介绍到我国，20 世纪 70 年代后期，在我国得到广泛的重视和研究，取得了一定效果。目前，我国建筑工程施工管理中，网络计划技术作为编制建筑安装工程生产计划和施工进度计划的一种有效方法得到广泛的应用。

1. 网络计划技术的相关概念

某工程需要根据各个施工工序的工作内容、前后顺序、持续时间等安排好科学合理的施工网络计划图。因此，应首先了解网络图的分类和表示方法，为后续具体深入地学习网络图的绘制打好基础。网络图是网络计划技术的表现形式和应用工具，它既是一种科学的计划管理方法，又是一种有效的工程施工组织方法。

（1）网络技术

网络技术是施工组织计划技术的主要方法之一，它由箭线和节点组成，用来表达各项工作的先后顺序和相互关系。通常有单代号网络图和双代号网络图两种表示方法，如图 3-6、图 3-7 所示。

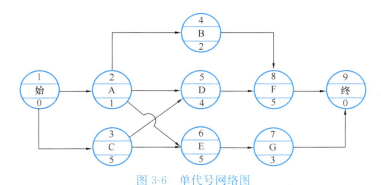

图 3-6　单代号网络图

（2）网络计划

网络计划是指在网络图上加注工作的时间参数而编制的进度计划。

（3）网络计划技术

网络计划技术是指用网络计划对任务的工作进度进行安排和控制，以保证实现预定目标的科学的计划管理技术。

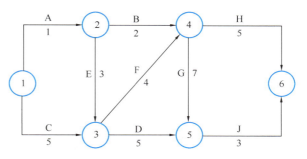

图 3-7　双代号网络图

此处的任务是指计划所承担的有规定目标及约束条件（时间、资源、成本、质量等）的工作总和，如规定有工期和投资额的一个工程项目即可成为一项任务。

（4）网络计划技术的基本原理

网络计划技术（或称统筹法）的基本原理，首先是把所要做的工作、哪项工作先做、哪项工作后做、各占用多少时间以及各项工作之间的相互关系等运用网络图的形式表达出来。其次是通过简单的计算，找出哪些工作是关键的，哪些工作不是关键的，并在原来计划方案的基础上进行计划的优化。例如，在劳动力或其他资源有限的条件下，寻求工期最短；或者在工期规定的条件下，寻求工程的成本最低等。最后是组织计划的实施，并且根据变化的情况，搜集有关资料，对计划及时进行调整，重新计算和优化，以保证计划执行过程中自始至终能够最合理地使用人力、物力，保证多、快、好、省地完成任务。

（5）网络计划技术的特点

网络计划技术（如关键路径方法 CPM 和项目评审技术 PERT）与横道图（Gantt Chart）都是项目管理中常用的工具，各有特点和其应用场景。以下是网络计划技术与横道图相比的一些主要特点：

1）逻辑关系严谨，便于科学地统筹规划。

2）能全面、准确地表达出各施工过程之间的先后顺序以及相互依存、相互制约的逻辑关系。

3）可按数学模型计算各时间参数，在错综复杂的工程计划中找出决定工程进程的关键工作和关键线路，抓住主要矛盾，便于管理人员有效组织与协调，进行重点管理。

4）通过优化，能从诸多可行的计划方案中选出最优方案。

5）可在执行计划和组织施工的过程中，通过时间参数计算及预先知道各工作提前或推迟完成对整个计划的影响程度，及时地对计划进行调整与变更，以满足施工现场动态管理的需求。

6）可以利用在网络计划中存在与诸多工作间的机动时间，有效地调配劳力、材料和机具，达到均衡地配置资源需用量的目的。

7）能充分利用计算机进行时间参数的计算和优化、调整，实行工程的计划管理。

但是，网络计划也存在一些不足之处，主要有以下三点：

1）初学者掌握该技术有一定困难，对时标网络图确定资源需用量等方面有一定困难。

2）如果不利用计算机进行计划的时间参数计算、优化和调整，则实际计算量大，调整复杂。

3）对于无时间坐标网络图，绘制劳动力和资源需要量曲线较困难。

网络图根据不同的指标，又划分为各种不同的类型。不同类型的网络图在绘制、计算和优化等方面也各不相同，各有特点。

（6）网络计划的分类

网络计划根据不同的指标，又划分为各种不同的类型。不同类型的网络计划在绘制、计算和优化等方面也各不相同，各有特点。

1）按性质分类

① 确定型网络计划：确定型网络计划是指工作、工作与工作之间的逻辑关系以及工作持续时间都确定的网络计划。在这种网络计划中，各项工作的持续时间都是确定、单一的数值，整个网络计划有确定的计划总工期。

② 非确定型网络计划：非确定型网络计划是指工作、工作与工作之间的逻辑关系以及工作持续时间三者中一项或多项不确定的网络计划。在这种网络计划中，各项工作的持续时间只能按概率方法确定出 3 个值，整个网络计划无确定的计划总工期。例如，计划评审技术和图示评审技术。

2）按表示方法分类

① 双代号网络计划：双代号网络计划是指以双代号表示法绘制的网络计划。在这种网络计划中，各项工作用箭线和两个节点表示。例如，建筑施工网络计划。

② 单代号网络计划：单代号网络计划是指以单代号表示法绘制的网络计划。在这种网络计划中，各项工作用一个节点表示，箭线仅表示各项工作的相互制约和相互依赖关系。例如，图示审批技术和决策网络计划等。

3）按有无时间坐标分类

① 时标网络计划：时标网络计划是以时间坐标为尺度绘制的网络计划。网络图中，每项工作箭线的水平投影长度，与其持续时间成正比，如编制资源优化的网络计划即为时标网络计划。

② 非时标网络计划：非时标网络计划是不按时间坐标绘制的网络计划。网络图中，工作箭线长度与持续时间无关，可按需要绘制。通常绘制的网络计划都是非时标网络计划。

4）按目标分类

① 单目标网络计划：单目标网络计划是只有一个终点节点的网络计划，即网络图只具有一个最终目标。例如，一个建筑物的施工进度计划只具有一个工期目标的网络计划。

② 多目标网络计划：多目标网络计划是终节点不止一个的网络计划。此种网络计划具有若干个独立的最终目标。

5）按工作衔接特点分类

① 普通网络计划：普通网络计划是指工作间的关系按首尾衔接绘制的网络计划，如单代号网络计划、双代号网络计划。

② 流水网络计划：流水网络计划是能充分反映流水施工特点的网络计划，如横道流水网络计划、双代号流水网络计划。

③ 搭接网络计划：搭接网络计划是按照各种规定的搭接时距绘制的网络计划。此种网络计划既能反映各种搭接关系，又能反映相互衔接关系。

3.3.2　双代号网络图的绘制

绘制流水施工双代号网络图

双代号网络计划是指以双代号表示法绘制的网络计划，其网络图是以箭线及其两端节点的编号表示工作的网络图。

1. 双代号网络图的基本组成

在双代号网络图中，箭线、节点、节点编号与线路是其基本要素。

（1）箭线

箭线在双代号网络图中有实箭线和虚箭线两种，二者表示的内容不同。

1）实箭线

实箭线在双代号网络图中，具有以下含义：

① 一条实箭线表示一项工作，如一个施工过程或一个施工任务，箭头表示工作结束，箭尾表示工作开始。

② 一条实箭线通常要消耗资源和时间，如砌墙消耗砖、砂浆、人工；有时不消耗资源、只消耗时间，如油漆涂刷后需要干燥，混凝土浇筑后需要养护一段时间才能进入下一道工序。

③ 一条实箭线的上方（或左方）表示工作的名称（或字母代号），其下方（或右方）表示该工作的持续时间；其表示方法如图3-8所示。

2）虚箭线

虚箭线在双代号网络图中，具有以下含义：

① 一条虚箭线不表示一项工作，仅表示相邻工作之间的相互依存、相互制约的逻辑关系。

② 一条虚箭线通常不消耗资源和时间，但在双代号网络图中有不可替代的作用。

③ 一条虚箭线的上方（或左方）不标注工作的名称（或字母代号），其下方（或右方）表示该工作的持续时间，通常为0；其表示方法如图3-9所示。

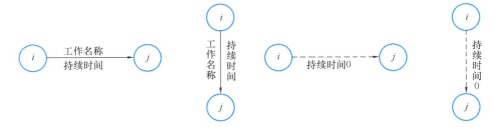

图3-8　双代号网络图工作表示法　　　图3-9　双代号网络图虚工作表示法

3）箭线表达的内容

网络图中一端带箭头的实线即为箭线。在双代号网络图中，箭线与其两端的节点表示一项工作。箭线表达的内容如下：

① 一根箭线表示一项工作或一个施工过程。根据网络计划的性质和作用的不同，工作既可以是一个简单的施工过程，如挖土、垫层等分项工程或者基础工程、主体工程等分部工程；也可以是一项复杂的工程任务，如教学楼土建工程等单位工程或者教学楼工程等单项工程。如何确定一项工作的范围取决于所绘制的网络计划的作用（控

制性或指导性）。

②一根箭线表示一项工作消耗的时间和资源，分别用数字标注在箭线的下方和上方。一般而言，每项工作的完成都要消耗一定的时间和资源，如砌砖墙、浇筑混凝土等；也存在只消耗时间而不消耗资源的工作，如混凝土养护、砂浆找平层干燥等技术间歇，若单独考虑时，也应作为一项工作对待。

③在无时间坐标的网络图中，箭线的长度不代表时间的长短，画图时原则上是任意的，但必须满足网络图的绘制规则。在有时间坐标的网络图中，其箭线的长度必须根据完成该项工作所需时间长短按比例绘制。

④箭线的方向表示工作进行的方向和前进的路线，箭尾表示工作的开始，箭头表示工作的结束。

⑤箭线可以画成直线、折线或斜线。必要时，箭线也可以画成曲线，但应以水平直线为主，一般不宜画成垂直线。

（2）节点

节点在双代号网络图中通过实箭线或虚箭线连接，每两个相邻节点和其相连箭线表示一项工作；每个节点表示前面工作结束和后面工作开始的瞬间，通常用圆圈（有时也可用其他封闭图形）表示，节点不消耗时间和资源；按其位置不同，通常有起点节点、中间节点和终点节点几种类型。节点的示意图如图3-10所示。

1）起点节点

起点节点是指双代号网络图中的第一个节点，表示一项工作的开始。其具有以下特点：

①在网络图的各节点中编号最小。

②无任何的紧前工作和先行工作，在一个网络图中，应只有一个起点节点。

③无内向箭线（箭头指向该节点箭线称为内向箭线或指向箭线）。其表示方法如图3-10所示。

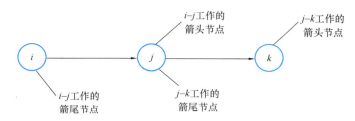

图3-10　双代号网络图各节点表示法

2）中间节点

中间节点是指双代号网络图中的任何一个中间节点。其具有以下特点：

①在网络图的各节点中编号居中，其编号小于终点节点而大于起点节点。

②表示紧前各工作的结束，又表示紧后各工作的开始，每个中间节点既有内向箭线又有外向箭线，在一个网络图中，大多数为中间节点。

③中间节点的共用与分离，可以表示工作的各种错综复杂的逻辑关系。

3）终点节点

终点节点是指双代号网络图中的最后一个节点，表示一项计划的完成。其具有以下特点：

① 在网络图的各节点中编号最大。

② 无任何的紧后工作和后续工作，在一个网络图中，一般应只有一个终点节点。

③ 无外向箭线（箭尾自此节点发出的箭线称为外向箭线或发出箭线）。

（3）节点编号

节点编号在双代号网络图中通过一系列阿拉伯数字编排，每个节点均有独自的编号，并且可以根据编号检查网络图是否正确。

① 节点编号一般沿箭线方向，从起点节点开始向终点节点从左向右、由小到大依次编排。

② 在同一网络图中，编号可以有间隔编号，但不能有重复编号。

③ 对于每根箭线，其箭头编号节点一定要大于箭尾的节点编号。

④ 节点编号的方法按照编号方向分为水平方向编号和垂直方向编号两种；按编号是否连续，分为连续编号和间断编号两种。

⑤ 节点编号顺序是：箭尾节点编号在前，箭头节点编号在后，凡是箭尾节点没有编号，箭头节点不能编号；在一个网络图中，所有节点不能出现重复编号，编号的号码可以按自然数顺序编排，也可以采取非连续数编号，以便适应网络计划调整中增加工作的需要，编号留有余地。节点编号的方法有两种：一种是水平编号法，即从起点节点开始由上到下逐行编号，每行从左到右按顺序编号，如图 3-11 所示；另一种是垂直编号法，即从起点节点开始从左到右逐列编号，每列则根据编号规则的要求进行编号，如图 3-12 所示。

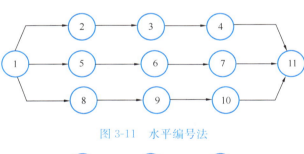

图 3-11　水平编号法

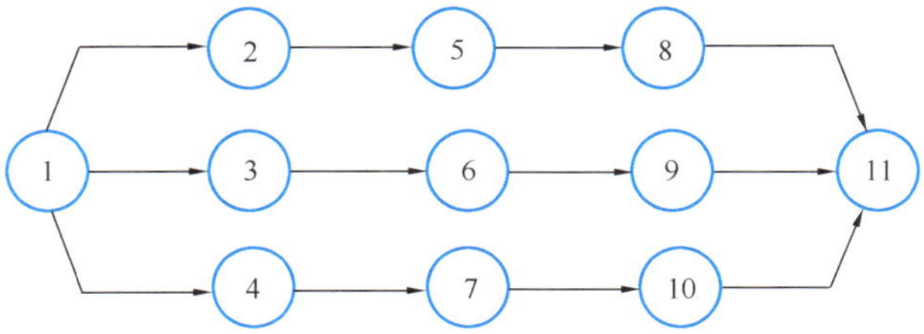

图 3-12　垂直编号法

（4）线路

线路是指网络图中从起点节点开始，沿箭线方向连续通过一系列箭线与节点，最后到达终点所经过的通路。每个网络图均有多条线路，但其数目是确定的。如图 3-13 所示，共 6 个节点，有 4 条线路。根据线路时间的不同，将线路分为关键线路和非关键线路两种。关键线路一般用粗实线或双实线表示。线路的示意图如图 3-13 所示。

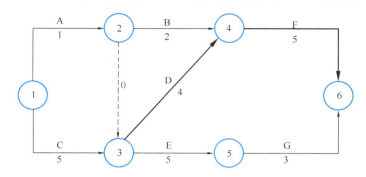

图 3-13　网络图的线路与关键线路

完成每条线路的全部工作所必需的总持续时间，称为线路时间，它代表该线路的计划工期，其计算公式为：

$$T_S = \sum D_{i-j} \tag{3-1}$$

式中　　T_S——第 S 条线路的线路时间；

　　　　D_{i-j}——第 S 条线路某项工作的持续时间。

按照上述工程计算图 3-13 各条线路的线路时间，分别为：

线路①→②→④→⑥，总持续时间为：1+2+5=8（天）

线路①→②→③→④→⑥，总持续时间为：1+0+4+5=10（天）

线路①→②→③→⑤→⑥，总持续时间为：1+0+5+3=9（天）

线路①→③→④→⑥，总持续时间为：5+4+5=14（天）

线路①→③→⑤→⑥，总持续时间为：5+5+3=13（天）

1）关键线路

关键线路是指网络图中所有线路中，各工作的持续时间最长的线路，即线路时间最长的线路为关键线路。如图 3-13 所示的线路①→③→④→⑥为关键线路。关键线路具有以下特点：

① 关键线路的线路时间，代表整个网络图的计划总工期，延长关键线路上的任何工作的时间都会导致总工期的后延。

② 在同一个网络计划中，至少存在一条关键线路。

③ 关键线路上的工作，称为关键工作，均无任何机动时间。

④ 缩短某些关键工作的持续时间，有可能将关键线路转化为非关键线路。

⑤ 关键线路一般用粗实线或双实线表示。

2）非关键线路

非关键线路是指网络图中所有线路中，除关键线路之外的其他所有的线路。如图 3-13所示的线路①→②→④→⑥、①→②→③→④→⑥、①→②→③→⑤→⑥和①→③→⑤→⑥都为非关键线路。非关键线路具有以下特点：

① 非关键线路的线路时间，仅代表该条线路的计划工期。

② 非关键工作均有机动时间。

③ 非关键线路上工作，除关键工作外，其余均为非关键工作。

④ 如果拖延某些非关键工作的持续时间，非关键线路可能转化为关键线路。

（5）紧前工作、紧后工作、平行工作、后继工作、先行工作

1）紧前工作

紧排在本工作之前的工作称为本工作的紧前工作。双代号网络图中，本工作和紧前工作之间可能有虚工作。如图 3-14 所示，槽 1 是槽 2 的组织关系上的紧前工作；垫 1 和垫 2 之间虽有虚工作，但垫 1 仍然是垫 2 的组织关系上的紧前工作；槽 1 则是垫 1 的工艺关系上的紧前工作。

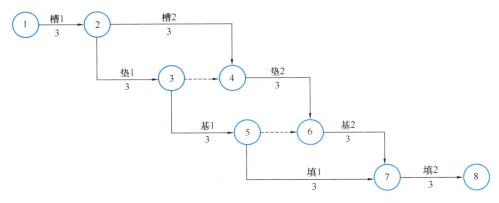

图 3-14　逻辑关系

2）紧后工作

紧排在本工作之后的工作称为本工作的紧后工作。双代号网络图中，本工作和紧后工作之间可能有虚工作。如图 3-14 所示，垫 2 是垫 1 的组织关系上的紧后工作；垫 1 是槽 1 的工艺关系上的紧后关系。

3）平行工作

可与本工作同时进行的工作称之为本工作的平行工作，如图 3-14 所示，槽 2 是垫 1 的平行工作。

4）后继工作

自某工作之后至终点节点在同一条线路上的所有工作。

5）先行工作

自起点节点至某工作之前在同一条线路上的所有工作。

【例 3-1】如图 3-15 所示，各基本术语的含义为：

工作②→④的紧前工作为工作①→②，紧后工作为工作④→⑥和工作④→⑤。

工作⑤→⑥的紧前工作为工作③→⑤和工作④→⑤，无紧后工作，先行工作有工作①→②、工作①→③、工作②→③、工作②→④、工作⑧→④、工作④→⑤和工作③→⑤。

工作③→④的紧后工作为工作④→⑤和工作④→⑥，而其后继工作有工作④→⑤、工作④→⑥和工作⑤→⑥。

工作①→②的平行工作有工作①→③。

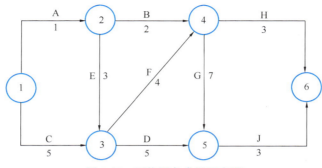

图 3-15　网络图各术语示意图

2. 双代号网络图的绘制

在网络图中，最重要的是正确地表达各施工工艺流程和各项工作施工的先后顺序及其相互依存和相互制约的逻辑关系。因此，正确地绘制网络图能够为进一步计算和网络图的优化打下良好的基础。正确地绘制网络图应满足工作构成清楚、逻辑关系正确、时间计算准确及绘制符合规定等要求。

（1）绘图基本规则

1）正确表达工作的逻辑关系

逻辑关系包含工艺逻辑关系和组织逻辑关系两种。

工艺逻辑关系是由生产工艺所决定的各工作之间的先后顺序关系，它是由生产、施工过程的自身规律所决定的。例如，框架结构中同一层的柱、梁、楼板的施工顺序为柱→梁→楼板。双代号网络图必须正确表达确定的逻辑关系。双代号网络图中常见的逻辑关系的表达方法如下：

① A、B 两项工作依次进行，如图 3-16 所示。

② A、B、C 三项工作同时开始，如图 3-17 所示。

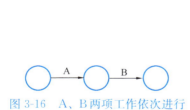

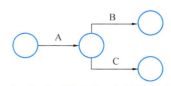

图 3-16　A、B 两项工作依次进行　　　图 3-17　A、B、C 三项工作同时开始

③ A、B、C 三项工作同时结束，如图 3-18 所示。

④ A、B、C 三项工作，A 完成后，B、C 开始，如图 3-19 所示。

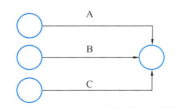

图 3-18　A、B、C 三项工作同时结束　　　图 3-19　A、B、C 三项工作，A 完成后，B、C 开始

⑤ A、B、C 三项工作，A、B 完成后 C 开始，如图 3-20 所示。

⑥ A、B、C、D 四项工作，A、B 完成后，C、D 开始，如图 3-21 所示。

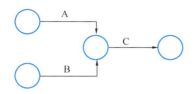
图 3-20　A、B、C 三项工作，
A、B 完成后 C 开始

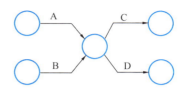
图 3-21　A、B、C、D 四项工作，
A、B 完成后，C、D 开始

⑦ A、B、C、D 四项工作，A 完成后 C 开始，A、B 完成后 D 开始，如图 3-22 所示。

⑧ A、B、C、D、E 五项工作，A、B 完成后 C 开始，B、D 完成后 E 开始，如图 3-23所示。

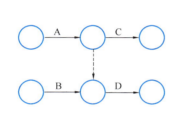
图 3-22　A、B、C、D 四项工作，
A 完成后 C 开始，A、
B 完成后 D 开始

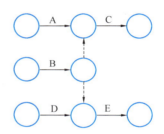
图 3-23　A、B、C、D、E 五项工作，
A、B 完成后 C 开始，B、
D 完成后 E 开始

⑨ A、B、C、D、E 五项工作，A、B、C 完成后 D 开始，B、C 完成后 E 开始，如图 3-24所示。

⑩ A、B 两项工作分三个施工段，流水施工，如图 3-25 所示。

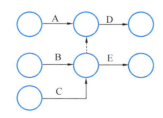
图 3-24　A、B、C、D、E 五项工作，
A、B、C 完成后 D 开始，B、
C 完成后 E 开始

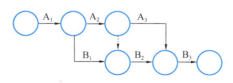
图 3-25　A、B 两项工作分三个施工段，
流水施工

【例 3-2】　A（挖土）、B（垫层）、C（基础）、D（回填土）四项工作分三个施工段，流水施工。正确表达施工过程间的逻辑关系（图 3-26）。

2）双代号网络图中，严禁出现循环线路，如图 3-27（a）所示。

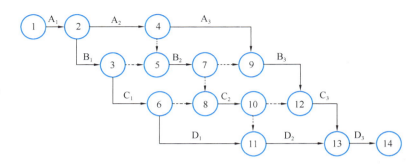

图 3-26 　 A、B、C、D 四项工作分三个施工段，流水施工

3）一个网络图中，只允许一个起点节点和终点节点，如图 3-27（b）所示。

4）网络图中，不允许出现双向箭头或无箭头工作，如图 3-27（c）所示。

5）一个网络图中，不允许出现相同编号的节点或箭线，且箭尾的编号应小于箭头的编号，编号不可重复但可连续或间断编号。

6）一个网络图中，不允许同一项工作同时出现两次。

7）一个网络图中，不允许同一项工作出现没有箭头或箭尾节点的箭线。

8）一个网络图中，应尽量避免交叉箭线的出现，不可避免时，应采用过桥法或指向法表示，如图 3-27（d）所示。

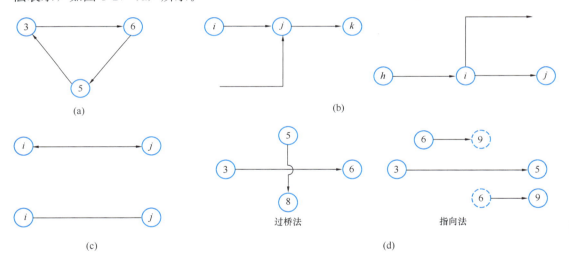

图 3-27 　 双代号网络图画法示意图

（a）循环回路画法（错误）；（b）没有起点或终点的箭线画法（错误）；
（c）箭线的画法（错误）；（d）过桥及指向法示意图（正确）

9）一个网络图中，当节点有多条外向或内向箭线时，应使用母线法表示，如图 3-28 所示。

【例 3-3】试指出图 3-39 所示网络图中的错误，并说明其错误的原因。

【解】依据双代号网络图的绘制原则，可以得到如图 3-29 所示的多项错误，分别说明如下：

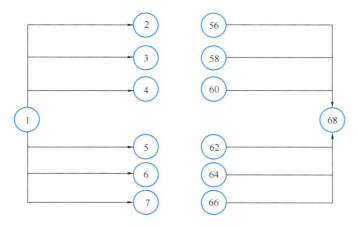

图 3-28　母线法画法示意图

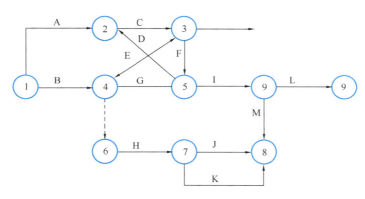

图 3-29　网络图绘制错误

1）工作 C、D、F 形成循环路线②→③→⑤，网络图中不允许出现箭线首尾衔接的循环回路。

2）工作 D、E 的节点箭线⑤→②和箭线③→④为交叉箭线，网络图中的交叉箭线应使用"过桥""断线"或"指向法"表示。

3）工作 E 的节点箭线③→④为双向箭线，工作 G 的节点箭线④→⑤为无箭头箭线，网络图中不允许出现双向箭线或无箭头箭线。

4）节点③后的箭线箭头没有节点，此箭线多余。

5）节点⑥为无内向箭线的节点，一个网络图中只允许一个起点节点，且编号最小，①节点为起点节点。

6）节点⑧为无外向箭线的节点，一个网络图中只允许一个终点节点，且编号最大。

7）节点⑦→⑧表示工作 J、K 错误，双代号网络图中每两个节点只能表示一项工作。

8）工作 L 的节点编号相同，双代号网络图中不允许出现相同编号的节点。

9）工作 M 的节点编号箭头大于箭尾，双代号网络图中箭尾节点的编号小于箭头节点的编号。

（2）绘图步骤及技巧

1）依据已知的紧前工作或紧后工作，正确表达工作间的逻辑关系。

2）依据已经理顺的工作逻辑关系，正确绘制相应的网络图。

3）修改和整理网络图，尽量做到"横平竖直"，节点排列均匀，突出重点，尽量将网络图的关键工作和关键线路布置在网络图中心，并用粗箭线或双箭线表示。

4）尽量减少不必要的虚箭线，使图面清晰、简洁，方便计算。

5）在保证不改变网络图正确逻辑关系的前提下，尽量减少不必要的箭线和节点，使图面更加简洁明了。

【例3-4】根据表3-3中逻辑关系，绘制双代号网络图，如图3-30所示。

网络图资料表　　　　　　　　　　　　　　　　　　　　　表3-3

工作	A	B	C	D	E	F	G	H	I
紧前工作	—	A	A	B	B、C	C	D、E	E、F	H、G
紧后工作	B、C	D、E	E、F	G	G	H	I	I	—

【解】

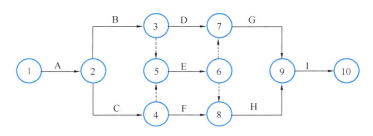

图3-30　双代号网络图绘制

3.3.3　双代号网络图参数计算

根据工程对象各项工作的逻辑关系和绘图规则绘制网络图是一种定性的过程，只有通过时间参数的计算这样一个定量的过程，才能使网络计划具有实际应用价值。计算网络计划时间参数的目的主要有三个：①确定关键线路和关键工作，便于施工中抓住重点，向关键线路要时间；②明确非关键工作及其在施工中时间上有多大的机动性，便于挖掘潜力，统筹全局，部署资源；③确定总工期，做到工程进度心中有数。

1. 网络计划的时间参数及符号

（1）工作持续时间

工作持续时间是指一项工作从开始到完成所用的时间，用 D 表示。其主要计算方法有：①参照以往实践经验估算；②经过试验推算；③有标准可查，按定额计算。

计算双代号网络
图工作参数

（2）工期

工期是指完成一项任务所需要的时间，一般有以下三种工期：

1）计算工期：是指根据时间参数计算所得到的工期，用 T_c 表示；

2）要求工期：是指任务委托人提出的指令性工期，用 T_r 表示；

3）计划工期：是指根据要求工期和计算工期所确定的作为实施目标的工期，用 T_p 表示。当已规定了要求工期 T_r 时：$T_p \leqslant T_r$；当未规定要求工期时：$T_p = T_c$。

（3）网络计划的时间参数

网络计划中的时间参数有六个：最早开始时间、最早完成时间、最迟完成时间、最迟开始时间、总时差、自由时差。

1）最早开始时间和最早完成时间

最早开始时间指各紧前工作全部完成后，本工作有可能开始的最早时刻。工作的最早开始时间用 ES 表示。

最早完成时间是指各紧前工作全部完成后，本工作有可能完成的最早时刻。工作的最早完成时间用 EF 表示。

这类时间参数的实质是提出了紧后工作与紧前工作的关系，即紧后工作若提前开始，也不能提前到其紧前工作未完成之前，就整个网络图而言，受到起点节点的控制。因此，其计算程序为：自起点节点开始，顺着箭线方向，用累加的方法计算到终点节点。

2）最迟完成时间和最迟开始时间

最迟完成时间是指在不影响整个任务按期完成的前提下，工作必须完成的最迟时刻。工作的最迟完成时间用 LF 表示。

最迟开始时间是指在不影响整个任务按期完成的前提下，工作必须开始的最迟时刻。工作的最迟开始时间用 LS 表示。

这类时间参数的实质是提出紧前工作与紧后工作的关系，即紧前工作要推迟开始，不能影响其紧后工作的按期完成。就整个网络图而言，受到终点节点（即计算工期）的控制。因此，其计算程序为：自终点节点开始，逆着箭线方向，用累减的方法计算到起点节点。

3）总时差和自由时差

总时差是指在不影响总工期的前提下，本工作可以利用的机动时间。工作的总时差用 TF 表示。

自由时差是指在不影响其紧后工作最早开始时间的前提下，本工作可以利用的机动时间。工作的自由时差用 FF 表示。

（4）网络计划中节点的时间参数及其计算程序

1）节点最早时间

双代号网络计划中，以该节点为开始节点的各项工作的最早开始时间，称为节点最早时间。节点 i 的最早时间用 ET_i 表示。其计算程序为：自起点节点开始，顺着箭线方向，用累加的方法计算到终点节点。

2）节点最迟时间

双代号网络计划中，以该节点为结束节点的各项工作的最迟开始时间，称为节点最迟时间。节点 i 的最迟时间用 LT_i 表示。其计算程序为：自终点节点开始，逆着箭线方向，用累减的方法计算到起点节点。

这类时间参数实质是提出紧前工作与紧后工作的关系，即紧前工作要推迟开始，也不能影响其紧后工作的按期完成。

2. 双代号网络图时间参数的计算

网络图时间参数的计算目的在于确定网络图上各项工作和各个节点的时间参数，确定关键线路，抓住主要矛盾，确定总工期，为网络计划的优化、调整和执行提供准确的时间概念，使网络图具有实际应用价值。

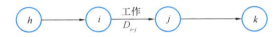

图 3-31 双代号网络图工作

（1）工作计算法

所谓工作计算法，就是以网络计划中的工作为对象，工作如图 3-31 所示，直接计算各项工作的时间参数。这些时间参数包括：工作的最早开始时间和最早完成时间、工作的最迟开始时间和最迟完成时间、工作的总时差和自由时差。此外，还应计算网络计划的计算工期。

1）工作最早开始时间的计算

如图 3-31 所示工作 i-j 的最早开始时间 ES_{i-j} 的计算应符合下列规定：

① 工作 i-j 的最早开始时间 ES_{i-j} 应从网络计划的起点节点开始，顺着箭线方向依次逐项计算；

② 当工作以起点节点为开始节点，且未规定其最早开始时间 ES_{i-j} 时，其值应等于 0。

③ 当工作 i-j 只有一项紧前工作 h-i 时，其最早开始时间 ES_{i-j} 为其紧前工作的最早完成时间，即：

$$ES_{i-j} = EF_{hi} = ES_{hi} + D_{hi}$$

式中　$ES_{hi}(EF_{hi})$——工作 i-j 的紧前工作的最早开始时间（最早完成时间）；

D_{hi}——工作 i-j 的紧前工作 h-i 的持续时间。

④ 当工作 i-j 有多个紧前工作时，其最早开始时间 ES_{i-j} 应为其所有紧前工作最早完成时间的最大值，即：

$$ES_{i-j} = \max\{EF_{hi}\} = \max\{ES_{hi} + D_{hi}\}$$

依此类推，算出其他工作的最早开始时间。

2）工作最早完成时间的计算

工作 i-j 的最早完成时间 EF_{i-j} 应按下式进行计算：

$$EF_{ij} = ES_{ij} + D_{ij}$$

依此类推，算出其他工作的最早完成时间

3）网络计划工期的计算

① 网络计划的计算工期，等于以终点节点（$j = n$）为完成节点的各个工作的最早完成时间的最大值，即：

$$T_c = \max\{EF_{in}\} = \max\{ES_{in} + D_{in}\}$$

② 另外，网络计划的计划工期，按下述规定：

当已规定了要求工期 T_r 时：$T_p \leqslant T_r$

当未规定要求工期时：$T_p = T_c$

4）工作最迟完成时间的计算

① 工作 i-j 的最迟完成时间 LF_{i-j} 应从网络计划的终点节点开始，逆着箭线方向依次逐项计算。

② 当工作的终点节点（$j = n$）为完成节点时，其最迟完成时间 LF_{i-n}，应按网络计划的计划工期 T_p 确定，即：$LF_{i-n} = TP$

5）工作最迟开始时间的计算

工作 i-j 的最迟开始时间等于其最迟完成时间减去工作持续时间，即：

$$LS_{i-j} = LF_{i-j} - D_{i-j}$$

依此类推，算出其他工作的最迟开始时间。

6）工作总时差的计算

工作总时差是指在不影响总工期的前提下，本工作可以利用的机动时间。该时间应按下式计算：

$$TF_{i\text{-}j} = LS_{i\text{-}j} - ES_{i\text{-}j} \text{ 或 } TF_{i\text{-}j} = LF_{i\text{-}j} - EF_{i\text{-}j}$$

7）工作自由时差的计算

工作自由时差是指在不影响其紧后工作最早开始时间的前提下，本工作可以利用的机动时间，工作 $i\text{-}j$ 的自由时差 $FF_{i\text{-}j}$ 的计算应符合下列规定：

① 当工作 $i\text{-}j$ 有紧后工作 $j\text{-}k$ 时，其自由时差等于本工作之紧后工作最早开始时间减本工作最早完成时间所得之差的最小值 $FF_{i\text{-}j} = \min\{ES_{jk}, EF_{i\text{-}j}\} = \min\{ES_{jk}, ES_{i\text{-}j}, D_{i\text{-}j}\}$。

② 终点节点（$j = n$）为箭头节点的工作，其自由时差 $FF_{i\text{-}j}$ 应按网络计划的计划工期 T_P 确定，即：

$$FF_{i\text{-}n} = T_P - ES_{i\text{-}n} - D_{i\text{-}n} \text{ 或 } FF_{in} = T_P - EF_{i\text{-}n}$$

8）网络图各时间参数的计算

计算双代号网络图的时间参数的方法有：分析计算法、图上计算法、表上计算法、矩阵计算法以及电算法等，在此仅介绍图上计算法。按工作计算法是指计算每项工作（包括虚工作）的各时间参数，并在每根箭线上均要按规定标注计算出的各时间参数。按节点计算法是指计算各项工作的节点处的各时间参数，并将其结果按规定标注在每个节点处；表示方法：计算出的各时间参数有二时标注法、四时标注法、六时标注法 3 种方法；二时标注法和四时标注法两者合为按节点计算法标注内容，六时标注法按工作计算法标注内容。其表示方法如图 3-32 所示。

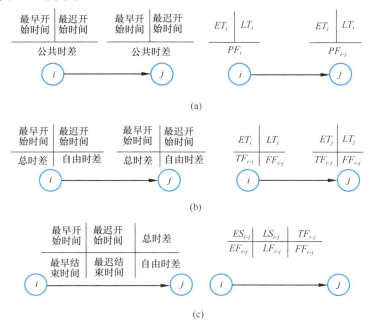

图 3-32 双代号网络图时间参数标注形式

（a）二时标注法；（b）四时标注法；（c）六时标注法

【例 3-5】试用图上计算法计算图 3-33 所示网络图的各时间参数。

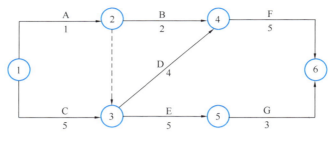

图 3-33　双代号网络图

图上计算法是指网络图按照分析计算法的计算公式，直接在图上进行时间参数计算的方法。此种方法必须在理解和熟练分析计算法的基础上，边计算边将所得的时间参数填入图中的相应位置上，有电算和手算两种，包含工作时间参数的计算法和节点的时间参数的计算。

1）时间参数的标注形式

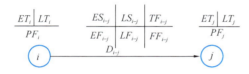

图 3-34　双代号网络图图上计算法标注示意图

按工作计算法计算出每项工作（包括虚工作）的各时间参数，并在每根箭线上均要按规定标注出计算的各时间参数。按节点计算法计算出各项工作的节点的各时间参数，并将其结果按规定标注在每个节点处。其形式如图 3-34 所示。

2）图上计算时间参数步骤

① 图上计算节点最早时间

起点节点：网络图一般规定起点节点的最早时间为 0，标注在起点节点的左上方位置上，如图 3-35 所示的①节点。

中间节点和终点节点：网络图的中间节点和终点节点的最早时间可采用"沿线累加，逢圈取大"的原则计算，此处的"沿线"指沿箭线方向，将每条线路上各工作的作业时间累加，"逢圈"即节点处取其前线路累加时间的最大值，即为该节点的最早开始时间。将计算结果直接标注在相应的节点左上方，如图 3-35 所示。

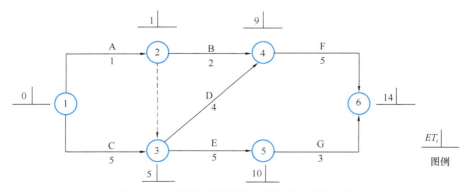

图 3-35　双代号网络图图上计算节点最早时间

② 图上计算节点最迟时间

终点节点：当网络计划有规定工期时，网络图终点节点的最迟时间等于其规定工期；当网络计划没有规定工期时，网络图终点节点的最迟时间等于其终点节点最早时间，标注在终点节点的左右上方位置上，如图 3-35 所示的⑥节点。

中间节点和起点节点：网络图的中间节点和起点节点的最迟时间可采用"逆线累减，逢圈取小"的原则计算，此处的"逆线"指从终点节点 n 开始逆着箭线方向，将计划工期依次减去各工作的作业时间，"逢圈"即节点处取其后继线路累减时间的最小值，即为该节点的最迟时间。将计算结果直接标注在相应的节点右上方，如图 3-36 所示。

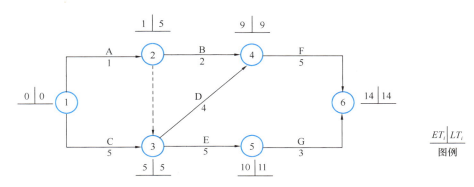

图 3-36 双代号网络图图上计算节点最迟时间

③ 图上计算工作最早开始时间

工作的最早开始时间也是该工作左节点的最早时间，不必重新计算，可依照各工作左节点的最早时间，直接标注在本箭线的上方第一行第一格内，如图 3-37 所示。

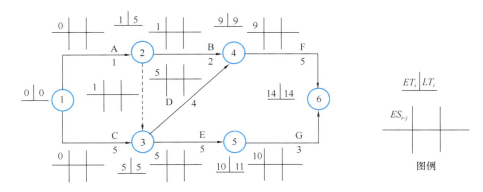

图 3-37 双代号网络图图上计算工作最早开始时间

④ 图上计算工作最早完成时间

工作的最早完成时间等于该工作的最早开始时间与本工作作业时间之和，计算结果标注在本箭线的上方第二行第一格内，如图 3-38 所示。

⑤ 图上计算工作最迟完成时间

工作的最迟完成时间等于该工作的右节点的最迟结束时间，不必重新计算，可依照各工作右节点的最迟时间，直接标注在本箭线的上方第二行第二格内，如图 3-39 所示。

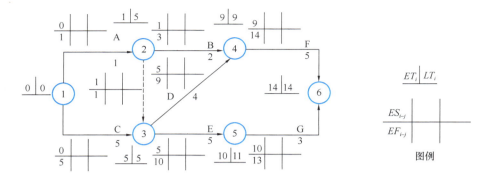

图 3-38　双代号网络图图上计算工作最早完成时间

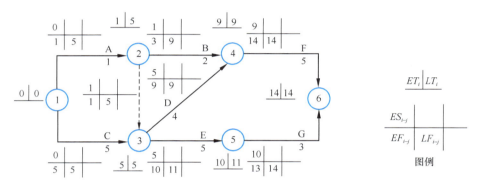

图 3-39　双代号网络图图上计算工作最迟完成时间

⑥ 图上计算工作最迟开始时间

工作的最迟开始时间等于该工作的最迟结束时间减去本工作作业时间，计算结果标注在本箭线的上方第一行第二格内，如图 3-40 所示。

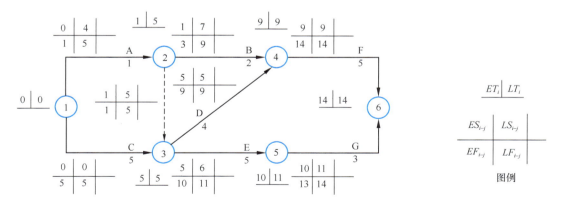

图 3-40　双代号网络图图上计算工作最迟开始时间

⑦ 图上计算公共时差

公共时差可以分为本项工作的紧前公共时差和紧后公共时差。紧前（紧后）公共时差等于本项工作的开始（结束）节点最迟时间减去开始（结束）节点最早时间，计算结果标注在左（右）节点的下方，如图 3-41 所示。

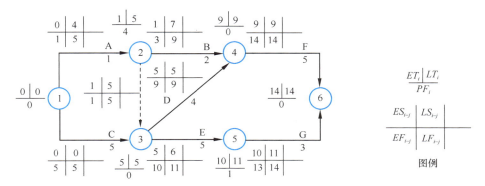

图 3-41　双代号网络图图上计算公共时差

⑧ 图上计算自由时差

自由时差等于本项工作的右节点最早时间减去左节点最早时间再减去本项工作作业时间，将其计算结果标注在本箭线的上方第二行第三格内，如图 3-42 所示。

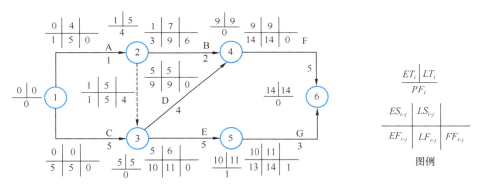

图 3-42　双代号网络图图上计算自由时差

⑨ 图上计算总时差

总时差等于本项工作的最迟开始时间减去最早开始时间或本工作右节点最迟时间减去左节点最早时间再减去本项工作作业时间，或等于紧前公共时差加紧后公共时差，再加独立时差。将其计算结果标注在本箭线的上方第一行第三格内，如图 3-43 所示。

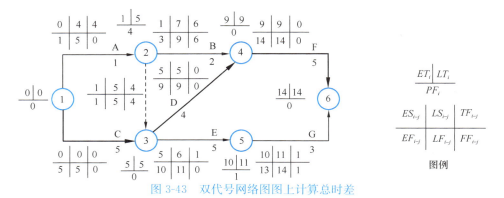

图 3-43　双代号网络图图上计算总时差

⑩ 关键线路

图 3-44 中总时差为 0 的工作为关键工作，由关键工作组成的线路为关键线路，用粗实线表示。

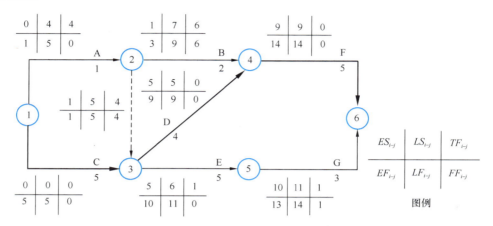

图 3-44 双代号网络图的六时标注法

【例 3-6】根据表 3-4 中逻辑关系，绘制双代号网络图，如图 3-45 所示，并采用工作计算法计算各工作的时间参数。

表 3-4

逻辑关系

工作	A	B	C	D	E	F	G	H	I
紧前	—	A	A	B	B、C	C	D、E	E、F	H、G
时间	3	3	3	8	5	4	4	2	2

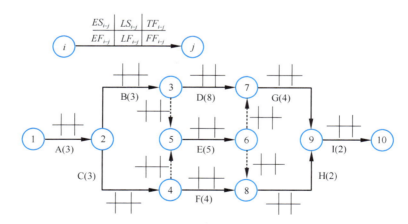

图 3-45 双代号网络图工作参数计算

① 工作的最早开始时间 ES_{i-j}，各紧前工作全部完成后，本工作可能开始的最早时刻，如图 3-46 所示。

② 工作的最早完成时间 EF_{i-j}，各紧前工作全部完成后，本工作可能完成的最早时刻，如图 3-47 所示。

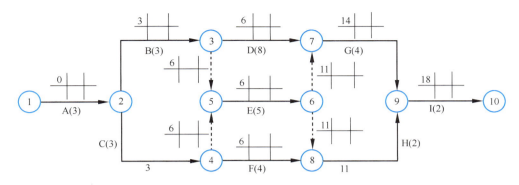

图 3-46 工作的最早开始时间 $ES_{i\text{-}j}$

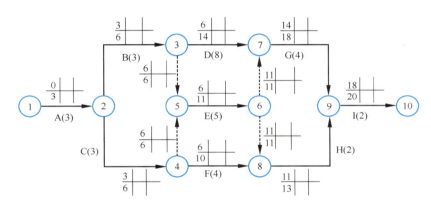

图 3-47 工作的最早完成时间 $EF_{i\text{-}j}$

③ 工作最迟完成时间 $LF_{i\text{-}j}$，在不影响计划工期的前提下，该工作最迟必须完成的时刻，如图 3-48 所示。

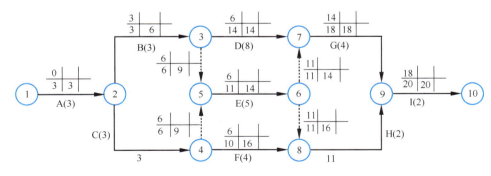

图 3-48 工作的最迟完成时间 $LF_{i\text{-}j}$

④ 工作最迟开始时间 $LS_{i\text{-}j}$，$LS_{i\text{-}j} = LF_{i\text{-}j} - D_{i\text{-}j}$，在不影响计划工期的前提下，该工作最迟必须开始的时刻，如图 3-49 所示。

⑤ 工作的总时差 $TF_{i\text{-}j}$，在不影响计划工期的前提下，该工作存在的机动时间，$TF_{i\text{-}j} = LS_{i\text{-}j} - ES_{i\text{-}j}$ 或 $TF_{i\text{-}j} = LF_{i\text{-}j} - EF_{i\text{-}j}$，如图 3-50 所示。

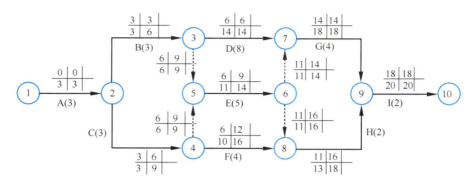

图 3-49　工作的最迟开始时间 LS_{i-j}

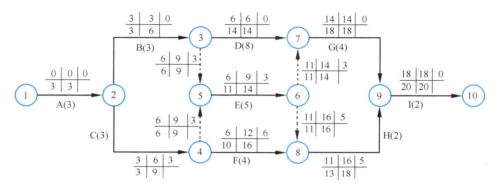

图 3-50　工作的总时差 TF_{i-j}

⑥ 工作的自由时差 FF_{i-j}，$FF_{i-j} = ES_{i-k} - EF_{i-j}$，在不影响紧后工作最早开始时间的前提下，该工作存在的机动时间，如图 3-51 所示。

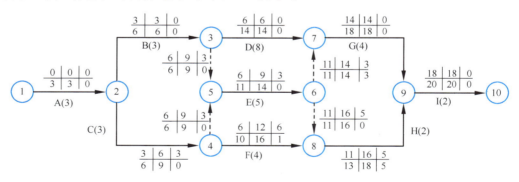

图 3-51　工作的自由时差 FF_{i-j}

（2）节点计算法

所谓节点计算法，就是先计算网络计划中各个节点的最早时间和最迟时间，然后再据此计算各项工作的时间参数和网络计划的计算工期，参数如图 3-52所示。

1）节点最早时间

计算双代号网络
图节点参数

节点最早时间计算一般从起始节点开始，顺着箭线方向依次逐项进行。

① 起始节点：起始节点 i 如未规定最早时间 ET_i 时，其值应等于零，即 $ET_i = 0(i = 1)$，ET_i 表示节点 i 的最早时间。

图 3-52　节点计算工作参数

② 其他节点：节点 j 的最早时间 ET_j 为：$ET_j = ET_i + D_{i-j}$（当节点 j 只有一条内向箭线时）；

$$ET_j = \max\{ET_i + D_{i-j}\}（当节点 j 有多条内向箭线时）。$$

2）节点最迟时间

节点最迟时间从网络计划的终点开始，逆着箭线的方向依次逐项计算。

【例 3-7】用节点计算法计算各节点的时间参数和各工作的时间参数，如图 3-53 所示。

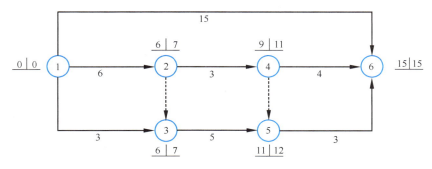

图 3-53　节点参数计算

3.3.4　单代号网络图

单代号网络图是指以节点及其编号表示工作，以箭线表示工作之间的逻辑关系的网络图。用单代号网络图表示的计划称为单代号网络计划。图 3-54 所示是一个简单的单代号网络图。

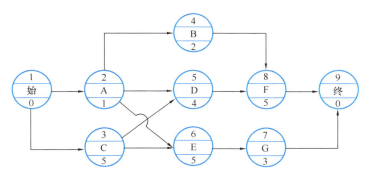

图 3-54　单代号网络图

根据图 3-54 可以看出单代号网络图具有以下特点：

优点：易表达逻辑关系；不需设置虚工作；易于检查修改。

缺点：不能设置时间坐标，看图不直观。

1. 单代号网络图的基本组成

在单代号网络图中，箭线、节点与线路是其基本要素。

（1）节点

用圆圈或方框表示。一个节点表示一项工作，消耗时间和资源，故也称单代号网络图为节点式网络图。

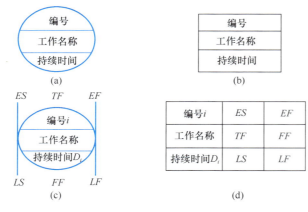

图 3-55　单代号网络图节点表示方法示意图

1）节点内容

一个节点包含工作名称或内容、工作代号、工作延续时间、节点编号及有关的工作时间参数。单代号的节点为一个单独编号表示一项工作，编号原则应从小到大、从左往右。箭头编号大于箭尾编号，中间可隔号，但不可重复编号。编号采用阿拉伯数字表示。

2）表示方法

节点可以采用圆圈也可以采用方框，可以带时间参数表示也可以不带，如图 3-55 所示。

3）虚拟节点

当单代号网络图有多项同时最早开始的工作或多项同时最终结束的工作，应在整个网络图的开始和结束的两端分别设置虚拟的起点节点和终点节点，如图 3-56 所示。

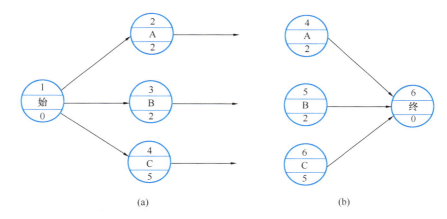

图 3-56　单代号网络图虚拟节点表示方法示意图

（a）虚拟起始点；（b）虚拟终点

虚拟的起点节点作用是指从此节点引出箭线和那些最先开始的多项工作的节点相连，以表示这些工作都是同时最先开始的。

虚拟的终点节点作用是指将最后结束的多项工作的节点与虚拟的终点节点相连，以表示这些工作都是在工程结束时同时完成的。

（2）箭线

单代号网络图中箭线仅用来表示工作之间的顺序关系。箭线既不占用时间，也不消耗资源，单代号网络图没有虚箭线。箭线的箭头表示工作的前进方向，箭尾节点表示的工作为箭头节点表示的工作的紧前工作。

（3）线路

单代号网络图的线路同双代号网络图的线路的含义是相同的，即从网络计划的起点节点到终点节点之间持续时间最长的线路为关键线路，其余称为非关键线路。

2. 单代号网络图的绘制方法

在单代号网络图中，其绘制基本步骤和双代号网络图相似，两者的区别仅在于绘图的符号不同。

（1）正确表达逻辑关系

在单代号网络图计划中，各工作的工艺逻辑关系、组织逻辑关系用箭线表示，一个节点表示一项工作。

（2）绘图规则

单代号网络图和双代号网络图所表达的计划内容是一致的，其绘图规则基本和双代号相似，有以下几点：

1）正确表达工作的逻辑关系。

2）单代号网络图只宜有一个起点节点和一个终点节点，为此增设虚拟的起点节点和终点节点。

3）单代号网络图严禁出现无箭头的箭线、无箭尾的箭线以及双箭头的箭线。

4）单代号网络图严禁出现箭头流向循环的循环回路。

5）单代号网络图的箭尾节点编号应小于箭头节点编号，且不允许出现重复的节点编号。

6）单代号网络图应用"过桥法"表示相交箭线。

【例3-8】试指出如图3-57所示网络图的错误，并说明错误的原因。

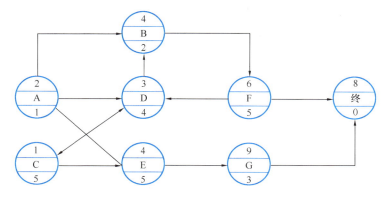

图3-57 单代号网络图错误表示方法

【解】依据上面单代号网络图的绘图规则，可以知道图3-57的网络图有以下错误：

① 网络计划中有两个起点节点A、C，工作A、C为同时开始的两项工作，应增加一个虚拟起点节点。

② 工作 B、D、F 形成循环线路，逻辑关系紊乱，一个网络图中不允许出现循环路线。

③ 工作 D、F 的箭线顺序反了，应遵循大的方向，从 D 至 F。

④ 工作 B 和工作 E 的节点编号都为 4，工作编号重复。

⑤ 工作 C 至工作 D 的连线错误，为双向箭线。

⑥ 工作 A 至工作 E 的连线错误，为无向箭线。

⑦ 工作 G 的节点编号大于终点节点编号，箭尾节点编号应小于箭头节点编号。

⑧ 工作 A、E 和工作 C、D 的连线相交叉。

根据以上绘图规则，对图 3-57 的网络图进行修改，正确网络图如图 3-58 所示。

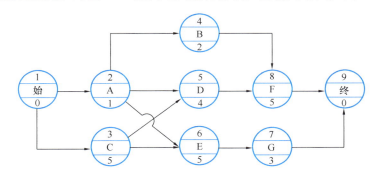

图 3-58　单代号网络图的修改图

（3）绘图步骤

1）依据已知的各工作的逻辑关系，确定各工作的紧前工作或紧后工作，正确表达工作的逻辑关系。

2）依据已经理顺的工作逻辑关系，正确绘制相关工作的对应的网络图。

3）确定出各工作的节点编号，可定无紧前工作的节点号为 0，其他工作的节点编号等于其紧前工作的节点编号的最大值加 1。

4）修改和整理网络图，尽量做到"横平竖直"，节点排列均匀，突出重点，尽量将网络图的关键工作和关键线路布置在网络图中心，并用粗箭线或双箭线表示。

5）在不改变网络图正确的逻辑关系的前提下，尽量使图面简洁明了，并增设虚拟的起点节点和终点节点。

【例 3-9】已知网络图的资料见表 3-5，试据此绘制单代号网络图。

网络图资料表　　　　　　　　　　　　　　　　表 3-5

工作名称	A	B	C	D	E	F
紧前工作	—	—	A、B	A	C、D	B

【解】1）依据单代号网络图的资料表，列出各工作关系表，确定其紧后工作，见表 3-6。

网络图各项工作关系表　　　　　　　　　　　　　表 3-6

工作名称	A	B	C	D	E	F
紧前工作	—	—	A、B	A	C、D	B
紧后工作	C、D	C、F	E	E	—	—

2）根据紧前和紧后工作的逻辑关系绘出初步网络图，如图 3-59 所示。

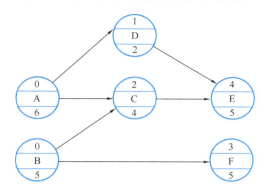

图 3-59 各相关工作的初步网络图

3）将图 3-59 增设虚拟的起点节点和终点节点，整理并简化，得到如图 3-60 所示的最终的单代号网络图。

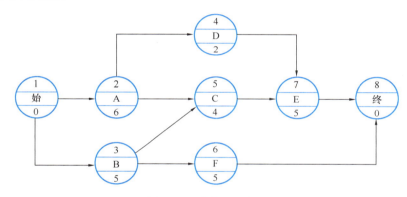

图 3-60 单代号网络图

3. 单代号网络图与双代号网络图的特点比较

在单代号网络图中，其绘制基本步骤和双代号网络图相似，两者的区别仅在于绘图的符号不同。

（1）单代号网络图没有虚箭线，不必增加虚工作，绘制更方便，图面简洁，弥补了双代号网络图的不足。

（2）单代号网络图具有便于说明、非专业人员易于理解、修改容易等优点，对于推广网络计划技术大为有益。

（3）单代号网络图的工作持续时间在节点中表示，没有长度的概念，不适合绘制时标网络计划，更不能据图优化。

（4）单代号网络图在应用电子计算机进行网络计算和优化的过程中，必须按工作逐个列出先行工作和后继工作，即采用自然排序的方法检查紧前工作和紧后工作，在计算机中要占用更多的储存单元，在此点上，它不如双代号网络图简便。

单代号网络图和双代号网络图具有上述的优缺点，在不同情况下，其表现的繁简程度是不同的。有些情况下，应用单代号网络图比较简单，但在其他情况下，由于工作之间逻辑关系的箭线可能产生较多的纵横交叉现象，用双代号表示更为清楚。因此，单代号和双代号网络图是互为补充、各具特色的。

4. 单代号网络图的时间参数计算

（1）工作计算法

在单代号网络图的时间参数计算中，其计算内容和含义与双代号网络图相似，基本步骤和表示方法略同，在此不做赘述。

计算单代号网络
图时间参数

单代号网络图的主要时间参数如下：

D_i——i 工作的持续时间；

ES_i——i 工作的最早开始时间；

EF_i——i 工作的最早完成时间；

LS_i——i 工作的最迟开始时间；

LF_i——i 工作的最迟完成时间；

TF_i——i 工作的总时差；

FF_i——i 工作的自由时差。

（2）图上计算法

图上计算法是指网络图按照分析计算法的计算公式，直接在图上计算、标注时间参数的方法。

此种方法必须在理解和熟练分析计算法的基础上，边计算边将所得的时间参数填入图中相应的位置，有电算和手算两种方法。

1）时间参数的标注形式

按工作顺序计算出每项工作的各时间参数，并要在每个节点和箭线上均按规定标注计算出的各时间参数。其形式如图 3-61 所示。

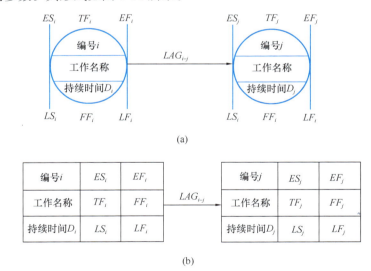

(a)

(b)

图 3-61　单代号网络图图上计算法标注示意图

2）图上计算时间参数步骤

① 图上计算工作最早开始时间和最早完成时间。假设整个网络计划起点节点的最早

开始时间为 0，其余节点的最早开始时间均等于紧前工作的最早完成时间的最大值；每项工作的最早完成时间等于本项工作最早开始时间与本项工作作业时间之和。从左至右按节点编号递增的顺序计算，直到终点节点为止，将计算结果直接标注在本节点的左、右上方内，如图 3-63 所示。

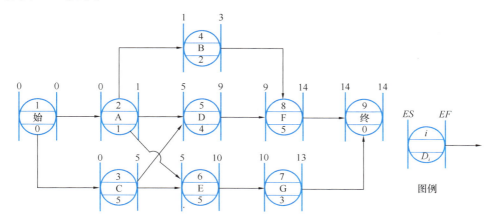

图 3-62　单代号网络图图上计算工作最早开始时间和最早完成时间

②图上计算工作最迟开始时间和最迟完成时间。由终点节点开始，假定终点节点的最迟完成时间 $LF_9 = EF_9 = 14$，从右往左按工作编号递减的顺序逐个计算，直到起点节点为止，并随时将计算结果标注在本节点的左、右下方内，如图 3-63 所示。

③ 图上计算相邻两项工作之间的时间间隔。由终点节点开始，假定终点节点的最早开始时间 $ES_9 = T_9 = 14$，从右往左按工作编号递减的顺序逐个计算，直到起点节点为止，并随时将计算结果标注在相应节点的箭线上方内，如图 3-64 所示。

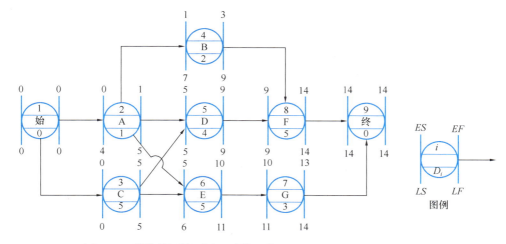

图 3-63　单代号网络图图上计算工作最迟开始时间和最迟完成时间

④ 图上计算工作自由时差。由起点节点开始，逐个工作计算，并随时将计算结果标注在相应节点的中下方内，如图 3-65 所示。

⑤ 图上计算工作总时差。由起点节点开始，逐个工作计算，并随时将计算结果标注在相应节点的中上方内，如图 3-66 所示。

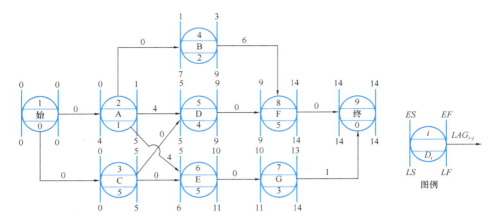

图 3-64　单代号网络图图上计算相邻两项工作的时间间隔

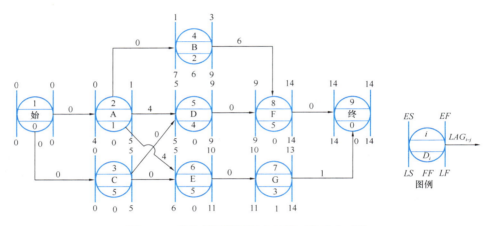

图 3-65　单代号网络图图上计算工作自由时差

⑥ 判断关键工作和关键线路。根据图 3-66 中总时差为 $TF = 0$ 的工作为关键工作，由关键工作组成的线路为关键线路，用粗实线表示。

⑦ 确定计划总工期。计划总工期为 14 天，如图 3-66 所示。

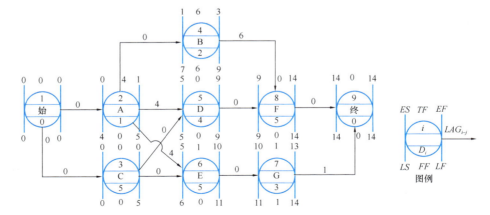

图 3-66　单代号网络图图上计算总时差

3.3.5 双代号时标网络计划

绘制双代号时标
网络计划图

双代号时间坐标网络图是指综合应用横道图的时间坐标和双代号网络图的一种网络计划方法，简称为双代号时标网络计划。在时标网络图计划中，以箭线的长短和所在位置表示工作的时间长短与进程，因此，它能够表达工程各项工作之间恰当的时间关系。如图3-67所示为一个简单的双代号时间坐标网络图。

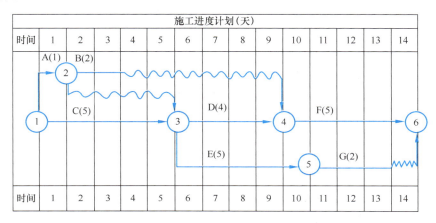

图 3-67　双代号时间坐标网络图

1. 双代号时标网络图的图示特点

（1）箭线的长短与时间有关，清楚地标明计划的时间进程，便于使用。时标的时间单位可根据需要在编制网络计划之前确定，可以是时、天、周、月或季等。

（2）时标网络图在图面上可直接显示各项工作的开始时间、完成时间、自由时差、关键线路。

（3）时标网络图可直接在坐标下方绘出资源动态图，易于确定同一时间的资源需要量。

（4）时标网络图手绘图及修改比较麻烦。

（5）时标网络图不会产生闭合回路。

（6）双代号时标网络计划以实箭线表示工作，以虚箭线表示虚工作，以波形线表示工作的时差，若按最早开始时间编制网络图，其波形线所表示的是工作的自由时差。

（7）节点中心必须对准相应的时标位置，虚工作尽可能以垂直方式的虚箭线表示，当工作面停歇或班组工作不连续时，会出现虚箭线占用时间的情况。

2. 双代号时标网络图的编制要求

（1）宜按最早时间绘制。

（2）先绘制时间坐标表。时间坐标表的顶部或底部、或顶底部均有时标，可加日历；时间刻度线用细线，也可不画或少画。

（3）实箭线表示工作，虚箭线表示虚工作，自由时差用波线。

（4）节点中心对准刻度线。

（5）虚工作必须用垂直虚线表示，其自由时差用波形线。

3. 双代号时标网络图的编制方法

时标网络计划可按最早时间编制，也可按最迟时间编制。一般按最早时间编制，有直接绘制法和间接绘制法。

（1）直接绘制法

直接绘制法是指不计算网络计划的时间参数，直接在时间坐标上进行绘制的方法。其绘制方法和步骤为：

1）定坐标线；绘制时标计划表，注明时标的长度单位。

2）起点定在起始刻度线上。

3）按工作持续时间绘制外向箭线。

4）每个节点必须在全部绘出其所有内向箭线后，定位在最晚完成的实箭线箭头处。未到该节点者，用波线补足，波线的长度就是时差的大小。

5）工艺或组织上有逻辑关系的工作，用虚箭线表示，若虚箭线占用时间，说明工作面上停歇或人工窝工。

6）时差为 0 的箭线为关键线路，用粗实线或双箭线表示。

（2）间接绘制法

间接绘制法是指先计算网络计划的时间参数，再根据时间参数在时间坐标上进行绘制的方法。其绘制方法和步骤为：

1）绘制无时标网络计划草图，计算时间参数，确定关键工作和关键线路。

2）根据需要确定时标的长度单位并标注，绘制时标横轴；时标表的顶部或底部、或顶底部均要有时标，可加日历；时间刻度线用细线，也可不画或少画。

3）根据网络图中各节点的最早时间（或各工作的最早开始时间），从起点节点开始将各节点（或各工作的开始节点）逐个定位在时间坐标的纵轴上。

4）依次在相应节点间绘制出箭线长度及时差。绘制时应先画关键工作和关键线路，再画非关键工作及其非关键线路。箭线尽量做到"横平竖直"，以便直接表示其持续时间，否则以其水平投影长度为其持续时间；若箭线长度未到结束节点，用波线补足，波线的水平长度就是时差的大小。

5）用虚箭线表示工艺或组织上有逻辑关系的工作，若虚箭线的水平投影长度不等于 0，则其水平投影长度为该虚工作的时差。

6）时差为 0 的所有箭线连成的线路为关键线路，用粗实线或双箭线表示。

【例 3-10】试将图 3-68 所示的双代号网络计划绘制成时标网络计划。其中每层吊顶需劳动力 10 人，每层顶墙涂料需劳动力 6 人，每层木地板需劳动力 8 人。

【解】按直接绘制方法和以上步骤，将图 3-68 改绘成时间坐标网络图如图 3-69 所示。

3.3.6　网络计划的优化

网络计划的优化是指利用时差不断地改善网络计划的最初方案，在满足既定目标的条件下，按某一衡量指标来寻求最优方案。华罗庚曾经说过，在应用统筹法时，要向关键线路要时间，向非关键线路要节约。网络计划的优化按照其要求的不同有工期目标、费用目标和资源目标等。

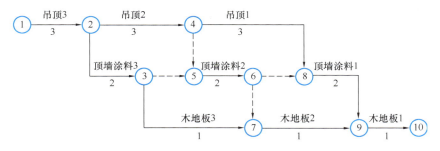

图 3-68　双代号网络图

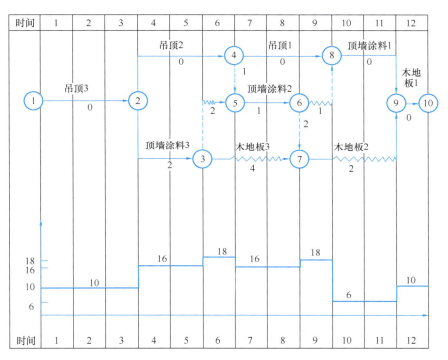

图 3-69　双代号时间坐标网络图

注：箭线下方的数字为工作总时差。

1. 工期优化

工期优化是指按合同工期为准，以缩短工期为目标，压缩计算工期，满足约束条件规定，对初始网络计划加以调整。目的是使网络计划满足工期，保证按期完成工程任务。

（1）工期优化方法

工期优化一般是通过压缩关键工作作业时间的方法来达到缩短工期的目的。与此相应的是必须增加被压缩作业时间的关键工作的资源需求量。

关键线路的缩短可能使得时差较小的次关键线路转化为关键线路，这样可能需要同时缩短次关键线路上有关工作的作业时间，才能达到合同工期的要求。

（2）工期优化要求

优化双代号网络
图计划工期

通过压缩关键工作作业时间的方法进行工期优化时，应考虑以下因素：

1）压缩作业时间应对计划的质量和安全影响较小。

2）备用资源充足。

3）压缩作业时间所需增加的费用最少。

（3）工期优化步骤

1）计算网络计划的计算工期并找出其关键线路和关键工作。

2）与要求工期比较，算出应缩短的时间。

3）确定各关键工作所能压缩的作业时间。

4）选择应优先缩短的关键工作，并压缩至最短作业时间，找出其关键线路，若被压缩的工作变成了非关键工作，则应将其持续时间延长，使之仍为关键工作，并重新计算网络计划的计算工期。

5）若计算工期仍超过要求工期，则重复上述步骤，直到满足工期要求为止。

6）当所有关键工作的作业时间都已达到其所能缩短的极限而工期仍不能满足要求时，应对计划的技术、组织方案进行调整或对合同工期重新审定。

【例3-11】已知某网络计划如图3-70所示，图中箭线上数据为正常的作业时间，括号内为此项工作的最短作业时间，假定要求工期为100天。根据选择应缩短作业时间的关键工作宜考虑的因素，试对该网络计划进行优化。假设关键工作③→④缩短时间所需费用最小，且资源充足；关键工作④→⑥有充足的资源，且缩短工期对质量无太大的影响；关键工作①→③缩短时间的不利影响因素大于工作③→④和工作④→⑥。

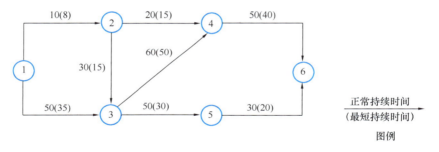

图3-70　某双代号网络计划图

【解】1）根据正常工作时间，用节点计算法计算各节点的最早开始时间和最迟完成时间，并找出关键线路及关键工作。结果如图3-71所示，则线路①→③→④→⑥为关键线路。

2）按要求工期计算应缩短的时间，根据图3-71计算工期为160天，合同工期为135天，需要缩短时间为60天。

3）确定各关键工作能缩短的持续时间，关键工作①→③可缩短15天，关键工作③→④可缩短10天，关键工作④→⑥可缩短10天，共计可缩短35天。

4）选择关键工作，考虑选择因素，由于关键工作③→④缩短时间所需费用最小，且资源充足，所以优先考虑压缩其工作时间，由原来的60天压缩为50天，即得到网络计划图，如图3-72所示，其计算工期为150天，与合同工期135相比还需要压缩15天，考虑其选择因素，选择关键工作④→⑥，因其有充足的资源，且缩短工期对质量无太大的影

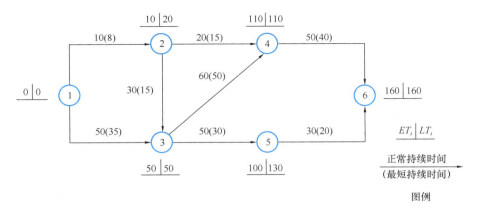

图 3-71　某双代号网络计划关键工作和关键线路图

响，由原来的 50 天压缩为 40 天，即得到网络计划图，如图 3-73 所示。图 3-73 的计算工期为 140 天，与合同工期 135 天相比尚需压缩 5 天，考虑选择因素，选择工作①→③，由原来的 50 天压缩为 45 天，即得到优化后的网络计划图，如图 3-74 所示。

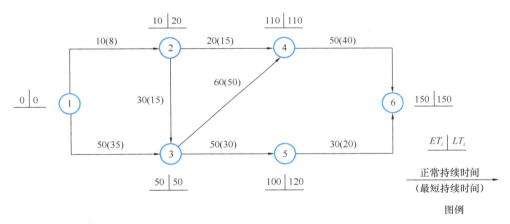

图 3-72　缩短工作③→④后的网络计划图

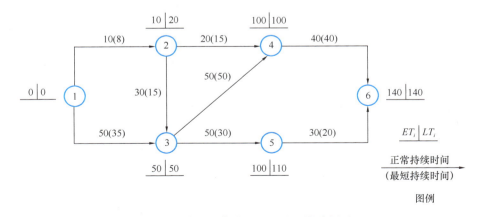

图 3-73　缩短工作④→⑥后的网络计划图

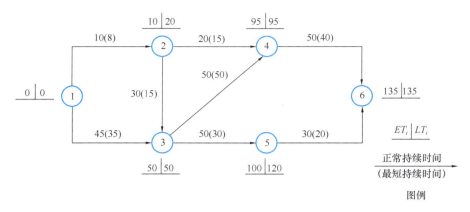

图 3-74   优化后的网络计划图

2. 费用优化

工程网络计划一经确定（工期确定），其所包含的总费用也就确定下来。网络计划所涉及的总费用是由直接费和间接费两部分组成。直接费由人工费、材料费和机械费组成，它随工期的缩短而增加；间接费属于管理费范畴，它是随工期的缩短而减小。由于直接费随工期缩短而增加，间接费随工期缩短而减小，两者进行叠加，必有一个总费用最少的工期，这就是费用优化所要寻求的目标。

费用优化的基本思想：就是不断地从工作的时间和费用关系中，找出能使工期缩短而又能使直接费增加最少的工作，缩短其持续时间，同时，再考虑间接费随工期缩短而减小的情况。把不同工期的直接费与间接费分别叠加，从而求出工程费用最低时相应的最优工期或工期指定时相应的最低工程费用。

（1）工期与费用的关系

一个施工项目的成本由间接费用和直接费用组成，它们与工期有密切关系，如图3-75所示。从图中可以看出，间接费用随着工期的缩短而减少，直接费用随着工期的缩短而增加。在曲线上可以找到工程成本最低点及其相应的最优工期。

1）直接费用与工作持续时间的关系

从图 3-75 可以看出，直接费用随着工期的缩短而增加，即在一定的持续时间范围内，工作的持续时间与直接费用成反比例关系。然而工期缩短存在一个极限，即无论增加多少直接费用也不能缩短工期，把此极限所对应的工期称为最短工期 T_M，其所对应的直接费用称为工作的极限直接费用 C_M，M 称为极限点；T_M 是指在符合施工顺序、合理安排劳动组织及满足工作面施工的条件下，完成某项工作投入的人力、物力最多，相应的直接费用最高时所对应的持续时间；若工期小于 T_M，则表明投入的人力、物力再多，也不能缩短工期，而直接费用猛增。若延长工期，则可减少直接费用，然而工期延长存在一个极限，即无论将工期增加多少，也不能减少直接费用，把此极限所对应的工期称为正常工期 T_N，其所对应的直接费用称为工作的正常直接费用 C_N，N 称为正常点；T_N 是指在符合施工顺序、合理安排劳动组织及满足工作面施工的条件下，完成某项工作投入的人力、物力较少，相应的直接费用最低时所对应的持续时间；若工期大于 T_N，则工期与直接费用的关系将变成正比关系。

由 M 点和 N 点所组成的工期区域称为完成某项工作的合理工期范围，在此区段内，工期与直接费用成反比关系。

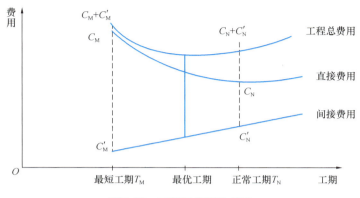

图 3-75　工期与费用的关系

根据各项工作的性质不同，其工作持续时间和直接费用之间存在以下两种情况：

① 连续型关系。M 点～N 点之间的持续时间是连续分布的，它与直接费用的关系也是连续分布的，如图 3-75 所示。在实际计算中，将 M～N 曲线转化为 M～N 直线简化计算，其斜率为费用率，用 K 表示，其计算公式如下：

$$K = \frac{C_M - C_N}{T_N - T_M}$$

式中　C_M——最短工期下的直接费用；

C_N——正常工期下的直接费用；

T_M——最短工期；

T_N——正常工期。

② 间断型关系。M 点～N 点之间的持续时间是非连续分布的，它与直接费用的关系也是非连续分布的，只有几个特定的点才能作为工作的合理持续时间。

2）间接费用与工作持续时间的关系

3）间接费用与工期一般呈线性关系，如图 3-75 所示。

（2）费用优化步骤

费用优化的基本方法是从网络计划中各项工作的持续时间和费用关系中，依次找出既能使计划工期缩短又能使其直接费用增加最少的工作，不断地缩短其持续时间，同时考虑相应间接费用的叠加，即可求出工程成本最低时的最优工期。具体操作步骤如下：

1）算出工程总直接费

工程总直接费等于组成该工程的全部工作的直接费（正常情况）的总和。

2）算出直接费的费用率（赶工费用率）

直接费用率是指缩短工作每单位时间所需增加的直接费，工作 i-j 的直接费率用 ΔC_{ij}^0 表示。直接费用率等于最短时间直接费与正常时间直接费所得之差除以正常工作历时减最短工作历时所得之差的商值，即：

$$\Delta C_{ij}^0 = \frac{C_{ij}^c - C_{ij}^n}{D_{ij}^n - D_{ij}^c}$$

式中　D_{ij}^n——正常工作历时；

　　　D_{ij}^c——最短工作历时；

　　　C_{ij}^n——正常工作历时的直接费；

　　　C_{ij}^c——最短工作历时的直接费。

3）确定出间接费的费用率

工作 i-j 的间接费的费用率用 ΔC_{ij}^k，其值根据实际情况确定。

4）找出网络计划中的关键线路并计算出计算工期。

5）在网络计划中找出直接费用率（或组合费用率）最低的一项关键工作（或一组关键工作），作为压缩的对象。

6）压缩被选择的关键工作（或一组关键工作）的持续时间，其压缩值必须保证所在的关键线路仍然为关键线路，同时，压缩后的工作历时不能小于极限工作历时。

7）计算相应的费用增加值和总费用值（总费用必须是下降的），总费用值可按下式计算：

$$C_t^0 = C_{t+\Delta T}^0 + \Delta T(\Delta C_{ij}^0 - \Delta C_{ij}^k)$$

式中　C_t^0——将工期缩短到 t 时的总费用；

　　　$C_{t+\Delta T}^0$——工期缩短前的总费用；

　　　ΔT——工期缩短值。

其余符号意义同前。

8）重复以上步骤，直至费用不再降低为止。

在优化过程中，当直接费用率（或组合费率）小于间接费率时，总费用呈下降趋势；当直接费用率（或组合费率）大于间接费率时，总费用呈上升趋势。所以，当直接费用率（或组合费率）等于或略小于间接费率时，总费用最低。

【例3-12】已知网络计划如图3-76所示，箭线上方括号外为正常直接费，括号内为最短时间直接费，箭线下方括号外为正常工作历时，括号内为最短工作历时。试对其进行费用优化。间接费率为 0.120 千元/天。

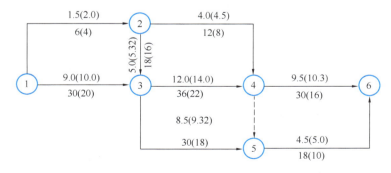

图 3-76　网络计划图

【解】1）计算工程总直接费。

$$\sum C^0 = 1.5 + 9.0 + 5.0 + 4.0 + 12.0 + 8.5 + 9.5 + 4.5 = 54.0(千元)$$

2）计算各工作的直接费率，见表3-7：

各工作的直接费率

表 3-7

工作代号	最短时间直接费－正常时间直接费 $C_{ij}^c - C_{ij}^n$（千元）	正常历时－最短历时 $D_{ij}^n - D_{ij}^c$（天）	直接费率 ΔC_{ij}^0（千元/天）
①→②	2.0－1.5	6－4	0.25
①→③	10.0－9.0	30－20	0.10
②→③	5.25－5.0	18－16	0.125
②→④	4.5－4.0	12－8	0.125
③→④	14.0－12.0	36－22	0.143
③→⑤	9.32－8.5	30－18	0.068
④→⑥	10.3－9.5	30－16	0.057
⑤→⑥	5.0－4.5	18－10	0.062

3）找出网络计划的关键线路和算出计算工期，如图 3-77 所示。

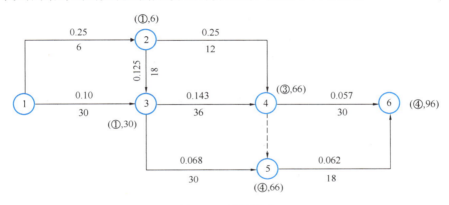

图 3-77　关键线路

4）第一次压缩：在关键线路上，工作④→⑥的直接费率最小，故将其压缩到最短历时 16 天，压缩后再用标号法找出关键线路，如图 3-78 所示。

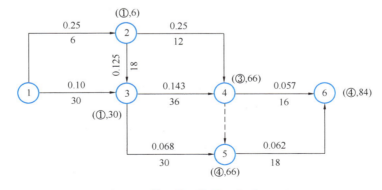

图 3-78　第一次压缩④→⑥到 16 天

原关键工作④→⑥变为非关键工作，所以，通过试算，将工作④→⑥的工作历时延长到 18 天，工作④→⑥仍为关键工作。如图 3-79 所示。

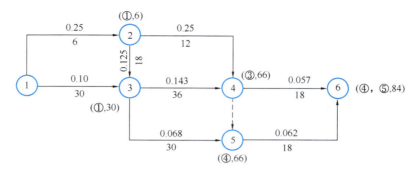

图 3-79　第一次压缩④→⑥到 18 天

在第一次压缩中，压缩后的工期为 84 天，压缩工期 12 天。直接费率为 0.057 千元/天，费率差为 0.057－0.12＝－0.063 千元/天（负值，总费用呈下降）。

第二次压缩：

方案 1：压缩工作①→③，直接费用率为 0.10 千元/天；

方案 2：压缩工作③→④，直接费用率为 0.143 千元/天；

方案 3：同时压缩工作④→⑥和⑤→⑥，组合直接费用率为（0.057＋0.062）＝0.119 千元/天；

故选择压缩工作①→③，将其也压缩到最短历时 20 天。如图 3-80 所示。

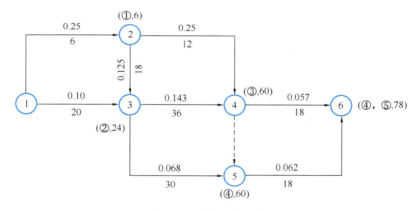

图 3-80　第二次压缩

从图中可以看出，工作①→③变为非关键工作，通过试算，将工作①→③压缩 24 天，可使工作①→③仍为关键工作。如图 3-81 所示。

第二次压缩后，工期为 78 天，压缩了 84－78＝6 天，直接费率为 0.10 千元/天，费率差为 0.10－0.12＝－0.02 千元/天（负值，总费用仍呈下降）。

第三次压缩：

方案 1：同时压缩工作①→②、①→③，组合费率为 0.10＋0.25＝0.35 千元/天；

方案 2：同时压缩工作①→③、②→③，组合费率为 0.10＋0.125＝0.225 千元/天；

方案 3：压缩工作③→④，直接费率为 0.143 千元/天；

方案 4：同时压缩工作④→⑥、⑤→⑥，组合费率为 0.057＋0.062＝0.119 千元/天；

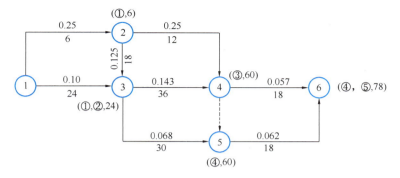

图 3-81　第二次压缩将①→③压缩 24 天

经比较，应采取方案 4，只能将它们压缩到两者最短历时的最大值，即 16 天。如图 3-82 所示。

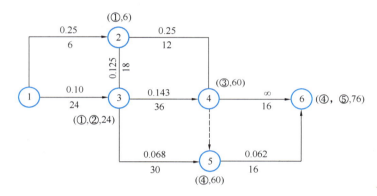

图 3-82　第二次压缩④→⑥、⑤→⑥

至此，得到了费用最低的优化工期 76 天。因为如果继续压缩，只能选取方案 3，而方案 3 的直接费率为 0.143 千元/天大于间接费率，费用差为正值，总费用上升。

压缩后的总费用为：

$$\Sigma C_t^0 = \Sigma \{ C_{t+\Delta T}^0 + \Delta T (\Delta C_{ij}^0 - \Delta C_{ij}^k) \}$$
$$= 54 - 0.063 \times 12 - 0.02 \times 6 - 0.001 \times 2 = 53.122 \text{（千元）}$$

压缩过程见表 3-8。

费用优化压缩过程　　　　　　　　　　　　　　　　　　　　表 3-8

缩短次数	被压缩工作	直接费用率（或组合费率）	费率差	缩短时间	缩短费用	总费用	工期
1	④→⑥	0.057	−0.063	12	−0.756	53.244	84
2	①→③	0.100	−0.020	6	−0.120	53.124	78
3	④→⑥ ⑤→⑥	0.119	−0.001	2	−0.002	53.122	76

本工程项目的最优化工期为 76 天，与此相对应的工程总费用为 53.122 千元。

3. 资源优化

资源是指为完成任务所需的劳动力、材料、机械设备和资金等的统称。资源优化是指通过改变工作的开始时间，使资源按时间的分布符合优化目标。

资源优化有两种情况：一是在资源供应有限制的条件下，寻求计划的最短工期，简称"资源有限、工期最短"优化；另一种是在工期规定的条件下，力求资源消耗均衡，称为"工期固定、资源均衡"优化。

（1）资源有限、工期最短的优化

资源有限、工期最短的优化是指在资源有限时，保持各个工作的每日资源需要量不变，寻求工期最短的施工计划。

1）优化的前提条件

① 优化过程中，不得改变原网络计划的逻辑关系。

② 优化过程中，不得改变原网络计划各工作的持续时间。

③ 优化过程中，若各工作每天的资源需要量是均衡的、合理的，不予改变。

④ 优化过程中，除规定可以中断的工作外，一般不允许中断工作，应保持其连续性。

2）优化的原理

若所缺资源仅为某一项工作使用：重新计算工作持续时间、工期，尽量调整在时差内不影响工期。若所缺资源为同时施工的多项工作使用：后移某些工作，但应使工期延长最短。

资源的优化分配是按照各工作在网络计划中的重要程度，把有限的资源进行科学分配，其分配原则是：

① 关键工作应按每日资源需要量大小，从大到小的顺序供应资源。

② 非关键工作应在满足关键工作资源供应后，根据工作是否允许中断和时差的数值分别定位。如工作不允许内部中断，当总时差数值不同时，按总时差数值递增的顺序供应资源；当总时差数值相同时，按各工作资源消耗量递减的顺序供应资源。如工作允许内部中断，应按照独立时差从小到大的顺序供应资源。在优化过程中，已被供应资源而不允许中断的工作在本条中优先供应。

3）优化步骤

① 根据给定的网络计划初始方案，按最早开始时间绘制时间坐标网络计划图，并计算各项工作时间参数，找出关键线路和关键工作。

② 计算每天资源需用量，并绘出资源动态图。

③ 从开始日期起逐日检查资源数量：未超限额则方案可行，编制完成；超出限额则需进行计划调整。

④ 调整资源冲突。找出资源冲突时段的工作并确定调整工作的次序；按先调整使工期延长最小的施工过程原则调整。

⑤ 绘制调整后的网络计划图，重复③、④步骤，直到满足要求。

（2）工期固定、资源均衡的优化

制订一项工程计划，总是希望对资源的使用安排尽可能地保持均衡，使每日资源需用量不出现过多的高峰和低谷，从而有利于计划的组织和管理，有利于节约工程成本。在各项工作的每日资源需用量 r_{i-j} 为常数的前提下，我们希望网络计划的每日资源需要量最理想的曲线为一矩形分布图。但是，由于受多种因素的制约，编制这种理想的计划是不可能的，一般网络计划的每日资源需用量曲线为一阶梯形曲线。工期固定，资源均衡优化的目的就是在计划工期不变的条件下利用时差对网络计划进行必要的调整并使资源消耗尽量地均匀，使阶梯形的资源需用量曲线尽可能地趋近为一水平直线。

　　工期固定、资源均衡的优化方法，有方差值最小法，极差值最小法，削高峰法等多种方法。

 岗课赛证融通小测

　　1.（单项选择题）在工程网络计划中，工作 F 的最早开始时间为第 15 天，其持续时间为 5d。该工作有三项紧后工作，它们的最早开始时间分别为第 24 天、第 26 天和第 30 天，最迟开始时间分别为第 30 天、第 30 天和第 32 天，则工作 F 的总时差和自由时差（　　）d。

A. 分别为 10 和 4　　　　　　　　B. 分别为 10 和 10

C. 分别为 12 和 4　　　　　　　　D. 分别为 12 和 10

　　2.（单项选择题）在双代号时标网络计划中，当计划工期等于计算工期时，若某工作箭线上没有波形线，则说明该工作（　　）。

A. 为关键工作　　　　　　　　　　B. 自由时差为零

C. 总时差等于自由时差　　　　　　D. 自由时差超过总时差

　　3.（单项选择题）当双代号网络计划的计算工期等于计划工期时，对关键工作的错误提法是（　　）。

A. 关键工作的持续时间最长

B. 关键工作的自由时差为零

C. 相邻两项关键工作之间的时间间隔为零

D. 关键工作的最早开始时间与最迟开始时间相等

　　4.（多项选择题）对工程网络计划进行优化，其目的是使该工程（　　）。

A. 资源强度最低　　　　　　　　　B. 总费用最低

C. 资源需用量尽可能均衡　　　　　D. 资源需用量最少

E. 计算工期满足要求工期

　　5.（多项选择题）对照网络计划检查进度偏差时，出现的下列情况中，必须调整进度计划的情况有（　　）。

A. 进度偏差大于该工作的总时差

B. 进度偏差大于该工作的自由时差

C. 进度偏差小于该工作的自由时差

D. 进度偏差大于该工作与其紧后工作的时间间隔

E. 进度偏差大于该工作的总时差与自由时差的差值

任务 3.3　工作任务单

学习任务名称：____绘制新农村别墅项目网络计划图____

班级：_____　姓名：_____　日期：_____

01　学生任务分配表

组名		指导教师	
组长		学号	
组员			
任务分工			

02　任务准备表

工作目标	绘制新农村别墅项目网络计划图
序号	任务
1	"绿野山庄"项目合同工期为 18 个月，施工合同签订以后，施工单位编制了一份初始网络计划，如下图所示： 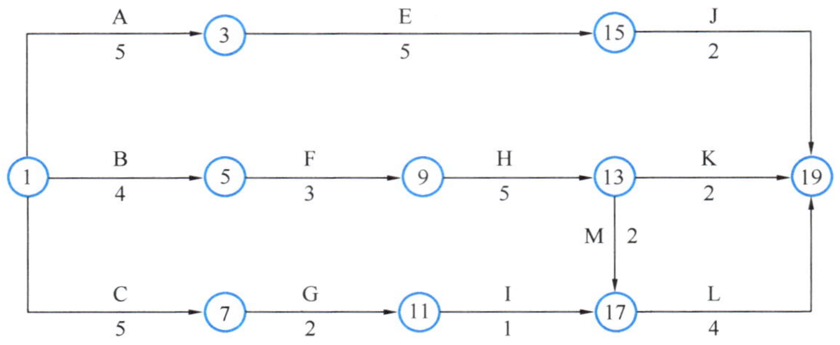 （网络图：） 节点①→A(5)→③→E(5)→⑮→J(2)→⑲ ①→B(4)→⑤→F(3)→⑨→H(5)→⑬→K(2)→⑲ ⑬→M(2)→⑰ ①→C(5)→⑦→G(2)→⑪→I(1)→⑰→L(4)→⑲ 由于该工程施工工艺的要求，设计计划中工作 C、工作 H 和工作 J 需共用一台特殊履带吊装起重机械，为此需要对初始网络计划作调整。 工作 G 完成后，由于业主变更施工图纸，使工作 I 停工待图 2 个月。但业主要求仍按原合同工期完工，施工单位向业主索赔 I 工作赶工费用 3 万元（已知工作 I 赶工费每月 1.5 万元）。 问题： （1）绘出调整后的网络进度计划图。 （2）如果各项工作均按最早时间安排起重机械在现场闲置时间？并说明理由。 （3）为减少机械闲置，工作 C 应如何安排？并说明理由。 （4）施工单位向业主索赔赶工费 3 万元是否成立？并说明理由。

03　学生个人自评表

班级		组名		日期	
姓名		学号			
评价指标	评价内容			分数	分数评定
信息检索	能有效利用网络、图书资料找有用的相关信息等；能用自己的语言有条理地去解释、表述所学知识；能将查到的信息有效地传递到学习中			10分	
感知课堂	是否熟悉项目经理助理岗位，认同岗位工作价值；在学习中是否能获得满足感，认同课堂文化			10分	
参与态度	积极主动参与学习，能吃苦耐劳，崇尚劳动光荣，技能宝贵；与教师、同学之间是否相互尊重、理解、平等；与教师、同学之间是否能够保持多向、丰富、适宜的信息交流			10分	
	能处理好合作学习和独立思考的关系，做到有效学习；能提出有意义的问题或能发个人见解；能按要求正确完成任务；能够倾听别人意见、协作共享			10分	
学习过程	1. 理解网络计划的内容、分类			10分	
	2. 能绘制网络计划图			10分	
	3. 能根据工程具体情况，调整网络计划图			10分	
思维态度	是否能发现问题、提出问题、分析问题、解决问题、创新问题			10分	
自评反馈	按时按质完成工作任务；较好地掌握了专业知识点；具有较强的信息分析能力和理解能力；具有较为全面严谨的思维能力并能条理清楚明晰表达成文			20分	
自评分数					
有益的经验和做法					
总结反馈建议					

04 组内互评表

班级		组名		日期	
验收组长		被验收者		学号	
组内验收成员					
任务要求					
验收文档清单	任务工作单： 文献检索清单：				

验收评分	评分标准	分数	得分
	1. 会详细阐述网络计划的内容、分类，错误一处扣 10 分	10 分	
	2. 能根据具体工程，绘制网络计划图，错误一处扣 5 分	40 分	
	3. 能根据具体工程，调整工程网络计划图	40 分	
	4. 提供文献检索清单，不少于 5 项，缺一项扣 2 分	10 分	
评价分值			
不足之处			

05　组间互评表

班级		被评组名		日期	
验收组名 （成员签字）					
评价指标	评价内容			分数	分数评定
汇报表述	表述准确			15分	
	语言流畅			10分	
	准确反映该组完成情况			15分	
内容正确度	内容正确			30分	
	阐述表达到位			30分	
互评分数					
简要评述					

06 任务完成情况评价表

班级			组名			
姓名			学号			
序号	任务内容及要求		配分	评分标准	教师评价	
					结论	得分
1	详细阐述网络计划的内容和分类	描述正确	20 分	错误一个扣 5 分		
		语言流畅	10 分	酌情赋分		
2	能根据具体工程，绘制网络计划图	绘制正确	20 分	错误一个扣 5 分		
		语言流畅	10 分	酌情赋分		
3	能根据具体工程，调整网络计划图	调整正确	10 分	错误一处，扣 5 分		
		语言流畅	10 分	酌情赋分		
4	提供 5 项文献检索清单	数量	10 分	缺一个扣 2 分		
		参考的主要内容要点	10 分	酌情赋分		
5	素质素养评价	沟通交流能力	20 分	酌情赋分，但违反课堂纪律，不听从组长、教师安排，不得分		
		团队合作				
		课堂纪律				
		自主探学				
		合作研学				
		精益求精、专心细致的工作作风				
		诚实守信的意识				
		讲原则守规矩的意识				
		规范意识				
总分						

项目4　高层建筑施工组织管理（以商务写字楼为例）

任务4.1　概述高层建筑项目特征

工作任务	概述高层建筑特征	建议学时	2学时
任务描述	概述高层建筑特征，了解商务写字楼建设背景，熟悉商务写字楼的特点，掌握商务写字楼的施工难点。		
学习目标	★ 了解商务写字楼的建设背景； ★ 熟悉商务写字楼的特点； ★ 掌握商务写字楼施工难点； ★ 能够主动获取信息，展示学习成果，并相互评价、对高层建筑未来发展进行探索，与团队成员进行有效沟通，团结协作。		
任务分析	要识别商务写字楼的特点，首先要正确理解商务写字楼的建设背景，明确商务写字楼的特点，熟悉商务写字楼施工难点。		

任务导航

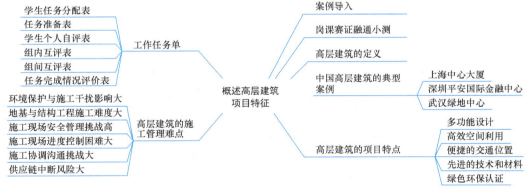

案例导入

　　商务写字楼不仅是城市的标志性建筑，更是展示环境可持续性和技术创新重要性的舞台。我国某地拟修建一栋名为"富泽天汇"综合商业及办公写字楼的商业综合体。总建设用地面积74866.09m²，总建筑面积401838.10m²，其中地上建筑面积224598.00m²，地下177240.10m²，工程级别为一级；建筑防水等级为地下室防水等级一级；屋面防水等级二级。本项目地下室为框架结构，最高部分结构为框架-核心筒结构；建筑抗震设防烈度8度；结构设计使用年限50年，具体效果如图4-1所示。假设你是项目经理，请思考此类高层建筑的特征有哪些？

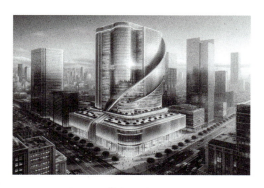

图 4-1   商务写字楼效果图

 知识链接

4.1.1   高层建筑的定义

根据《民用建筑设计统一标准》GB 50352—2019 规定：

（1）建筑高度大于 27m 的住宅和建筑高度大于 24m 的非单层公共建筑，且高度不大于 100m 的，为高层民用建筑。

（2）建筑高度大于 100m 的为超高层建筑。城区建筑中，商务写字楼是高层建筑的典型代表。

商务写字楼是指专门为满足各种企业、机构进行商业活动、管理和行政工作而设计和建造的建筑物。这类建筑一般位于城市的商业中心区域，以便为企业提供便利的交通和商业环境。商务写字楼的设计通常强调空间的功能性和灵活性，能够适应不同企业的办公需求。

4.1.2   中国高层建筑的典型案例

近年来，随着我国经济的高速增长和城市化进程的加快，高层建筑建设在各大城市呈现出爆炸式的增长。这一时期，不仅一线城市如北京、上海、广州和深圳的商务写字楼市场持续繁荣，二线和三线城市的商务写字楼建设也迎来了前所未有的发展机遇。这些写字楼不仅在数量上有了显著增加，更重要的是，在质量和技术水平上都实现了飞跃，体现了中国对现代商务环境需求的不断追求和响应。中国商务写字楼的发展，不仅促进了当地经济的发展，也提升了城市的国际形象。商务写字楼成为城市经济活力的象征，加速了城市空间结构的优化和产业布局的升级，以下是一些典型的商务写字楼真实案例：

（1）上海中心大厦

上海中心大厦，位于上海市陆家嘴金融贸易区银城中路 501 号，是上海市的一座巨型高层地标式摩天大楼，现为中国第一高楼、世界第三高楼，始建于 2008 年 11 月 29 日，于 2016 年 3 月 12 日完成建筑总体的施工工作。主要用途为办公、酒店、商业、观光等；主楼为地上 127 层，建筑高度 632m，地下室有 5 层；裙楼共 7 层，其中地上 5 层，地下 2 层，建筑高度为 38m；总建筑面积约为 57.8 万 m²，其中地上总面积约 41 万 m²，地下总面积约 16.8 万 m²，占地面积 30368m²。

（2）深圳平安国际金融中心

作为深圳乃至中国的地标性建筑之一，平安国际金融中心高 599m，是综合办公、商业、酒店和观光功能的超高层建筑。它采用了一系列高效节能技术，如双层幕墙系统，以及高性能的建筑材料。作为项目总承包的中建一局向参与封顶仪式的媒体宣布，项目于2016 年 4 月全面竣工，建成后总高度达到 599.1m。

（3）武汉绿地中心

武汉绿地中心是中国武汉市的一座超高层地标式摩天大楼，原设计高度 636m，最终的建筑高度为 476m，是武汉绿地国际金融城项目的核心部分，位于武昌滨江商务区，是中部特大城市武汉新一轮城市发展的重点区域。金融城总建筑面积约 300 万 m²，总投资超 500 亿元。

4.1.3　高层建筑的项目特点

我国的高层建筑市场近年来经历了迅速的发展和变化，以商务写字楼为例，其特点可主要包括以下几个方面：

（1）多功能设计

现代商务写字楼不仅仅是传统意义上的办公空间，它们往往融合了办公、商业、会议、休闲等多种功能，能够提供一站式的商务服务。例如，楼内设有餐饮店、健身房、零售商店、咖啡厅等配套设施。

（2）高效空间利用

优秀的商务写字楼项目注重空间的有效规划和利用，为租户提供灵活、高效的办公环境。这包括开放式工作空间、灵活的隔断系统，以及能够根据租户需求进行个性化设计和调整的空间布局。

（3）便捷的交通位置

地理位置是商务写字楼项目的关键特点之一。优质的项目通常位于城市的商业中心或交通枢纽附近，便于员工和客户的通勤，并确保企业能够轻松接触到潜在的商业伙伴和市场。

（4）先进的技术和材料

商务写字楼项目越来越多地采用高效能、环保的建筑材料和技术，如节能空调系统、高效照明系统等，以减少能源消耗和运营成本，提高建筑的整体性能和舒适度。

（5）绿色环保认证

许多商务写字楼项目积极追求绿色建筑认证（如 LEED 国际广泛认可的绿色建筑认证系统、绿色建筑评价标准等），通过采用环境友好的设计和运营方式，减少对环境的影响，提升企业形象。

4.1.4　高层建筑的施工管理难点

高层建筑的施工面临多种挑战，这些挑战既包括技术层面的问题，也包括管理和协调方面的复杂性。综合来看，高层建筑（以商务写字楼为例）的施工难点，主要包括以下几点：

（1）环境保护与施工干扰影响大

城市中的商务写字楼建设往往会对周围环境和日常生活造成影响，如噪声、灰尘、交通干扰等。如何在施工过程中采取有效措施减少对环境的影响，同时确保施工活动对周围商业和居民生活的干扰降到最低，是项目管理的一大难点。

（2）地基与结构工程施工难度大

商务写字楼往往需要建造在复杂的地质条件上，这可能包括软土、高地下水位或是不均匀的负载分布等问题。解决这些问题需要精密的地基处理和加固技术，比如桩基工程、地下连续墙、地基加固等。同时，高层建筑还需考虑抗风、抗震设计，确保结构的稳定性和安全性。

（3）施工现场安全管理挑战高

由于商务写字楼的建设通常涉及高空作业、大型机械设备的使用等高风险活动，施工安全管理尤为重要。如何确保工人的安全、预防事故的发生，需要严格的安全管理制度、定期的安全教育培训，以及现场安全监督。

（4）施工现场进度控制困难大

商务写字楼项目通常有严格的工期要求，项目的延期会造成巨大的经济损失。因此，如何在有限的时间内高效地完成项目，保证施工质量，是一个重大的挑战。这需要高超的项目管理技能，包括工程进度的精确控制、资源的合理分配以及有效的风险管理策略。

（5）施工协调沟通挑战大

商务写字楼的建设涉及众多参与方，包括业主、设计师、工程师、承包商、供应商等。各方的利益可能不完全一致，加之项目本身的复杂性，使得有效的协调和沟通成为一项挑战。

（6）供应链中断风险大

高层建筑通常规模庞大，涉的材料、设备和人力资源众多。如何高效管理供应链，确保材料和设备的及时供应，避免因缺料延误工期，是项目管理的关键。这需要与供应商建立稳定的合作关系，进行精确的物料需求规划和库存管理，同时应对突发的供应链中断风险。

 岗课赛证融通小测

1.（单项选择题）以下（　　）不是商务写字楼施工时需要考虑的因素。

A. 噪声控制　　　　　　　　　　　　B. 灰尘控制

C. 交通干扰　　　　　　　　　　　　D. 设计师的个人喜好

2.（单项选择题）为减少对环境的影响，高层建筑通常追求（　　）认证。

A. LEED 认证　　　　B. ISO 9001　　　　C. CE 标志　　　　　D. FCC 认证

3.（单项选择题）关于商务写字楼，（　　）不是其特点。

A. 多功能设计　　　　　　　　　　　B. 高效空间利用

C. 便捷的交通位置　　　　　　　　　D. 单一功能布局

4.（多项选择题）商务写字楼的设计通常强调的特点包括（　　）。

A. 空间的功能性　　　　　　　　　　B. 空间的灵活性

C. 地理位置的便利性　　　　　　　　D. 高效能的建筑材料使用

E. 单一功能布局

5.（多项选择题）高层建筑施工管理的挑战包括（　　）。

A. 环境保护与施工干扰最小化　　　　B. 地基与结构工程施工难度

C. 施工现场安全管理　　　　　　　　D. 供应链中断风险

E. 建筑材料的个性化设计

任务 4.1　工作任务单

学习任务名称：＿＿＿概述高层建筑项目特征＿＿＿＿＿＿＿＿＿＿＿＿＿＿＿＿＿＿＿＿＿＿＿

班级：＿＿＿＿＿＿＿＿＿＿＿＿＿＿　姓名：＿＿＿＿＿＿＿＿＿＿＿＿　日期：＿＿＿＿＿＿＿＿＿＿＿＿＿＿

01　学生任务分配表

组名		指导教师	
组长		学号	
组员			
任务分工			

02　任务准备表

工作目标	概述高层建筑项目特征
序号	任务
1	举例分析高层建筑工程特点
2	阐述高层建筑工程施工管理难点

03　学生个人自评表

班级		组名		日期	
姓名		学号			
评价指标	评价内容		分数	分数评定	
信息检索	能有效利用网络、图书资料找有用的相关信息等；能用自己的语言有条理地去解释、表述所学知识；能将查到的信息有效地传递到学习中		10 分		
感知课堂	是否熟悉项目经理助理岗位，认同岗位工作价值；在学习中是否能获得满足感，认同课堂文化		10 分		
参与态度	积极主动参与学习，能吃苦耐劳，崇尚劳动光荣，技能宝贵；与教师、同学之间是否相互尊重、理解、平等；与教师、同学之间是否能够保持多向、丰富、适宜的信息交流		10 分		
	能处理好合作学习和独立思考的关系，做到有效学习；能提出有意义的问题或能发表个人见解；能按要求正确完成任务；能够倾听别人意见、协作共享		10 分		
学习过程	1. 理解高层建筑建设背景		10 分		
	2. 能熟悉高层建筑工程特点		10 分		
	3. 掌握高层建筑工程的施工管理难点		10 分		
思维态度	是否能发现问题、提出问题、分析问题、解决问题、创新问题		10 分		
自评反馈	按时按质完成工作任务；较好地掌握了专业知识点；具有较强的信息分析能力和理解能力；具有较为全面严谨的思维能力并能条理清楚明晰表达成文		20 分		
自评分数					
有益的经验和做法					
总结反馈建议					

04 组内互评表

班级		组名		日期	
验收组长		被验收者		学号	
组内验收成员					
任务要求					

验收文档清单	任务工作单：
	文献检索清单：

验收评分	评分标准	分数	得分
	1. 会详细阐述高层建筑工程特点，错误一处扣10分	40分	
	2. 能根据具体工程分析高层建筑工程的施工管理难点，错误一处扣5分	40分	
	3. 能按时提交工作任务单，迟10分钟，扣5分	10分	
	4. 提供文献检索清单，不少于5项，缺一项扣2分	10分	
	评价分值		

不足之处	

05 组间互评表

班级		被评组名		日期	
验收组名 （成员签字）					

评价指标	评价内容	分数	分数评定
汇报表述	表述准确	15分	
	语言流畅	10分	
	准确反映该组完成情况	15分	
内容正确度	内容正确	30分	
	阐述表达到位	30分	
互评分数			
简要评述			

06 任务完成情况评价表

班级			组名				
姓名			学号				
序号	任务内容及要求		配分	评分标准	教师评价		
						结论	得分
1	详细阐述高层建筑工程特点	描述正确	20分	错误一个扣5分			
		语言流畅	10分	酌情赋分			
2	根据具体工程分析高层建筑的施工管理难点	描述正确	20分	错误一个扣5分			
		语言流畅	10分	酌情赋分			
3	能够按时提交工作任务单	按时提交	10分	延迟10分钟，扣5分			
		延迟提交	10分	酌情赋分			
4	提供5项文献检索清单	数量	10分	缺一个扣2分			
		参考的主要内容要点	10分	酌情赋分			
5	素质素养评价	沟通交流能力	20分	酌情赋分，但违反课堂纪律，不听从组长、教师安排，不得分			
		团队合作					
		课堂纪律					
		自主探学					
		合作研学					
		精益求精、专心细致的工作作风					
		诚实守信的意识					
		讲原则守规矩的意识					
		规范意识					
总分							

任务4.2　编写商务写字楼工程概况

工作任务	编写商务写字楼工程概况	建议学时	2学时
任务描述	编写商务写字楼工程概况，需要了解施工组织总设计和单位工程施工组织设计的区别和联系，了解单位工程，工程施工组织设计的编写依据、原则，内容，熟悉工程概况编写要求，掌握工程概况编写方法。		
学习目标	★ 了解单位工程施工组织设计的编写依据； ★ 能列出单位工程施工组织设计的编写内容； ★ 能编写商务写字楼工程概况； ★ 能够主动获取信息，展示学习成果，并相互评价、对商务写字楼工程概况内容进行凝练，与团队成员进行有效沟通，团结协作。		
任务分析	工程概况是对工程各种基本情况进行描述，编制单位工程工程概况首先要了解单位工程，工程施工组织设计的编写依据、原则，收集相关资料，并对资料进行整理筛选，形成清晰的工程概况资料用于单位工程施工组织设计。		

 任务导航

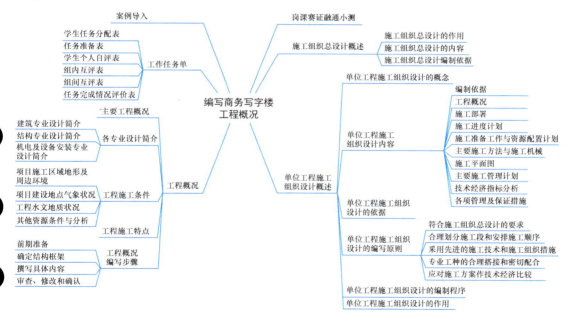

 案例导入

坐落在城市商业区域的"富泽天汇"商务写字楼项目，"富泽"象征着财富和繁荣的汇聚，而"天汇"则暗示着宏伟目标和愿景的实现，寓意该商务中心不仅是财富的集中

地，也是智慧和机遇的交汇处，为企业和个人提供一个充满活力和潜力的发展平台。该项目代表了一种全新的工作与生活理念，目的是为各企业提供一个融合创新、效率和可持续发展的办公环境。修建该项目需要一份详细的技术指导文件——施工组织设计。工程概况是施工组织设计基本内容之一，也是编制后续施工组织内容的依据。

 知识链接

4.2.1 施工组织总设计概述

（1）施工组织总设计的作用

施工组织总设计是以一个建设项目或建筑群为对象，根据初步设计或扩大初步设计图纸以及其他有关资料和现场施工条件编制，用以指导整个施工现场各项施工准备和组织施工活动的技术经济文件。一般由建设总承包单位总工程师主持编制。其主要作用是：

1）为建设项目或建筑群的施工作出全局性的战略部署。

2）为做好施工准备工作、保证资源供应提供依据。

3）为建设单位编制工程建设计划提供依据。

4）为施工单位编制施工计划和单位工程施工组织设计提供依据。

5）为组织项目施工活动提供合理的方案和实施步骤。

6）为确定设计方案的施工可行性和经济合理性提供依据。

（2）施工组织总设计的内容

施工组织总设计编制内容根据工程性质、规模、工期、结构特点以及施工条件的不同而有所不同，通常包括：工程概况及特点分析、施工部署和主要工程项目施工方案、施工总进度计划、施工资源需要量计划、施工准备工作计划、施工总平面图和主要技术经济指标等。

（3）施工组织总设计编制依据

为了保证施工组织总设计的编制工作顺利进行，并提高质量，使设计文件更能结合工程实际情况，更好地发挥施工组织总设计的作用，在编制施工组织总设计时，应具备下列编制依据：

1）建设项目基础文件。包括：建设项目可行性研究报告及其批准文件，建设项目规划红线范围和用地批准文件，建设项目勘察设计任务书、图纸和说明书，建设项目初步设计或技术设计批准文件，设计图纸和说明书，单位工程项目一览表，分期分批投产的要求，投资指标和设备材料订货指标，建设项目总概算、修正总概算或设计总概算，建设项目施工招标文件和工程承包合同文件。建设地点所在地区主管部门的批件。

2）工程建设政策、法规和规范资料。包括：关于工程建设报建程序有关规定，关于动迁工作有关规定，关于工程项目实行建设监理有关规定，关于工程建设管理机构资质管理有关规定，关于工程造价管理有关规定，关于工程设计、施工和验收有关规定。

3）建设地区原始调查资料。包括：地区气象资料，工程地形、工程地质和水文地质资料、地区交通运输能力和价格资料，地区建筑材料、构配件和半成品供应状况资料，地区进口设备和材料到货口岸及其转运方式资料，地区供水、供电、通信和供热能力和价格资料，其他地区性条件等。

4）类似施工项目经验资料。包括：类似施工项目成本控制资料，类似施工项目工期

控制资料，类似施工项目质量控制资料，类似施工项目安全、环保控制资料，类似施工项目技术新成果资料，类似施工项目管理新经验资料。

4.2.2　单位工程施工组织设计概述

（1）单位工程施工组织设计的概念

单位工程施工组织设计是用来规划和指导单位工程从施工准备到竣工验收全部施工活动的技术经济文件。对施工企业实现科学的生产管理，保证工程质量，节约资源及降低工程成本等，起着十分重要的作用。单位工程施工组织设计也是施工单位编制季、月、旬施工计划和编制劳动力、材料、机械设备计划的主要依据。

单位工程施工组织设计一般是在施工图完成并进行会审后，由施工单位项目部的技术人员负责编制，报上级主管部门审批。它必须在工程开工前编制完成，并应经该工程监理单位的总监理工程师批准方可实施。

（2）单位工程施工组织设计内容

单位工程施工组织设计的内容应根据拟建工程的性质、特点及规模不同，同时考虑到施工要求及条件进行编制。无须千篇一律，但设计必须真正起到指导现场施工的作用。一般包括下列内容：

编制单位工程
建设概况

1）编制依据

主要说明组织拟建项目施工所依据的法律法规、地方规定、企业的有关规定、工程设计文件名称、施工合同或招投标文件、操作规程或施工工法、规范和技术标准等。

2）工程概况

工程概况应包括：工程主要情况、各专业设计简介和工程施工条件等。工程主要情况应包括：工程名称、性质和地理位置，工程的建设、勘察、设计、监理和总承包等相关单位的名称，工程承包范围和分包工程范围，施工合同、招标文件或总承包单位对工程施工的重点要求，其他应说明的情况。

3）施工部署

施工部署应包括：确定工程施工管理目标、工程项目组织机构设置、人员岗位职责、工程项目施工任务划分、施工流水段划分、确定总的施工顺序及确定施工流向等。工程施工目标应根据施工合同、招标文件以及本单位对工程管理目标的要求确定，包括进度、质量、安全、环境和成本等目标。各项目标应满足施工组织总设计中确定的总体目标。

4）施工进度计划

施工进度计划主要包括：划分施工过程，计算工程量、劳动量、机械台班量、施工班组人数、每天工作班次、工作持续时间，确定分部分项工程（施工过程）施工顺序及搭接关系，绘制进度计划表、保证进度计划实施的措施等。

5）施工准备工作与资源配置计划

① 施工准备工作计划主要包括施工前的技术准备、现场准备、机械设备、工具、材料、构件和半成品构件的准备，并编制准备工作计划表。

② 资源需用量计划包括材料需用量计划、劳动力需用量计划、构件及半成品构件需用量计划、机械需用量、运输量计划等。资源配置计划宜细化到专业工种。

6）主要施工方法与施工机械

主要分部分项工程施工方法与施工机械选择、技术组织措施等，应结合工程的具体情况和施工工艺、工法等按照施工顺序进行描述，施工方案的确定要遵循先进性、可行性和经济性兼顾的原则。

7）施工平面图

单位工程施工现场平面布置图一般按地基基础、主体结构、装修装饰与机电设备安装三个阶段分别绘制。施工平面图主要包括施工所需机械、临时加工场地、材料和构件仓库与堆场的布置及临时水电管网、临时道路、临时设施用房的布置等。

8）主要施工管理计划

主要施工管理计划包括：进度管理计划、质量管理计划、安全管理计划、环境管理计划和成本管理计划。

9）技术经济指标分析

技术经济指标分析主要包括工期指标、质量指标、安全指标、文明施工、降低成本等指标的分析。

10）各项管理及保证措施

管理及保证措施包括质量、安全文明施工、降低成本和季节性施工等措施。

（3）单位工程施工组织设计的依据

1）工程所在地区行政主管部门的批准文件，建设单位（业主）对工程的要求或签订施工合同，开竣工日期、质量等级、技术要求、验收办法等。

2）设计单位设计的施工图、标准图及会审记录材料。

3）施工现场勘察所调查的资料和信息：如地形、地质、地上地下障碍物、水准点、气象、交通运输、水、电、通风等。

4）国家及建设地区现行的有关法律、法规和文件规定，现行施工质量验收规范、安全操作规程、质量评定标准等文件。

5）施工组织总设计，如果单位工程是建设项目的一个组成部分时，必须按施工组织总设计的有关内容及要求编制。

6）工程预算文件及有关定额应有详细的分部分项的工程量，必要时应有分层、分段的工程量及劳动定额。

7）建设单位可能提供的条件，如供水、供电、施工道路、施工场地及临时设施等条件。

8）本地区劳动力与本工程有关的资源供应状况。

9）有关的参考资料及施工组织设计实例。

（4）单位工程施工组织设计的编写原则

1）符合施工组织总设计的要求

若单位工程属于群体工程中的一部分，则此单位工程施工组织设计在编制时应满足总设计对工期、质量及成本目标的要求。

2）合理划分施工段和安排施工顺序

为合理组织施工，满足流水施工的要求，应将施工对象划分成若干个施工段。同时，按照施工客观规律和建筑产品的工艺要求安排施工顺序，也是编制单位工程施工组织设计的重要原则。在施工组织设计中一般应将施工对象按工艺特征进行分解，借此组织流水作业使不同的施工过程尽量平行搭接施工。同一施工工艺（施工过程）连续作业，从而缩短工期，不出现窝工现象。

3）采用先进的施工技术和施工组织措施

先进的施工技术是提高劳动生产率，保证工程质量，加快施工进度，降低施工成本，减轻劳动强度的重要途径。但选用新技术应从企业实际出发，以实事求是的态度，在调查研究的基础上，经过科学分析和技术经济论证，既要考虑其先进性，更要考虑其适用性和经济性。

4）专业工种的合理搭接和密切配合

由于建筑施工对象趋于复杂化、高技术化，因而完成一个工程的施工所需要的工种将越来越多，相互之间的影响以及对工程施工进度的影响也将越来越大。施工组织设计要有预见性和计划性，既要使各施工过程、专业工种顺利进行施工，又要使它们尽可能实现搭接和交叉，以缩短工期。有些工程的施工中，一些专业工种是既相互制约又相互依存的，这就需要各工种间密切配合。高质量的施工组织设计应对此做出周密的安排。

5）应对施工方案作技术经济比较

首先要对主要工种、工程的施工方案和主要施工机械的选择方案进行论证和技术经济分析，以选择经济上合理、技术上先进且切合现场实际、适合本项目的施工方案。

6）确保工程质量、施工安全和文明施工

在单位工程施工组织设计中应根据工程条件拟定保证质量、降低成本和安全施工的措施，务必要求切合实际、有的放矢，同时提出文明施工及保护环境的措施。

（5）单位工程施工组织设计的编制程序

单位工程施工组织设计的编制程序指的是在施工组织设计编制过程中应遵循的编制内容、先后顺序及其相互制约的关系。根据工程的特点和施工条件的不同，其编制程序繁简不同，一般单位工程施工组织设计的编制程序，详见本教材任务1.2。

（6）单位工程施工组织设计的作用

1）贯彻施工组织总设计，具体实施施工组织总设计对该单位工程的规划精神；

2）编制该工程的施工方案，选择施工方法、施工机械，确定施工顺序，提出实现质量、进度、成本和安全目标的具体措施，为施工项目管理提出技术和组织方面的指导性意见；

3）编制施工进度计划，落实施工顺序、搭接关系，确定各分部分项工程的施工时间，以保证实现工期目标，为施工单位编制作业计划提供依据；

4）计算各种物资、机械、劳动力的需要量，安排供应计划，从而保证进度计划的实现；

5）对单项工程的现场进行合理设计和布置，统筹合理利用空间；

6）具体规划作业条件方面的施工准备工作。

4.2.3　工程概况

单位工程施工组织设计工程概况，是对拟建工程的特点、建设地区特点、施工环境及施工条件等所作的简洁明了的文字描述。在描述时也可加入拟建工程的平面图、剖面图及表格进行补充说明。通过对建筑结构特点、建设地点特征、施工条件的描述，能找出施工中的关键问题，以便为选择施工方案，组织物资供应和配备技术力量提供依据。工程概况应包括工程主要情况、各专业设计简介和工程施工条件、工程施工特点分析等。

1. 主要工程概况

工程主要情况应包括：工程名称、性质、用途、资金来源与造价、开竣工日期、质量标准，工程所在的地理位置，工程的建设、勘察、设计、监理和总承包等相关单位的情况，工程承包范围和分包工程范围，施工合同，招标文件或总承包单位及主管部门对工程施工的重点要求，其他应说明的情况。

编制单位工程
设计概况

2. 各专业设计简介

（1）建筑专业设计简介

建筑设计简介应依据建设单位提供的建筑设计文件进行描述，包括建筑面积、层数、层高、总高度、平面尺寸、建筑平面组合形式形状与特点，建筑功能、建筑耐火、防水及节能要求等，并应简单描述工程的主要装修做法。

（2）结构专业设计简介

结构设计简介应依据建设单位提供的结构设计文件进行描述，包括结构形式、地基基础形式、结构安全等级、抗震设防类别、主要结构构件类型及要求、主要结构使用材料的要求等。

（3）机电及设备安装专业设计简介

机电及设备安装专业设计简介应依据建设单位提供的各相关专业设计文件进行描述包括给水、排水及采暖系统、通风与空调系统、电气系统、智能化系统、电梯等各个专业系统的做法要求及特点。

3. 工程施工条件

（1）项目施工区域地形及周边环境

在单位工程施工组织中，应简要介绍和分析施工现场的"三通一平"情况，拟建工程的位置、地形、地貌、拆迁、障碍物清除及地下水位等情况，项目施工区域地上、地下管线及相邻的地上、地下建（构）筑物情况以及施工场地周边的人文环境等，项目施工有关的道路、河流等状况。不了解和未分析清楚这些情况，会影响施工组织与管理，影响施工方案的制订。

编制单位工程
施工概况

（2）项目建设地点气象状况

应对施工项目所在地的气象状况作全面的描述与分析，如当地最低、最高气温及时间冬雨期施工的起止时间和主导风向、风力等描述与分析，这些因素应调查清楚，纳入施工组织设计的内容中，为制订施工方案与措施提供资料。

（3）工程水文地质状况

工程项目施工区域的土层分布情况、地质资料技术参数、地下水位情况、水质情况、水流方向与地下水源情况等。

（4）其他资源条件与分析

包括工程所在地的建筑材料、劳动力、机械设备、半成品等供应及价格情况，交通及运输服务能力状况，市政设施配套情况，当地供电、供水、供热和通信能力状况，业主可提供的临时设施、协作条件等，这些资源条件直接影响项目的施工。

4. 工程施工特点

掌握施工特点主要意义在于了解工程施工的重点所在，以便抓住关键，使工程施工顺利地进行，提高施工单位的经济效益和管理水平。不同类型的建筑、不同条件下的工程施工，均有不同的施工特点。如带有地下室的现浇钢筋混凝土多、高层建筑的施工特点主要有：地下结构施工难度大，涉及深基坑边坡稳定、基坑降水、基坑周边环境保护、地下室底板大体积混凝土施工、地下防水施工等；上部结构和施工机具设备的稳定性要求高，钢材加工量大，混凝土浇筑难度大，脚手架搭设高，安全问题突出；材料运输量大，要有高效率的垂直运输。

5. 工程概况编写步骤

（1）前期准备

收集和研究相关资料，包括设计文件、施工图纸、技术规范和相关法规。与项目团队成员进行讨论，了解项目的关键信息和细节。

（2）确定结构框架

根据工程的性质和特点，确定工程概况的基本结构，通常包括项目背景、目标和范围、设计概念、主要构造和技术特点、施工技术和管理措施、安全和环保措施、预期成果等。

（3）撰写具体内容

按照确定的结构框架，具体阐述每个部分的内容。注意条理清晰、逻辑严密，使用精确的技术语言，按照工程概况包含的内容逐项编写。

（4）审查、修改和确认

初稿完成后，应自我审查和修改，确保信息准确无误，表达清楚。邀请其他小组进行审阅，收集反馈意见，并进行相应修改。对修改后的稿件进行最终审查，确保无误后，确认为最终版。

 岗课赛证融通小测

1.（单项选择题）施工组织总设计一般由（　　）单位的人员主持编制。

A. 建设单位　　　　　　　　　　B. 设计单位

C. 监理单位　　　　　　　　　　D. 建设总承包单位

2.（单项选择题）单位工程施工组织设计的主要依据不包括（　　）。

A. 工程建设政策、法规和规范资料　　B. 建设项目基础文件

C. 类似施工项目经验资料　　　　　　D. 建设单位年度财务报表

3.（单项选择题）施工组织设计的编制依据中，（　　）必须具备。

A. 国家及建设地区的法律法规

B. 类似项目的市场分析报告

C. 竞争对手的施工策略

D. 国际施工标准

4.（多项选择题）工程施工特点分析的主要目的是（　　）。

A. 确定施工的技术难点　　　　　B. 突出施工的重点和难点

C. 为选择施工方案提供依据　　　D. 优化资源分配

E. 提高施工单位的经济效益和管理水平

5.（多项选择题）工程概况应包括的内容有（　　）。

A. 工程主要情况　　　　　　　　B. 各专业设计简介

C. 工程施工条件　　　　　　　　D. 工程施工特点

E. 竞争对手的施工策略

任务 4.2　工作任务单

学习任务名称：___编写商务写字楼工程概况___

班级：_____姓名：_____日期：_____

01　学生任务分配表

组名		指导教师	
组长		学号	
组员			
任务分工			

02 任务准备表

工作目标	编写商务写字楼工程概况
序号	任务
1	请根据提供的案例和图纸资料，编写"富泽天汇"项目工程概况 编制单位工程 工程概况

03　学生个人自评表

班级		组名		日期	
姓名		学号			
评价指标	评价内容			分数	分数评定
信息检索	能有效利用网络、图书资料找有用的相关信息等；能用自己的语言有条理地去解释、表述所学知识；能将查到的信息有效地传递到学习中			10 分	
感知课堂	是否熟悉项目经理助理岗位，认同岗位工作价值；在学习中是否能获得满足感，认同课堂文化			10 分	
参与态度	积极主动参与学习，能吃苦耐劳，崇尚劳动光荣，技能宝贵；与教师、同学之间是否相互尊重、理解、平等；与教师、同学之间是否能够保持多向、丰富、适宜的信息交流			10 分	
	能处理好合作学习和独立思考的关系，做到有效学习；能提出有意义的问题或能发表个人见解；能按要求正确完成任务；能够倾听别人意见、协作共享			10 分	
学习过程	1. 会解释单位工程施工组织设计的编写依据			10 分	
	2. 能列出单位工程施工组织设计的编写内容			10 分	
	3. 能编写商务写字楼工程概况			10 分	
思维态度	是否能发现问题、提出问题、分析问题、解决问题、创新问题			10 分	
自评反馈	按时按质完成工作任务；较好地掌握了专业知识点；具有较强的信息分析能力和理解能力；具有较为全面严谨的思维能力并能条理清楚明晰表达成文			20 分	
自评分数					
有益的经验和做法					
总结反馈建议					

04 组内互评表

班级		组名		日期	
验收组长		被验收者		学号	
组内验收成员					
任务要求					

验收文档清单	任务工作单：
	文献检索清单：

验收评分	评分标准	分数	得分
	1. 会详细解释单位工程施工组织设计的编写依据，错误一处扣10分	40分	
	2. 能根据具体工程列出单位工程施工组织设计的编写内容，错误一处扣5分	40分	
	3. 能编写商务写字楼工程概况，错误一处扣2分	10分	
	4. 提供文献检索清单，不少于5项，缺一项扣2分	10分	
评价分值			
不足之处			

05 组间互评表

班级		被评组名		日期	
验收组名 （成员签字）					

评价指标	评价内容	分数	分数评定
汇报表述	表述准确	15 分	
	语言流畅	10 分	
	准确反映该组完成情况	15 分	
内容正确度	内容正确	30 分	
	阐述表达到位	30 分	
互评分数			
简要评述			

06　任务完成情况评价表

班级			组名				
姓名			学号				
序号	任务内容及要求		配分	评分标准	教师评价		
					结论	得分	
1	详细阐述单位工程施工组织设计的编写依据	描述正确	20分	错误一个扣5分			
		语言流畅	10分	酌情赋分			
2	根据具体工程列出单位工程施工组织设计的编写内容	描述正确	20分	错误一个扣5分			
		语言流畅	10分	酌情赋分			
3	能编写商务写字楼工程概况	描述正确	10分	错误一个扣2分			
		语言流畅	10分	酌情赋分			
4	提供5项文献检索清单	数量	10分	缺一个扣2分			
		参考的主要内容要点	10分	酌情赋分			
5	素质素养评价	沟通交流能力	20分	酌情赋分，但违反课堂纪律，不听从组长、教师安排，不得分			
		团队合作					
		课堂纪律					
		自主探学					
		合作研学					
		精益求精、专心细致的工作作风					
		诚实守信的意识					
		讲原则守规矩的意识					
		规范意识					
总分							

任务 4.3　编写商务写字楼施工部署

工作任务	编写商务写字楼施工部署	建议学时	4 学时
任务描述	编写商务写字楼工程施工部署，需要了解单位工程施工部署的编制依据，熟悉单位工程施工部署的内容，掌握单位工程施工部署的编写方法。		
学习目标	★ 能够解释施工部署的编写依据； ★ 能够列出施工部署的编写内容； ★ 能编写商务写字楼工程施工部署； ★ 能够主动获取信息，展示学习成果，并相互评价、对商务写字楼施工部署内容进行凝练，与团队成员进行有效沟通，团结协作。		
任务分析	施工部署是在充分了解单位工程情况、施工条件和建设要求的基础上，对单位工程施工组织做总体的布置和安排。施工部署是否合理，将直接影响工程的施工质量、工期、工程造价及企业的经济效益，是单位工程施工组织设计的核心。		

 **任务导航**

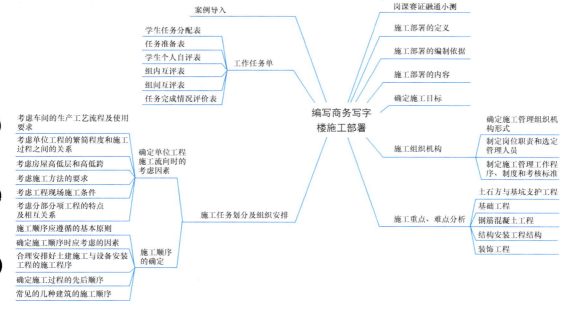

 **案例导入**

　　2020 年 11 月 28 日，某地在建工程项目 1 号商务办公楼等 12 项（不含地下车库三段、四段、五段）工程施工现场，3 号商务办公楼 10 层北侧卸料平台发生侧翻，造成 3

人死亡，直接经济损失 482.76 万元。该事故主要原因是施工部署处理不当，施工现场卸料平台侧翻所导致。因而在实际工程项目中，我们必须做好施工部署工作，严格遵守建筑安全规范，合理安排施工流程，以预防类似事故发生，保证项目顺利完成。

 知识链接

4.3.1 施工部署的定义

施工部署是在充分了解单位工程情况、施工条件和建设要求的基础上，对单位工程施工组织做总体的布置和安排。施工部署是否合理，将直接影响工程的施工质量、工期、工程造价及企业的经济效益，是单位工程施工组织设计的核心。

4.3.2 施工部署的编制依据

施工部署的编制依据为：施工合同或招投标文件，施工图纸，勘察报告，工程地质及水文地质、气象等资料，施工组织总设计，资源供应资料等。

4.3.3 施工部署的内容

施工部署内容包括确定项目施工目标、建立施工现场项目组织机构、确定施工顺序和施工流向、流水工作段的划分、明确重点与难点工程的施工要求、施工质量管理计划等。对于工程施工中开发和使用的新技术、新工艺应做出部署，对新材料和新设备的使用应提出技术及管理要求，对重点与难点工程的施工要求及管理方式进行说明。

4.3.4 确定施工目标

单位工程施工目标应根据施工组织总设计、施工合同、招标文件及单位对工程管理目标的要求确定，包括进度目标、质量目标、安全目标、文明施工环境目标、降低施工成本目标等。各项目标必须满足施工组织总设计中确定的总体目标要求。其中，进度目标应以施工合同或施工组织总设计要求为依据，根据总工期目标制订单位工程的工期控制目标。质量目标应按合同约定，制订出总目标和分解目标。质量目标如：确保省优、市优，争创国优（鲁班奖）。分解目标指各分部工程拟达到的质量等级。安全目标应按政府主管部门和企业要求以及合同约定，制订出事故等级、伤亡率、事故频率的限制目标。

4.3.5 施工组织机构

确定施工现场组织机构，主要包括确定施工管理组织机构形式、制订岗位职责和选定管理人员、制定施工管理工作程序、制度和考核标准等。

（1）确定施工管理组织机构形式

项目部应明确项目管理组织机构形式，并宜采用框图形式表示，组织机构框图参照图 4-2。组织机构形式是根据工程规模、复杂程度、专业特点及企业的管理模式与要求，按照合理分工与协

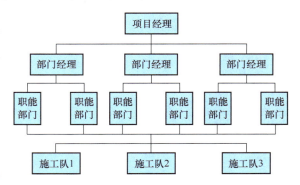

图 4-2　施工管理组织机构图

作、精干高效原则来确定，并按因事设岗、因岗选人的原则配备项目管理班子。

（2）制定岗位职责和选定管理人员

项目部管理组织内部的岗位职务和职责必须明确，责权必须一致，并形成规章制度。同时按照岗位职责需要，选派称职的管理人员，组成精炼高效的项目管理班子，并以表格列出，见表 4-1。

工程管理人员明细表　　　　　　　　　　　　　　　　表 4-1

姓名	岗位职务	技术职称及执业证号	岗位职责

（3）制订施工管理工作程序、制度和考核标准

为了提高施工管理工作效率，要按照管理客观性规律，制订管理工作程序、制度和相应考核标准。

4.3.6　施工任务划分及组织安排

在已明确项目组织结构的规模、形式，且确定了施工现场项目部领导班子和职能部门及人员之后，应划分参与施工的各分包单位各自的施工任务，对主要分包的分部分项工程施工单位的资质和能力应提出明确要求，明确总包与分包单位的分工范围和交叉施工内容以及各施工分包单位之间协作的关系，划分施工流水段，确定施工流向、主导施工项目和穿插施工项目。

施工流水段划分应根据工程特点及工程量进行合理划分，并应说明划分依据及流水方向，确保均衡流水施工。

施工流向指的是单位工程在平面或空间上施工的开始部位及其展开的方向。对单层建筑物来讲，仅确定在平面上施工的起点和施工流向；对多、高层建筑物，除了确定每层平面上的起点和流向外，还需确定在竖向上施工的起点和流向。

4.3.7　确定单位工程施工流向时的考虑因素

（1）考虑车间的生产工艺流程及使用要求

一个多跨单层工业厂房，其生产工艺顺序用罗马数字所示。从施工的角度来看，从厂房的任何一端开始施工都是可行的，但是按照生产工艺顺序来进行施工，不但可以保证设备安装工程分期进行，缩短工期，而且可提早投产，充分发挥国家基本建设的投资效果。

（2）考虑单位工程的繁简程度和施工过程之间的关系

一般是技术复杂、施工进度慢、工期长的区段和部位先行施工。例如，高层现浇钢筋混凝土结构房屋，主楼部分先施工，裙楼部分后施工。

（3）考虑房屋高低层和高低跨

当房屋有高低层或高低跨时，应从高低层或高低跨并列处开始。例如，在高低跨并列的单层工业厂房结构安装中，应先从高低跨并列处开始吊装；又如在高低层并列的多层建筑中层数多的区段先施工。

（4）考虑施工方法的要求

施工流向应按所选的施工方法及所制订的施工组织要求进行安排。例如一幢高层建筑物若采用顺作法施工地下两层结构，其施工流程为：测量放线→底板施工→拆第二道支撑→地下两层施工→拆第一道支撑→±0.000 顶板施工→上部结构施工。若采用逆作法施

工地下两层结构，其施工流程为：测量定位放线→进行地下连续墙施工→进行钻孔灌注桩施工→±0.000 标高结构层施工→地下两层结构施工，同时进行地上一层结构施工→底板施工并做各层柱，完成地下施工→完成上部结构。例如，在结构吊装工程中，采用分件吊装法时，其施工流向不同于综合吊装法的施工流向。同样，设计人员的要求不同，也使得其施工流向不同。

（5）考虑工程现场施工条件

施工场地的大小、道路布置和施工方案中采用的施工机械也是确定施工流向的主要因素。例如土方工程，在边开挖边余土外运时，则施工流向起点应确定在离道路远的部位开始并应按由远及近的方向进行。

（6）考虑分部分项工程的特点及相互关系

分部分项工程不同，相互关系不同，其施工流向也不相同。特别是在确定竖向与平面组合的施工流向时，显得尤其重要。例如在多高层建筑室内装饰中，根据装饰工程的质量、工期、安全使用要求，以及施工条件，其施工起点流向一般有自上而下、自下而上及自中而下再自上而中三种。

1）自上而下的施工流向

室内装饰工程自上而下的施工流向是指在主体结构工程封顶，做好屋面防水层后，从顶层开始，逐层向下进行。其施工流向如图 4-3 所示，有水平向下和垂直向下两种情况，水平向下的流向较多。

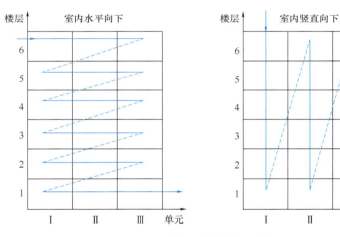

图 4-3　自上而下的施工流向

这种施工流向的优点是主体结构完成后再进行装修，有一定的沉降时间，这样能保证装饰工程的质量。同时做好屋面防水层后，可防止在雨季施工时，因雨水渗漏而影响装饰工程的质量。且自上而下流水施工，各工序之间交叉少，便于组织施工，清理垃圾，保证文明安全施工。其缺点是不能与主体工程施工进行搭接，工期长。

2）自下而上的施工流向

室内装饰工程自下而上的施工流向，是指当主体结构工程的砖墙砌到 2 至 3 层以上时，装饰工程可从一层开始，逐层向上进行的施工流向。其施工流向如图 4-4 所示，有水平向上和垂直向上两种。

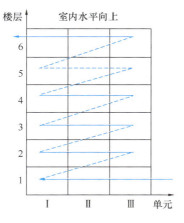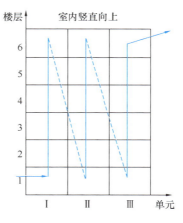

图4-4　自下而上的施工流向

这种施工流向的优点是可以和主体砌墙工程进行交叉施工，工期短，但缺点是工序之间交叉多，施工组织复杂，工程的质量及生产的安全性不易保证。例如，当采用预制楼板时，由于板缝浇筑不严密，极易造成靠墙边处漏水，严重影响装饰工程的质量。使用这种施工流向，应在相邻两层中加强施工组织与质量管理。

3）自中而下再自上而中的施工流向

这种施工流向综合了上述两种施工流向的优缺点，适用于中高层建筑的室内装修工程，如图4-5所示。应当指出，在流水施工中，施工起点及流向决定了各施工段上的施工顺序，因此在确定施工流向时，应划分好施工段。

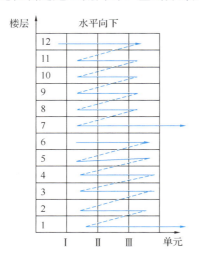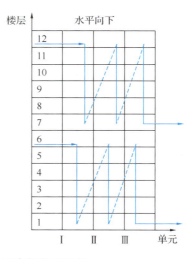

图4-5　自中而下再自上而中的施工流向

4.3.8　施工顺序的确定

施工顺序是指工程开工后各分部分项工程施工的先后次序。确定施工顺序既是为了按照客观的施工规律组织施工，也是为了解决工种之间合理搭接，在保证工程质量和施工安全的前提下，充分利用空间，以达到缩短工期

确定施工程序

的目的。在实际工程施工中，施工顺序可以有多种。不仅不同类型建筑物的建造过程有着不同的施工顺序，而且在同一类型的建筑工程施工中，甚至同一幢房屋的施工，也会有不同的施工顺序，这也是由建筑工程项目的特点造成的。因此，确定施工顺序的基本任务就是如何在众多的施工顺序中，选择出既符合客观规律，又经济合理的施工顺序。

1. 施工顺序应遵循的基本原则

（1）先地下、后地上

其指的是在地上工程开始之前，把管道、线路等地下设施、土方工程和基础工程全部完成。坚固耐用的建筑需要有一个坚实的基础，从工艺的角度考虑，也必须先地下后地上，地下工程施工时应先深后浅，这样可以避免对地上部分施工产生干扰，从而给施工带来不便，造成浪费，影响工程质量。

（2）先主体、后围护

其指的是框架结构建筑和装配式单层工业厂房施工中，先进行主体结构施工，后完成围护工程。同时，框架主体结构与围护工程总的施工顺序上要合理搭接，一般来说，多层建筑以少搭接为宜，而高层建筑则应尽量搭接施工，以缩短施工工期；而装配式单层工业厂房主体结构与围护工程一般不搭接。

（3）先结构、后装修

它是对一般情况而言，有时为了缩短施工工期，也可以有部分合理的搭接。

（4）先土建、后设备

不论是民用建筑还是工业建筑，一般来说，土建施工应先于水、暖、煤、卫、电等建筑设备的施工。但它们之间更多的是穿插配合关系，尤其在装修阶段，要从保证施工质量、降低成本的角度，处理好相互之间的关系。

2. 确定施工顺序时应考虑的因素

（1）符合施工工艺的要求

施工过程之间客观存在着的工艺顺序关系，在确定施工顺序时必须顺从这个关系。例如，建筑物现浇楼板的施工过程的先后顺序是：支模板→绑扎钢筋→浇筑混凝土→养护→拆模。

（2）符合施工方法和施工机械的要求

选用不同施工方法和施工机械时，施工过程的先后顺序是不同的。例如，在装配式单层工业厂房安装时，若采用综合吊装法，施工顺序应该是吊装完一个节间的柱、梁、屋架、屋面板后，再重新吊装另一节间的所列构件；若采用分件吊装法，施工顺序应该是先吊装柱，再吊装梁，最后吊装屋架及屋面板。例如，在安装装配式多层多跨工业厂房时，如果采用塔式起重机，则可以自下向上逐层吊装；如果使用桅杆式起重机，则只能把整个房屋在平面上划分成若干个单元（节间），由下向上吊完一个单元（节间）构件后，再吊下一个单元（节间）的构件。

（3）考虑施工组织的要求施工过程的先后顺序与施工组织要求有关

例如，地下室的混凝土地坪施工，可以安排在地下室的上层楼板施工之前完成，也可以安排在上层楼板施工之后进行，从施工组织角度来看，前一方案施工方便，较合理。

（4）保证施工质量

施工过程的先后顺序是否合理，将影响施工的质量。例如，预制楼板的水磨石面层，只能在上一层水磨石面层完成之后才能进行下一层的顶棚抹灰工程，否则易造成质量缺陷。

（5）符合安全施工要求

合理的施工顺序能够避免各施工过程安全事故的发生。例如，不能在同一个施工段上，边进行楼板施工，边进行其他作业。

（6）考虑当地的气候条件

不同的气候特点会影响施工过程先后的顺序。例如，在华东和南方地区，应首先考虑雨季施工的特点，而在华北、西北、东北地区，则应多考虑冬季施工特点。土方、砌墙、屋面等工程应尽可能地安排在雨季到来之前施工，而室内工程则可适当推后。

3. 合理安排土建施工与设备安装工程的施工程序

如何安排好土建施工与设备安装的施工程序，一般来讲有以下 3 种方式：

（1）"封闭式"施工程序

它是土建主体结构完工以后，再进行设备安装的施工程序。这种施工程序能保证设备及设备基础在室内进行施工，不受气候影响，也可以利用已建好的设备（如厂房吊车等）为设备安装服务。但这种施工程序可能会造成部分施工工作的重复进行。例如，部分柱基础土方的重复挖填和运输道路的重复铺设，也可能会由于场地受限制造成困难和不便。故这种施工程序通常应用于设备基础较小、各类管道埋置较浅、设备基础施工不会影响柱基的情况。

（2）"敞开式"施工程序

它是指先进行工艺机械设备的安装，然后进行土建工程的施工。这种施工程序通常适用于设备基础较大，且基础埋置较深，设备基础的施工将影响厂房柱基的情况。其优缺点正好与"封闭式"施工程序相反。

（3）设备安装与土建施工同时进行

这样土建工程可为设备安装工程创造必要的条件，同时又采取了防止设备被砂浆、垃圾等污染的保护措施，从而加快了工程进度。例如，在建造水泥厂时，经济效果较好的施工程序是两者同时进行。

以上原则并不是一成不变的，在特殊情况下，如在冬期施工之前，应尽可能完成土建和围护工程，以利于施工中的防寒和室内作业的开展，从而达到改善工人的劳动环境、缩短工期的目的。例如，大板建筑施工，大板承重结构部分和某些装饰部分宜在加工厂同时完成。因此，随着我国施工技术的发展，企业经营管理水平的提高，以上原则也在进一步完善之中。

4. 确定施工过程的先后顺序

施工过程的先后顺序指的是各施工过程之间的先后次序，也称为各分项工程的施工顺序。它的确定既是为了按照客观的施工规律来组织施工，也是为了解决各工种在时间上的搭接问题。这样就可以在保证施工质量与施工安全的条件下，充分利用空间，争取时间，组织好施工。

任何一个建筑物的建造过程都是由许多工艺过程所组成的，而每一个工艺过程只完成建筑物的某一部分或某一种结构构件。在编制施工组织设计时，则需对工艺过程进行安排。对于劳动量大的工艺过程，可确定为一个施工过程（分项工程）；对于那些工程量小的工艺过程，则可合并为一个施工过程。例如，钢筋混凝土地梁，按工艺过程可分为支模板、绑扎钢筋、浇筑混凝土，考虑到这三个工艺过程工程量小，则可合并为一个钢筋混凝土地圈梁的施工过程（由一个混合工程队进行施工）。

除此之外，在确定施工过程时应特别注意以下几点：

1）施工过程项目划分的粗细程度要适宜，应根据进度计划的需要来决定。对于控制性施工进度计划，项目划分可粗一些，通常划分成分部工程即可。例如，划分成施工前期准备工作、基础工程、主体工程、屋面工程及装饰工程等。对于指导性施工进度计划，尽可能划分得细一些，特别是对主导施工过程和主要分部工程，则要求更具体详细，这样便于控制进度、指导施工。例如，主体现浇钢筋混凝土工程可分支模板、绑扎钢筋、浇筑混凝土等施工过程。

2）施工过程的确定也要结合具体施工方法来进行。例如，结构吊装时，如果采用分件吊装法时，施工过程则应按构件类型进行划分，如吊柱、吊梁、吊板；采用综合吊装法时，施工过程则应按单元或节间进行划分。

3）凡是在同一时期内由同一工作队进行的施工过程可以合并在一起，否则应当分开列项。

5. 常见的几种建筑的施工顺序

（1）多层砖混结构居住房屋的施工顺序

多层结构居住房屋的施工，一般可划分为基础工程、主体结构工程、屋面工程及装饰工程三个施工阶段。图 4-6 即为多层砖混结构居住房屋的施工顺序示意图。

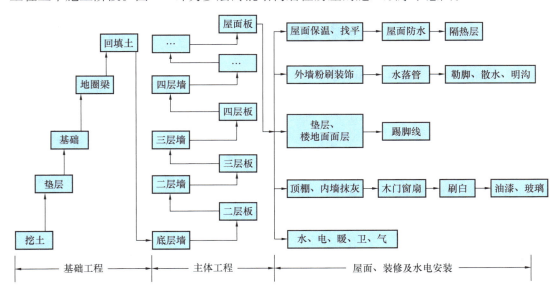

图 4-6　多层砖混结构居住房屋施工顺序示意图

1）基础工程的施工顺序

基础工程是指室内地坪（±0.000）以下所有的工程，它的施工顺序一般是：挖土→铺垫层→做钢筋混凝土基础→做墙基（素混凝土）→回填土或挖土→铺垫层→做基础→砌墙基础→铺防潮层→做地圈梁→回填土。有地下障碍物、墓穴、防空洞，并存在软弱地基的时候，则需要事先处理；有地下室时，应在基础完成后，砌地下室墙，然后做防潮层，最后浇筑地下室顶板及回填土。这里要特别注意：挖土与铺垫层之间的施工要紧凑，以防积水与暴晒地基，影响地基的承载能力。同时，垫层施工后，应留有一定时间，使其达到一定的强度后才能进行下一步工序的施工。对于各种管沟的施工，应尽可能与基础同时进行，平行施工，在基础工程施工时，应注意预留孔洞。

2）主体结构工程的施工顺序

主体结构施工阶段的工作内容较多，有搭设脚手架、砌筑墙体以及浇筑圈梁、楼梯、阳台、楼板、梁、构造柱、雨篷等施工过程。若主体结构的楼板为现浇时，其施工顺序一般可归纳为：立构造柱钢筋→砌墙→支构造柱模→浇构造柱混凝土→支梁、板、梯模→绑扎梁、板梯钢筋→浇梁、板、梯混凝土；若楼板为预制构件时，则施工顺序一般为立构造柱筋→砌墙→支柱模→浇柱混凝土→吊装楼板→灌缝。在主体结构工程施工阶段，砌墙与现浇楼板（或铺板）是主导施工过程，要注意这两者在流水施工中的连续性，避免不必要的窝工现象发生。

3）屋面工程及装饰工程的施工顺序

屋面工程由于南北方区域不同，故选用的屋面材料不同，其施工顺序也不相同。北方地区卷材防水屋面的施工顺序为：抹找平层→铺隔气层及保温层→抹找平层→刷冷底子油结合层→做防水层及保护层。这里要注意的是：刷冷底子油层一定要等到找平层干燥以后进行。南方地区卷材防水屋面的施工顺序为：抹找平层→做防水层→做隔热层。屋面工程的施工应尽量在主体结构工程完工后进行，这样可尽快为室内外的装修创造条件。

装饰工程按所装饰的部位又分为室内装饰及室外装饰。室内装饰和室外装饰施工顺序通常有先内后外、先外后内及内外同时进行三种。具体使用哪种施工顺序应视施工条件和气候而定。为了加快施工速度，多采用内外同时进行的施工顺序。对于在室内同一空间进行的内装饰来讲，其施工过程的先后顺序一般有两种：安装门窗框→天棚墙体抹灰→做楼地面→安装门窗扇、玻璃及刷（喷）油漆；安装门窗框→做楼地面→天棚墙体抹灰→安装门窗扇、玻璃及刷（喷）油漆。而室外装饰的施工过程的先后顺序为：外墙抹灰（包括饰面）→做散水→砌筑台阶。施工流向自上而下进行，并在安装落水管的同时拆除外脚手架。

（2）多、高层全现浇钢筋混凝土框架结构建筑的施工顺序

多、高层全现浇钢筋混凝土框架结构建筑的施工顺序，一般可划分为±0.000以下基础工程、主体结构工程、屋面工程及围护工程、装饰工程等四个施工阶段。

1）地下工程的施工顺序

多、高层全现浇钢筋混凝土框架结构建筑的地下工程（±0.000以下的工程）一般可分为有地下室及无地下室基础工程。若有一层地下室且又建在软土地基层上时，其施工顺序是桩基施工（包括围护桩）→土方开挖→破桩头及铺垫层→做基础地下室底板→做地下室墙柱（防水处理）→做地下室顶板→回填土。若无地下室且也建在软土地基上时，其施工顺序是桩基施工→挖土→铺垫层→钢筋混凝土基础施工→回填土。

2）主体结构工程的施工顺序

主体结构的施工主要包括柱、梁（主梁、次梁）楼板的施工。由于柱、梁、板的施工工程量很大，所需的材料、劳动力很多，而且对工程质量和工期起决定性作用，故需采用

多层框架在竖向上分层、在平面上分段的流水施工方法。若采用木模，其施工顺序为：绑扎柱钢筋→支柱梁、板模板→浇柱混凝土→绑扎梁、板钢筋→浇梁、板混凝土。若采用钢模，其施工顺序为：绑扎柱钢筋→支柱模→浇柱混凝土→支梁、板模→绑扎梁、板钢筋→浇梁、板混凝土。这里应注意的是：在梁、板钢筋绑扎完毕后，应认真进行检查验收，然后才能进行混凝土的浇筑工作。

3）屋面工程和围护工程的施工顺序

屋面工程的施工顺序与多层砖混结构居住房屋的屋面工程施工顺序相同。围护工程的施工包括砌筑外墙、内墙（隔断墙）及安装门窗等施工过程，对于这些不同的施工过程可以按要求组织平行、搭接及流水施工。但内墙的砌筑则应根据内墙的基础形式而定，有的需在地面工程完工后进行，有的则可在地面工程之前与外墙同时进行。

4）装饰工程的施工顺序

装饰工程的施工顺序同多层砖混居住房屋的施工顺序一样，也分为室外装饰与室内装饰。室内装饰包括天棚、墙面、楼地面、楼梯等的抹灰，安装门窗玻璃、油漆门窗等。室外装修也同样包括外墙抹灰（外墙饰面）以及做勒脚、散水、台阶、明沟等施工过程。

（3）装配式单层工业厂房施工顺序

装配式单层工业厂房施工，按照厂房结构各部位不同的施工特点，一般分为基础工程、预制工程、吊装工程、其他工程四个施工阶段，如图4-7所示。

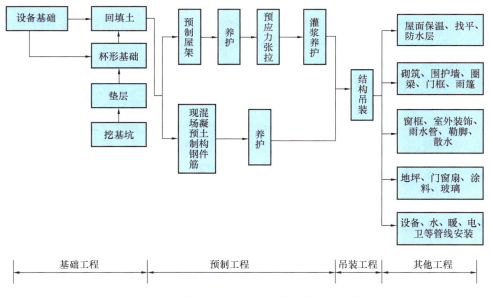

图 4-7　装配式单层工业厂房施工顺序示意图

在装配式单层工业厂房施工中，有的由于工程规模较大，生产工艺算杂，厂房按生产工艺要求不分区、分段。因此，在确定装配式单层工业厂房的施工顺序时，不仅要考虑土建施工及施工组织的要求，而且还要研究生产工艺流程，即先生产的区段先施工，以尽早交付生产使用，尽快发挥基本建设投资的效益。所以工程规模较大、生产工艺要求复杂的装配式单层工业厂房的施工时，要分期、分批进行，分期、分批交付试生产，这是确定其施工顺序的总要求。下面根据中小型装配式单层工业厂房各施工阶段叙述施工顺序。

1）基础工程

装配式单层工业厂房的柱基础大多采用钢筋混凝土杯形基础。基础工程施工阶段的施工过程和施工顺序一般是：挖土→垫层→钢筋混凝土杯形基础（也可分为绑扎钢筋、支模、浇混凝土、养护、拆模）→回填土。如有桩基础工程，则应另列桩基础工程。

在基础工程施工阶段，挖土与做垫层这两道工序，施工安排要紧凑，时间间歇不宜太长。在施工中，挖土、做垫层这两道工序及钢筋混凝土杯形基础，可采取集中力量、分区、分段进行流水施工。但应注意混凝土垫层和钢筋混凝土杯形基础施工后必须有一定的技术间歇时间，待其有一定强度时，再进行下一道工序的施工。回填土必须在基础工程完工后及时地、一次性分层对称夯实，以保证基础工程质量并及时提供预制作场地。

装配式单层工业厂房往往都有设备基础，特别是重型工业厂房，其设备基础埋置深、体积大。其所需工期长、施工条件差，比一般的柱基础工程施工要困难和复杂得多，有时还会因为设备基础的施工必须引起足够的重视。设备基础施工，视其埋置深浅、体积大小、位置关系和施工条件，分为两种施工顺序方案，即封闭式和敞开式施工。封闭式施工，是指厂房柱先施工，设备基础在结构吊装后施工。它适用于设备基础埋置浅（不超过厂房柱基础埋置深度）、体积小、土质好、距柱基础较远和厂房结构吊装后对厂房结构稳定性并无影响的情况。采用封闭式施工的优点是：土建施工工作面大，有利于构件的现场预制、吊装和就位，便于选择合适的起重机械和开行路线；围护工程能尽早完工，设备基础能在室内施工，不受气候影响，可以减少设备基础施工时的防雨、降寒及防暑等的费用；有时可以利用厂房内的桥式吊车为设备基础施工服务。缺点是：出现某些重复性工作，如部分柱基回填土的重复挖填；设备基础施工条件差，场地拥挤，其基坑不宜采用机械开挖，当厂房所在地点土质不佳，设备基础基坑开挖过程中，容易造成土体不稳定，需增加加固措施的费用。敞开式施工，是指厂房柱基础与设备基础同时施工或设备基础先施工。它的适用范围、优缺点与封闭式施工正好相反。这两种施工顺序方案，各有优缺点，究竟采用哪一种施工顺序方案，应根据工程的具体情况，仔细分析、对比后加以确定。

2）预制工程阶段施工顺序

装配式单层工业厂房的钢筋混凝土结构构件较多。一般包括：柱子、基础梁、连系梁、吊车梁、支撑、屋架、天窗端壁、屋面板、天沟及檐沟板等构件。

目前，装配式单层工业厂房构件的预制方式，一般采用加工厂预制和现场预制（在拟建车间内部、外部）相结合的预制方式。这里着重阐述现场预制的施工顺序。对于重量大、批量小或运输不便的构件采用现场预制的方式，如柱子、吊车梁、屋架等；对于中小型构件采用加工厂预制方式。但在具体确定构件预制方式时，应结合构件的技术特征、当地的生产能力、工期要求、现场施工条件、运输条件等因素进行技术经济分析后确定。

非预应力预制构件制作施工顺序：支模→绑扎钢筋→预埋铁件→浇筑混凝土→养护→拆模。

后张法预应力预制构件制作的施工顺序是：支模→绑扎钢筋→预埋铁件→孔道留设→浇筑混凝土→养护→拆模→预应力钢筋和张拉、锚固→孔道灌浆→养护。

预制构件开始制作日期、位置、流向和顺序，在很大程度上取决于工作面和后续工程的要求。一般来说，只要基础回填土、场地平整完成一部分之后，结构吊装方案一经确定，构件制作即可开始，制作流向应与基础工程的施工流向一致，这样既能使构件制作早日开始，又能尽早地交出工作面，为结构吊装尽早进行创造条件。

当采用分件吊装法时，预制构件的制作有两种方案：若场地狭窄而工期又允许，构件制作可分批进行，首先制作柱子和吊车梁，待柱子和吊车梁吊装完后再进行屋架制作；若场地宽敞，可考虑柱子和吊车梁等构件在拟建车间内部预制，屋架在拟建车间外进行制作。当采用综合吊装法时，预制构件需一次制作，这时，视场地的具体情况确定构件是全部在拟建车间内部制作，还是一部分在拟建车间外制作。

3）吊装工程阶段施工顺序

结构吊装工程是装配式单层工业厂房施工中的主导施工过程。其内容依次为：柱子、基础梁、吊车梁、连续梁、屋架、天窗架和屋面板等构件的吊装、校正、固定。

构件吊装开始日期取决于吊装前准备工作完成情况。吊装流向和顺序主要由后续工程对它们的要求来确定。当柱基杯口弹线和杯底标高抄平、构件的弹线、吊装强度验算、加固设施以及吊装机械进场等准备工作完成之后，才可以开始吊装。

吊装流向应与构件制作的流向一致。但如果车间为多跨且有高低跨时，吊装流向应从高低跨柱列开始，以适应吊装工艺的要求。

吊装的顺序取决于吊装方法。若采用分件吊装法时，其吊装顺序为：第一次开行吊装柱子，随后校正与固定；第二次开行吊装基础梁、连续梁；第三次开行吊装构件。有时也可将第二次开行、第三次开行合并为一次开行。若采用综合吊装法时，其吊装顺序是：先吊装4根或6根柱子，迅速校正固定，再吊装基础梁、连系梁及屋盖等构件，如此逐个节间吊装，直至整个厂房吊装完毕。

装配式单层工业厂房两端山墙往往设有抗风柱，抗风柱有两种吊装顺序：①在吊装柱子时，同时先装该跨一端的抗风柱，另一端抗风柱则待屋盖吊装完后进行；②全部抗风柱均待屋盖吊装完之后进行。

4）其他工程阶段施工顺序

其他工程阶段主要包括：围护工程、屋面工程、装修工程、设备安装工程等内容。这一阶段总的施工顺序是：围护工程→屋面工程→装修工程→设备安装工程，但有时也可互相交叉、平行搭接施工。

围护工程的施工过程和施工顺序是：搭设垂直运输设备（一般选用井架）→砌墙（脚手架搭设与之配合进行）→现浇门框、雨篷等。

屋面工程的施工过程在屋盖构件吊装完毕，垂直运输设备搭好后，就可安排施工，其施工过程和施工顺序与前述多层砌体结构民用房屋基本相同。

装修工程包括室外装修和室内装修，两者可平行进行，并可与其他施工过程交叉进行，通常不占用总工期。室外装修一般采用自上而下的施工顺序；室内按屋面板底→内墙→地面的顺序进行施工；门窗安装在粉刷中穿插进行。

设备安装包括水、暖、煤、卫、电和生产设备安装。水、暖、煤、卫、电设备安装与前述多层砌体结构民用房屋基本相同。而生产设备的安装，则由于专业性强、技术要求高等原因，一般由专业公司分包安装。

上面所述多层砌体结构民用房屋，钢筋混凝土框架结构房屋和装配式单层工业厂房的施工顺序，仅适用于一般情况。建筑施工顺序的确定既是一个复杂的过程，又是一个发展的过程，随着科学技术的发展，人们观念的更新而在不断地变化。因此，针对每一个单位工程，必须根据其施工特点和具体情况合理确定施工顺序。

4.3.9　施工重点、难点分析

对于单位工程施工的重点和难点应进行简要分析，包括施工技术和组织管理两个方面。对于单位工程施工中开发和使用的新材料、新技术、新工艺、新设备应做出分析，对主要分包工程施工单位的选择要求及管理方式应进行简要说明，明确验收的程序与要求。对基坑工程、模板工程、脚手架工程、起重吊装工程、临时用水用电工程、季节性施工等专项工程所采用的施工专项方案做出分析和部署。对施工过程来讲，按不同的施工方法施工，其施工效果和经济效果也不相同。施工方法的选择直接影响施工进度、施工质量、工程造价及生产的安全等。因此，正确选用施工方法在施工组织设计中占有相当重要的地位。

（1）土石方与基坑支护工程

土石方与基坑支护工程的重点和难点通常是支护方案和地下水处理方案以及土方开挖方案。若不重视就有可能出现塌方等安全事故。所以应根据施工图纸结合实际情况选择施工方法。如按照土的种类、土石方数量、运距、施工机械、工期等具体条件来决定土石方开挖和调配方案，并确定土方边坡坡度系数、土壁支撑方法、地下水位降低值等。

（2）基础工程

基础工程种类繁多，其重点和难点不尽相同，但浅基础施工重点主要考虑局部地基的处理，深基础施工重点和难点主要是机械的选择和防水的处理。例如，基础的施工，除了桩机选择外，重点应预防常见桩基质量事故的发生，如钢筋混凝土基础及地下室工程应考虑防水处理等。

（3）钢筋混凝土工程

钢筋混凝土工程的重点和难点主要是模板系统、混凝土浇捣等，所以应重点选择模板和支架类型及支撑方法，选择钢筋连接的方式，选择混凝土供应、输送及浇筑顺序和方法，确定混凝土振捣设备类型，确定施工缝留设位置，确定预应力混凝土的施工方法及控制应力等。

（4）结构安装工程

结构安装工程的重点和难点，主要是确定结构安装方法和起重机类型，确定构件运输要求及堆放位置。

（5）屋面工程

屋面工程的重点和难点，主要是确定屋面工程的施工方法及要求，确定屋面材料的运输方式等。

（6）装饰工程

装饰工程的重点主要在于选择装饰工程施工方法及其要求，确定施工工艺流程及流水施工安排。

 岗课赛证融通小测

1.（单项选择题）单位工程施工组织总设计的核心是（　　　）。

A. 施工准备工作　　　　　　　　　　B. 施工方案

C. 施工部署   D. 施工进度计划

2.（单项选择题）施工部署的编制依据不包括（ ）。

A. 施工合同   B. 施工图纸

C. 勘察报告   D. 工程结算资料

3.（单项选择题）室外装饰工程面层施工，宜采用（ ）流向，有利于工程质量和成品保护。

A. 自下而上   B. 自上而下

C. 自中而上   D. 自中而下再自上而中

4.（多项选择题）确定单位工程施工目标时，应根据（ ）。

A. 施工组织总设计   B. 施工合同

C. 招标文件   D. 施工队伍偏好

E. 单位对工程管理目标的要求

5.（多项选择题）施工部署内容应包括（ ）。

A. 确定项目施工目标   B. 建立施工现场项目组织机构

C. 确定施工顺序和流向   D. 风险投资评估

E. 施工质量管理计划

任务 4.3　工作任务单

学习任务名称：　__编写商务写字楼施工部署__

班级：_____　姓名：_____　日期：_____

01　学生任务分配表

组名		指导教师	
组长		学号	
组员			
任务分工			

02 任务准备表

工作目标	编写商务写字楼工程概况
序号	任务
1	请根据提供的案例和图纸资料，编写"富泽天汇"项目施工部署。要求如下： （1）施工目标； （2）施工组织结构； （3）施工顺序及组织安排； （4）施工重点与难点。

03　学生个人自评表

班级		组名		日期	
姓名		学号			
评价指标	评价内容		分数	分数评定	
信息检索	能有效利用网络、图书资料找有用的相关信息等；能用自己的语言有条理地去解释、表述所学知识；能将查到的信息有效地传递到学习中		10 分		
感知课堂	是否熟悉项目经理助理岗位，认同岗位工作价值；在学习中是否能获得满足感，认同课堂文化		10 分		
参与态度	积极主动参与学习，能吃苦耐劳，崇尚劳动光荣，技能宝贵；与教师、同学之间是否相互尊重、理解、平等；与教师、同学之间是否能够保持多向、丰富、适宜的信息交流		10 分		
	能处理好合作学习和独立思考的关系，做到有效学习；能提出有意义的问题或能发表个人见解；能按要求正确完成任务；能够倾听别人意见、协作共享		10 分		
学习过程	1. 会解释施工部署的编写依据		10 分		
	2. 能列出施工部署的内容		10 分		
	3. 能编写商务写字楼工程施工部署		10 分		
思维态度	是否能发现问题、提出问题、分析问题、解决问题、创新问题		10 分		
自评反馈	按时按质完成工作任务；较好地掌握了专业知识点；具有较强的信息分析能力和理解能力；具有较为全面严谨的思维能力并能条理清楚明晰表达成文		20 分		
自评分数					
有益的经验和做法					
总结反馈建议					

04　组内互评表

班级		组名		日期	
验收组长		被验收者		学号	
组内验收成员					
任务要求					
验收文档清单	任务工作单： 文献检索清单：				

	评分标准	分数	得分
验收评分	1. 会详细解释施工部署的编写依据计，错误一处扣10分	40分	
	2. 能根据具体工程列出施工部署的编写内容，错误一处扣5分	40分	
	3. 能编写商务写字楼施工部署，错误一处扣2分	10分	
	4. 提供文献检索清单，不少于5项，缺一项扣2分	10分	
评价分值			
不足之处			

05　组间互评表

班级		被评组名		日期	
验收组名 （成员签字）					
评价指标	评价内容		分数	分数评定	
汇报表述	表述准确		15 分		
	语言流畅		10 分		
	准确反映该组完成情况		15 分		
内容正确度	内容正确		30 分		
	阐述表达到位		30 分		
互评分数					
简要评述					

06 任务完成情况评价表

班级			组名			
姓名			学号			
序号	任务内容及要求		配分	评分标准	教师评价	
					结论	得分
1	详细阐述施工部署的编写依据	描述正确	20分	错误一个扣5分		
		语言流畅	10分	酌情赋分		
2	根据具体工程列出施工部署的编写内容	描述正确	20分	错误一个扣5分		
		语言流畅	10分	酌情赋分		
3	能编写商务写字楼工程施工部署文件	描述正确	10分	错误一个扣2分		
		语言流畅	10分	酌情赋分		
4	提供5项文献检索清单	数量	10分	缺一个扣2分		
		参考的主要内容要点	10分	酌情赋分		
5	素质素养评价	沟通交流能力	20分	酌情赋分，但违反课堂纪律，不听从组长、教师安排，不得分		
		团队合作				
		课堂纪律				
		自主探学				
		合作研学				
		精益求精、专心细致的工作作风				
		诚实守信的意识				
		讲原则守规矩的意识				
		规范意识				
总分						

任务 4.4　编写商务写字楼施工方案

工作任务	编写商务写字楼施工方案	建议学时	6 学时
任务描述	编写商务写字楼工程施工方案，依据《建筑工程施工质量验收统一标准》GB 50300—2013 对建筑工程的分部分项工程进行划分，熟悉工程概况和施工部署，按照各分部分项工程的特点选择施工方法，对于一些特殊分部分项工程需编制专项施工方案。		
学习目标	★ 理解施工方案的编写依据； ★ 能列出主要分项工程的施工方案； ★ 能编写商务写字楼工程分部分项施工方案； ★ 能够主动获取信息，展示学习成果，并相互评价、对商务写字楼施工方案内容进行凝练，与团队成员进行有效沟通，团结协作。		
任务分析	施工方案是指按照科学、经济、合理的原则，正确地确定工程项目的施工方法，选择适用的施工机械，主要涉及的施工方案有土方工程、基础工程、钢筋混凝土工程、砌筑工程、屋面防水工程等分部分项工程。		

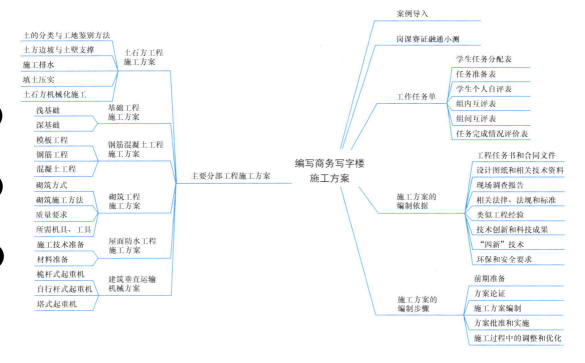

 案例导入

2019 年 5 月 16 日，我国某地 1 幢厂房发生局部坍塌，造成 12 人死亡，10 人重伤，3 人轻伤，直接经济损失约 3430 万元。发生原因是厂房 1 层承重砖墙（柱）本身承载力不足，施工过程中未采取维持墙体稳定措施，南侧承重墙在改造施工过程中承载力和稳定性进一步降低，施工时承重砖墙（柱）瞬间失稳后部分厂房结构连锁坍塌，生活区设在施工区内，导致群死群伤。

施工方案是保证工程建设质量的基础，因而在未来实际项目中，我们必须合理选择施工方案，增强项目管理，以预防类似事故发生，保证项目顺利完成。

 知识链接

单位工程施工组织设计中，对于施工过程来讲，不同的施工方法与施工机械，其施工效果和经济效益不同。它直接影响施工质量、施工进度、工程成本及安全施工等。因此，正确选用施工方法和施工机械，在施工组织设计中占有相当重要的地位。单位工程各个分部分项工程均可采用各种不同施工方法和施工机械进行施工，而每一种施工方法和施工机械又都有其优缺点。因此，我们必须从先进、经济、合理的角度出发，选择施工方法和施工机械，以达到提高工程质量、降低工程成本、提高劳动生产效率和加快工程进度的预期效果。

4.4.1 施工方案的编制依据

（1）工程任务书和合同文件

明确项目的规模、质量、成本和时间要求。

（2）设计图纸和相关技术资料

包括建筑、结构、给水排水、电气等专业的设计图纸和技术规范，是施工方案编制的基础。

（3）现场调查报告

包括地形、地质、水文、气象等方面的情况，为施工方案提供实地情况的依据。

（4）相关法律、法规和标准

包括国家和地方的建筑施工相关法规、标准和规范，确保施工方案的合法性和规范性。

（5）类似工程经验

借鉴相似项目的施工经验和教训，提高方案的可行性和效率。

（6）"四新"技术

引入新技术、新材料、新工艺和新设备，提高施工质量和效率。

（7）环保和安全要求

环境保护和施工安全要求，确保施工过程符合环境保护和职业健康安全的要求。

4.4.2 施工方案的编制步骤

施工方案的编制是一个综合性、动态调整的过程，需要充分考虑项目特点、技术要求

和现场条件，确保施工的高效和顺利进行。

（1）前期准备

前期准备包括收集和审核项目资料、现场踏勘和调研、确定施工方案的目标和要求。

编制施工方案

（2）方案论证

根据项目需求和现场条件，进行技术论证，选择合理的施工方法和技术路线。

（3）施工方案编制

（4）方案批准和实施

经过评审和修改后的施工方案需要得到项目管理部门的批准，然后正式实施。

（5）施工过程中的调整和优化

根据施工实际情况和外部环境的变化，对施工方案进行动态调整和优化。

4.4.3　主要分部工程施工方案

1. 土石方工程施工方案

土方工程施工中主要有：土方开挖、运输、填筑、夯实、平整和弃土等。

土方工程的特点是：面广量大，劳动繁重，施工条件复杂。为了减轻繁重体力劳动，提高劳动生产率，加快工程进度，降低工程成本，组织施工时应尽可能采用新技术和机械化施工。准确计算土方量，是合理选择施工方案和组织施工的前提；尽可能减少土方量，是降低工程成本的有效措施。

（1）土的分类与鉴别方法

在土方工程施工中，根据土的开挖难易程度，将土分为松软土、普通土、坚土、砂砾坚土、软石、次坚石、坚石、特坚石等八类。前四类为一般土，后四类为岩石。正确区分和鉴别土的种类，有助于合理选择施工方法。

（2）土方边坡与土壁支撑

1）土方边坡

土方边坡为了防止塌方，保证施工安全，在挖方或填方的开挖深度或填筑高度超过一定限度时，均应在其边沿做成具有一定坡度的边坡。土方边坡的坡度以其高度 H 与宽度 B 之比表示，根据相关规范的规定，当地下水位低于基底，在湿度正常的土层中开挖基坑或管沟，且敞露时间不长时，可做成直立壁不加支撑，但挖方深度不宜超过下列规定：

① 砂土和碎石土不大于 1m；

② 轻亚黏土及亚黏土不大于 1.25m；

③ 黏土不大于 1.5m；

④ 坚硬的黏性土不大于 2m，施工过程中应经常检查沟壁的稳定情况。

2）土壁支撑

土壁稳定主要是由土体内摩阻力和黏结力来保持平衡的，一旦土体失去平衡，土壁就会塌方。造成土壁塌方的原因主要有：边坡过陡或土质差，基坑开挖深度大；雨水、地下水渗入基坑，使土被泡软，抗剪能力降低；基坑上边缘有静荷载或动荷载作用。为了保证土体稳定和施工安全，可采取放足边坡和设置支撑两种措施。

（3）施工排水

开挖基坑时，流入坑内的地下水和地面水如不及时排走，不但会使施工条件恶化，造成土壁塌方，而且还会影响地基的承载力。因此，在土方施工中，做好施工排水工作，保持土体干燥是十分重要的。

施工排水可分为明沟排水和人工降低地下水位两类。

1）明沟排水

明沟排水是采用截、疏、抽的方法。截：是截住水流；疏：是疏干积水；抽：是在基坑开挖过程中，在坑底设置集水井，并沿坑底的周围或中央开挖排水沟，使水流入集水井中，然后用水泵抽走。

2）人工降低地下水位

人工降低地下水位就是在基坑开挖前，先在基坑周围埋设一定数量的滤水管（井），利用抽水设备从中抽水，使地下水位降落到坑底以下，直到施工完毕为止。这样，可使基坑在保持干燥状态下开挖，防止流沙发生，改善了工作条件。

（4）填土压实

1）对填土的要求

① 含水量大的黏土、淤泥土、冻土、膨胀性土、有机物含量大于8％的土、硫酸盐含量大于5％的土，均不能用作填土；

② 应水平分层填土、分层夯实，每层的压实度根据土的种类及压实机械而定；

③ 采用两种透水性不同的土料时，应分别分层填筑，透水性较小的土宜在上层；

④ 各种土不得混杂使用。

2）压实方法

① 碾压法：利用机械滚轮的压力压实土壤，使之达到所需的密实度，适用于大面积填筑。碾压机械有平足碾和羊足碾。压实时，行驶速度不宜过快，平足碾不大于2km/h，羊足碾不大于3km/h。

② 夯实法：利用夯锤下落的冲击力来夯实土壤，此法主要用于小面积回填土。常用夯实法有人工夯实法（如木夯、石夯等）和机械夯实法（夯实机械，如锤、内燃夯土机、蛙式打夯机等）。

③ 振动压实法：将振动压实机置于土层表面，在压实机械振动作用下，土颗粒发生相对位移而达到紧密状态。此方法用于振实非黏性土效果较好。

（5）土石方机械化施工

1）主要土方机械

① 推土机：推土机是土方工程施工的主要机械之一，可以独立完成铲土、运土及卸土三种作业。推土机操纵灵活，运转方便，所需工作面较小，转移方便，因此应用范围广。其推运距离宜在100m以内，运距在50m左右经济效果最好。

② 铲运机：铲运机是一种能综合完成全部土方施工工序（挖土、运土和平土）的机械。铲运机管理简单，生产效率高，且运行费用低，常用于大面积场地平整、开挖大型基坑、填筑路基等。

③ 单斗挖土机：单斗挖土机在土方工程中应用较广，种类很多，按其工作装置可分为正铲、反铲、拉铲和抓斗等不同挖土机，一般常用的为正铲和反铲挖土机。正铲挖土机

适用于开挖停机面以上的土方，且需与汽车配合完成整个挖运作业。反铲挖土机用以挖掘停机面以下的土方，主要用于开挖基坑、基槽或管沟。

　　2）土方机械的选择

当地形起伏不大，坡度在 20°以内，土方开挖的面积较大，土的含水量适当，平均运距在 1km 以内时，采用铲运机较合适。

地形起伏较大，一般挖土高度在 3m 以上，运距超过 1km，工程量较大且又集中时，一般可根据情况从下述三种方式中进行选择：

　　① 正铲挖土机配合自卸汽车进行施工，并在弃土区配备推土机平整土堆；

　　② 推土机将土推入漏斗，用自卸汽车在漏斗下装土并运走；

　　③ 用推土机预先将土推成一堆，用装载机把土装到汽车上运走。

开挖基坑时，可根据运距长短、挖掘深浅，分别采用推土机、铲运机或挖土机配合自卸汽车进行施工。

　　2. 基础工程施工方案

一般多层建筑物当地基较好时多采用天然地基，其造价低、施工简便。天然地基有深基础和浅基础之分，埋深小于或等于 5m 为浅基础。随着高层建筑的发展，深基础被越来越广泛地采用。深基础工程形式主要有桩基础、地下连续墙、沉井基础、墩基础等，其中最常用的是桩基础。

　　（1）浅基础

浅基础的类型按其形式不同可以分为独立基础、条形基础（带形基础）、井格基础、筏板基础、箱形基础、桩基础。建筑物上部结构采用框架结构或单层排架结构承重时，基础常采用方形或矩形独立基础。

　　1）独立基础

独立基础是柱下基础的基本形式。按照其断面的形式有踏步形（阶梯形）、锥形和杯形。当柱为预制时，将基础做成杯口形，然后将柱子插入，并嵌固在杯口内，故称杯口基础。有时因建筑物场地起伏或局部工程地质条件变化，以及避开设备基础等原因，可将个别柱基础底面降低，做成高杯口基础，或称长颈基础。

　　2）条形基础

条形基础呈连续的带形，也称为带形基础。分为墙下条形基础和柱下条形基础两类。墙下条形基础：一般为黏土砖、灰土、三合土等材料的刚性条形基础，当建筑物荷载大、地基承载力较小或上部结构有需要时，可用钢筋混凝土条形基础。

　　3）井格基础

井格基础是条形基础的衍生，纵横向均相连，形成井字形。当地基条件较差或上部荷载较大时，为了提高建筑的整体刚度，提高建筑物的整体性，防止柱子之间产生不均匀沉降，常将柱下基础沿纵横两个方向扩展连接起来，做成十字交叉的井格基础。

　　4）筏板基础

当建筑物上部荷载大，而地基又较弱，这时采用简单的条形基础或井格基础已不能适应地基变形的需要，通常将墙或柱下基础连成一片钢筋混凝土板，使建筑物的荷载承受在一块整板上，称为筏板基础。

　　5）箱形基础

箱形基础由钢筋混凝土底板、顶板和若干纵横墙体组成，是一个整体的空心箱体结构。

（2）深基础

钢筋混凝土预制桩能承受较大的荷载，沉降变形小，施工速度快，故在工程中被广泛应用。

1）预制桩

我国工程建设采用较多的预制桩主要是混凝土预制桩和钢桩两大类，其具备质量易于控制、速度快、制作方便、承载力高，并能根据需要制作成不同尺寸、不同形状的截面和长度且不受地下水位的影响等特点，它是建筑工程最常用的一种桩型。预制桩主要有混凝土预制桩和钢桩两大类，其中预制桩常用的类型有混凝土实心方桩和预应力混凝土空心管桩。

2）灌注桩

灌注桩能适应各种地层的变化，无需接桩，施工时无振动、无挤土、噪声小，宜在建筑物密集地区采用。但与预制桩相比，它也存在操作要求严格、质量不易控制、成孔时排出大量泥浆、桩需养护检测后才能开始下一道作业等缺点。

3. 钢筋混凝土工程施工方案

（1）模板工程

1）模板的类别

模板是使混凝土构件按几何尺寸成形的模型板。模板的种类较多，就其所用的材料不同，可分为木模板、竹模板、钢木模板、钢模板、塑料模板、铝合金模板、玻璃模板等；按成形对象划分梁模、柱模、板模、梁板模、墙模、电梯井模、隧道和涵洞模、基础模、桥模、渠道模等；按组拼方式划分整体式模板、组拼整体式模板、现配式模板、整体装拆式模板。模板的选用要因地制宜、就地取材，要求形状、尺寸准确，接缝严密，有足够的强度和刚度，稳定性好，并且装拆方便、灵活，能多次周转使用。

2）支模方法

① 柱模板支模法：

一般支模法，系用两块长柱头板加两面门子板支模或用四面柱头板支模，柱模外一般隔 50～100cm 加柱箍一道。

提升模板法，系用两块贴面模板用螺栓连接而成，拆模时，松动两对角螺栓，用人工或提升架将模板提升到上一段，并与已浇捣好的混凝土搭接 30cm 左右，然后拧紧螺栓，经校正固定后，继续浇捣上段混凝土。

② 梁模板支模法：梁模板由底板加两侧板组成。梁模板的种类有矩形梁模板、T 形梁模板、花篮梁模板、深梁模板和圈梁模板等，梁底的支撑系统一般采用支柱（琵撑）、桁架和钢管支模。

③ 挑檐板支模法：挑檐板支模，其支柱一般不落地，多采用在下层窗口线上用斜撑支承挑檐部分或采用钢三角支模法，由砖墙承担挑檐重量。对支柱不落地的挑板支，应保证不发生倾覆，因此，应对模板和成型后的挑檐板的倾覆进行核算。

④ 墙体模板支模法：有一般支模法和定型模板墙模两种，一般支模法系由侧板、立档、横档、斜撑和水平撑组成模板支设系统；定型模板墙模系由钢木定型板加水平撑及对销螺栓组成模板支设系统。

⑤ 现场预制混凝土构件模板支模法：常用的有分节脱模法和构件重叠支模法。所谓分节脱模法，是指沿构件长度可设置若干砖墩或方木作固定支点，支点间距 2m 左右，支

点间配制的支模，当混凝土强度达到 50%设计强度后拆除；所谓构件重叠支模法，系指将构件平卧重叠浇捣。其他支模法，如土、砖、混凝土、胎模、地坪底模、翻转模、拉模等，有时也采用。

（2）钢筋工程

钢筋工程是混凝土结构施工的重要分项工程之一，是混凝土结构施工的关键工作。

1）钢筋加工

钢筋加工分为钢筋强化和钢筋成型，加工的方法有冷拉、冷拔、调直、切断和弯曲等。

2）钢筋连接

① 绑扎连接：绑扎连接是通过钢筋与混凝土之间的黏结力来传递钢筋应力的方式。两根相向受力的钢筋分别锚固在搭接连接区段的混凝土中而将力传递给混凝土，从而实现钢筋之间应力的传递。搭接钢筋由于横肋斜向挤压作用造成的径向推力引起了两根钢筋的分离趋势，两根搭接钢筋之间容易出现纵向劈裂裂缝，甚至因两筋分离而破坏，因此必须保证强有力的配箍约束。

受拉钢筋绑扎连接的搭接长度应符合平法图集的规定，受压钢筋绑扎连接的搭接长度，应取受拉钢筋搭接长度的 0.7 倍，由于绑扎搭接连接是一种比较可靠的连接方式，质量容易保证，仅靠现场检测即可确保质量，且施工非常简便，不需特殊的技术，因而应用也最广泛，至今仍是水平钢筋连接的主要形式。但当钢筋较粗时，绑扎搭接施工困难且容易产生较宽的裂缝，因此对其直径有明确限制。绑扎搭接接头不仅浪费主受力钢筋，而且也大大增加了箍筋的用量，绑扎搭接接头区段的箍筋用量相当于非接头区域的两倍。

②焊接连接：常用的焊接方法有闪光对焊、电弧焊、电渣压力焊、电阻点焊、埋弧压力焊及气压焊等。

③机械连接：钢筋机械连接的形式很多，主要有挤压套筒连接、螺纹套筒连接、直螺纹套筒连接、熔融金属填充套筒连接、水泥灌浆填充套筒连接、受压钢筋端面平接头等。这里主要介绍挤压套筒连接、锥螺纹套筒连接和直螺纹套筒连接三种方法。钢筋挤压套筒连接是将需要连接的变形钢筋插入特制的钢套筒内，利用液压驱动的挤压机进行径向或轴向挤压，使钢套筒产生塑性变形，使它紧紧咬住变形钢筋实现连接。锥螺纹套筒连接就是把钢筋的连接端加工成锥形螺纹（简称丝头），通过锥螺纹连接套筒把两端带丝头的钢筋按规定的力矩值连接成一体的连接方式。然后将两根已套丝的钢筋连接直螺纹套筒连接是将两根钢筋的连接端加工成螺纹丝头，端穿入配套加工的连接套筒，拧紧后形成接头的一种连接方式。

（3）混凝土工程

混凝土工程包括配料、搅拌、运输、浇捣、养护等过程。在整个工艺过程中，各工序紧密联系又相互影响，其中任一工序处理不当，都会影响混凝土工程的最终质量。对混凝土的质量要求，不但要具有正确的外形，而且要获得良好的强度、密实性和整体性。因此，在施工中确保混凝土工程质量是一个很重要的问题。

1）混凝土搅拌

混凝土搅拌机械按原理可分为自落式搅拌机和强制式搅拌机，其中自落式搅拌机搅拌叶片和搅拌筒之间无相对运动，强制式搅拌机的搅拌叶片和搅拌筒之间有相对运动。

2）混凝土运输

混凝土自搅拌机中卸出后，应及时送到浇筑地点。其运输方案的选择，应根据建筑结构特点、混凝土工程量、运输距离、地形、道路和气候条件以及现有设备进行综合考虑。应根据结构特点、混凝土浇筑量、运距、现场道路情况、现有设备等情况选择水平运输设备。其中短距离运输多用双轮手推车、机动翻斗车、轻轨翻斗车；长距离运输常用自卸汽车、混凝土搅拌运输车；垂直运输常用各种升降机、卷扬机及各种塔式起重机并配合采用吊斗等容器。

3）混凝土浇筑

混凝土浇筑前应做好施工组织工作和技术、安全交底工作以及材料器具检查等准备工作。浇筑时，混凝土的自由倾落高度：对于素混凝土或少筋混凝土，由料斗、漏斗进行浇筑时，不应超过2m；对竖向结构（如柱、墙），浇筑混凝土的高度不超过3m；对于配筋较密或不易捣实的结构，不宜超过60cm。否则应采用串筒、溜槽和振动串筒下料，以防产生离析。

施工缝位置应在混凝土浇筑之前确定，并宜留置在结构受剪力较小且便于施工的部位。柱应留水平缝，梁、板、墙应留垂直缝。柱子施工缝宜留在基础的顶面、梁或吊车梁牛腿的下面、吊车梁的上面、无梁楼板柱帽的下面。与板连成整体的大截面梁，施工缝留置在板底面以下20~30mm处。当板下有梁托时，留在梁托下部。单向板的施工缝留置在平行于板的短边的任何位置。有主次梁的楼板宜顺着次梁方向浇筑，施工缝应留在次梁跨度的中间1/3范围内。

4）混凝土振捣

混凝土振捣分为人工振捣和机械振捣。人工振捣是利用捣锤、插钎等工具的冲击力来使混凝土密实成形。机械振捣是振动器的振动力以一定的方式传给混凝土，使之发生强迫振动破坏水泥浆的凝胶结构，降低水泥浆的黏度和骨料之间的摩擦力，提高混凝土拌合物的流动性，使混凝土密实成型。机械捣实混凝土效率高、密实度大、质量好，且能振实低流动性或干硬性混凝土。因此，一般应尽可能使用机械捣实。混凝土振捣器是一种借助动力通过一定装置作为振源产生频繁的振动，并使这种振动传给混凝土，以振动捣固混凝土的设备。振动传递方式分类：插入式振动器、附着式振动器、平板式振动器和振动台。这些振动机械的构造原理基本相同，主要是利用偏心锤的高速旋转，使振动设备因离心力而产生振动，振动机械的类型、组成和适用范围见表4-2。

振动机械的类型、组成和适用范围 表4-2

振动机械	组成	适用范围
插入式振动器	电动马达、软管、振动部分	适用于各种垂直方向尺寸较大的混凝土
附着式振动器	靠底部的螺栓或其他锁紧装置固定安装在模板外部	适用于振捣钢筋较密、厚度较小等不宜使用插入式振捣器的结构
平板式振动器	底板、外壳、定子、转子轴、偏心块	适用于混凝土浇筑层不厚，表面较宽敞的混凝土振捣
振动台	一个支撑在弹性支座上的工作台，平台下设有振动机构	适用于混凝土制品厂预制件的振捣

5）混凝土养护

混凝土成型后，为保证水泥水化作用能正常进行，应及时进行养护。养护的目的是为混凝土硬化创造必需的湿度、温度条件，防止水分过早蒸发或冻结，防止混凝土强度降低和出现收缩裂缝、剥皮、起砂等现象，确保混凝土质量。混凝土养护常用方法主要有自然养护、加热养护和蓄热养护。其中蓄热养护多用于冬季施工，而加热养护除用于冬季施工外，常用于预制构件养护。

4. 砌体工程施工方案

砌体工程是指烧结普通砖、烧结多孔砖、蒸压灰砂砖、蒸压粉煤灰砖、石材和各种砌块的砌筑。

（1）砌筑方式

用普通黏土砖砌筑的砖墙，按其墙面组砌形式不同，有一顺一丁、三顺一丁、梅花丁等如图 4-8 所示。

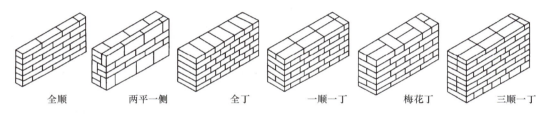

| 全顺 | 两平一侧 | 全丁 | 一顺一丁 | 梅花丁 | 三顺一丁 |

图 4-8　组砌的形式

1）一顺一丁

由一皮顺砖、一皮丁砖间隔相砌而成，上下皮的竖向灰缝都错开 1/4 砖长，是一种常用的组砌方式，其特点是一皮顺砖（砖的长边与墙身长度方向平行的砖），皮丁砖（砖的长面与墙身长度方向垂直的砖）间隔相砌，每隔一皮砖，丁顺相同，竖缝错开。这种砌法整体性好，多用于一砖墙。

2）三顺一丁

这是最常见的组砌形式，由三皮顺砖、一皮丁砖组砌而成，上下皮顺砖搭接半砖长，丁砖与顺砖搭接 1/4 砖长，因三皮顺砖内部纵向有通缝，故整体性较差，且墙面也不易控制平直。但这种组砌方法因顺砖较多，砌筑速度快。

3）梅花丁

这种砌法又称沙包式，是每皮中顺砖与丁砖间隔相砌，上下皮砖的竖缝相互错开 1/4 砖长。这种砌法内外竖缝每皮都能错开，整体性较好，灰缝整齐，比较美观，但砌筑效率较低，多用于清水墙面。

4）两平一侧

两平一侧又称18墙，其组砌特点为：平砌层上下皮间错缝半砖，平砌层与侧砌层之间错缝 1/4 砖。此种砌法比较费工，效率低，但节省砖块，可以作为层数较小的建筑物的承重墙。

5）全顺法

此法仅用于砌半砖厚墙。

（2）砌筑施工方法

1）砌筑砂浆在用塑条布或苦布搭成的暖棚内集中拌制，暖棚内环境温度不可低于5℃。砂浆优先选用外加剂法（外加剂的类型及掺量根据其设计及试验确定），水泥采用普通硅酸盐水泥。水泥放在暖棚内，砂堆采用彩条布覆盖。必要时在搅拌棚内生火，并用水箱烧热水用于搅拌砌筑砂浆。

2）砌筑砂浆不得使用污水拌制，且砂浆稠度在较高温度时适当增大。拌制砂浆所用的砂中不得含有直径大于10mm的冻块或冰块。拌和砂浆时，水的温度不得超过80℃。当水温超过规定时，应将水、砂先行搅拌，再加入水泥，以防出现假凝现象，搅拌时间比常温增加1/2倍。

3）外加剂应设专人先按规定浓度配制成溶液置于专用容器中，然后再按规定掺量加入搅拌机中拌制成所需砂浆，外加剂法砌筑时砂浆温度不应低于5℃。

4）对于普通砖、砌块在砌筑前要清除表面冰雪，不得使用遭水浸和受冻的砖或砌块。

5）对砖砌体采用"三一"砌法，灰缝不大于10mm。每日砌筑后要及时在砌筑体表面覆盖塑料布及麻袋。砌体表面不得有砂浆，并在继续砌筑前扫净砌筑面，每日可砌高度不超过1.2m。

6）砌筑工程的质量控制，在施工日记中除要按常温要求记录外，尚应记录室外空气的温度、砌筑砂浆温度、外加剂掺量等。

7）砌筑砂浆掺加防冻剂的量由土建试验室确定，专人负责严格按配比进行计量。

8）当气温低于-15℃时，提高将砂浆强度等级提高一级，送砂浆小车加装护盖，以保证一定的砌筑温度使砂浆上墙后不致立即冻结。

9）每班砌筑后，砖（浮石块）上不准铺灰，并用草帘等保温材料覆盖，以防止砌体砂浆受冻，继续施工前，先扫净砖面后再施工。

10）冬季进行室内抹灰，需在室内生火，并及时将门窗安装好，必要时，用草帘将窗洞封堵，以便提高室内温度。

11）室内砂浆涂抹时，砂浆的温度不能低于5℃。

12）如墙面涂刷涂料、砌筑砂浆和抹灰砂浆中，均不准加入含氯盐的防冻剂，严禁使用受冻砂浆。

13）搅拌所用的砂不能含有冰块和直径大于10mm的浆块，砂浆随拌随用，在砌筑时不准随意向砂浆内加热水。

（3）质量要求

砌筑质量的具体要求应符合相关规范的要求。砖墙砌体应横平竖直，砂浆饱满，上下错缝，内外搭砌，接槎牢固。

1）组织施工人员学习应用规范

要保证砖砌体的施工质量，就一定要严格地按规范的要求施工。例如规范中对于临时间断留槎方法、构造柱的施工方法、水平灰缝的控制都有明确要求，但有些施工人员并不掌握和了解规范。有些队伍施工中出现先砌外墙后砌内横墙、再砌内纵墙的"三步"砌筑法，就是没有真正掌握"规范"要领。因此要组织广大基层施工人员学习"规范"，使他们能够熟悉规范，并准确地应用。

2）严格控制进场材料质量，砖的品种、强度等级必须符合设计要求用于清水墙柱表面的砖，应边角整齐、色泽均匀。配制砂浆的各种原材料质量、等级必须符合设计要求。

3）改进操作工艺，采用合适的砌筑方法

水平灰缝砂浆饱满度很大程度上取决于砌筑方法，从目前的施工情况来看，采用"三一"砌砖法（一铲灰、一块砖、一挤揉）。这种砌筑方法只要砂浆稠度适当，一般是能使砂浆饱满度达到80％以上，而且竖缝也能挤进砂浆，能够较好地控制水平灰缝的饱满度。

4）坚持和发扬传统的施工工艺

多年来砌体施工中采取了一些有效措施，如设置皮数杆，随时吊靠墙体的垂直度和平整度、37cm 砖墙两面挂线，当天搅拌砂浆当天用完，干砖不上墙等。通过多年的实践证明，这些传统工艺对于水平灰缝厚度、墙面的平整度、垂直度等指标可以有效地控制，应该继续采用。

5）加强施工过程中关键工序的检查

检查砌体使用的砖是否符合要求，砂浆是否经过试配和按配比配合。砌体临时间断处是否衔接牢固，构造柱是否有夹层与断柱情况，是否与砌体衔接牢固；组砌形式是否有严重缺陷（如包心砌筑砖柱）。对地震设防区的砖砌体更要严格要求，一般情况下不允许临时间断处留直槎。对砌筑质量差、不能保证砌体整体性与稳定性的，一定要进行处理。

（4）所需机具、工具

1）瓦刀。

2）大铲，用于铲灰、铺灰和刮浆的工具，也可以在操作中用它随时调和砂浆。

3）井架。

4）龙门架，用于制造模具、汽修工厂、矿山、土建施工工地及需要起重场合。

5）卷扬机，是升降井架和龙门架上吊篮的动力装置。

6）附壁式升降机（施工电梯）。

7）塔式起重机。

5. 屋面防水工程施工方案

（1）施工技术准备

对施工人员技术交底，保证所有施工人员都能按有关操作规程、规范及有关工艺要求施工。编制屋面工程施工方案、技术措施，并经过建设单位及监理部门审定。屋面工程施工时，应建立工序的自检、交接检和专职人员的"三检"制度。屋面防水施工应由经资质审查合格的防水专业队伍进行施工。

（2）材料准备

屋面防水材料主要是 SBS 改性沥青防水卷材，其采用 SBS 改性沥青为主要材料加工制成，是近年来深受推崇的一种新型防水卷材，具有高温不流淌，低温柔度好，延伸率大，不脆裂，耐疲劳，抗老化，韧性强，抗撕裂强度和耐穿刺性能好，使用寿命长，防水性能优异等特点。采用热熔施工法，把卷材热熔搭接，熔合为一体，形成防水层，达到防水效果。基层处理剂采用改性沥青涂料。辅助材料主要包括工业汽油等，用于胶剂清洗机具、喷灯燃料使用。材料的贮存与保管：卷材应贮存在阴凉通风的室内，避免雨淋、日晒和受潮，严禁接近火源；沥青防水卷材宜直立堆放，其高度不宜超过两层，并不得倾斜或横压；卷材应避免与化学介质及有机溶剂等有害物质接触。

6. 建筑垂直运输机械方案

结构吊装工程常用的起重安装机械有桅杆式起重机、自行杆式起重机和塔式起重机。

（1）桅杆式起重机

桅杆式起重机包括独脚把杆、人字把杆、悬臂把杆和牵缆式把杆。

（2）自行杆式起重机

自行杆式起重机包括以下几种：

1）履带式起重机

履带式起重机由行走装置、回转机构、机身及起重杆等部分组成。目前在单层工业厂房装配式结构吊装中得到了广泛使用，但它的缺点是稳定性较差，不宜超负荷吊装。

2）汽车式起重机

汽车式起重机是把起重机构安装在通用或专用汽车底盘上的全回转起重机。这种起重机的优点是转移迅速，对路面的破坏性很小；缺点是吊重时必须使用支腿，因而不能负荷行驶，适用于构件运输的装卸工作和结构吊装作业。

3）轮胎式起重机

轮胎式起重机的特点是：行驶时对路的破坏性较小，行驶速度比汽车起重机慢，但比履带式起重机快；稳定性较好，起重量较大；吊重时一般需要支腿，否则起重量大大减小。

（3）塔式起重机

塔式起重机具有竖直的塔身，起重臂安装在塔身的顶部，形成"T"形的工作空间，具有较高的有效高度和较大的工作半径，起重臂可回转360°，因此，塔式起重机在多层及高层装配式结构吊装中得到了广泛应用。

1）轨行塔式起重机

这是应用最广泛的一种起重机，适用于工业与民用建筑的吊装或材料仓库的装卸等工作。其特点为：起重机借助本身机构能够转弯行驶，起重高度可按需要增减塔身互换节架。

2）爬升式塔式起重机

爬升式塔式起重机是一种安装在建筑物内部（电梯井或特设开间）的结构上，借助爬升机构，随着建筑物的增高而爬升的起重机械。一般每隔2层楼便爬升一次。这种起重机主要用于高层建筑施工。爬升式塔式起重机不需铺设轨道又不占用施工场地，适用于施工现场狭窄的高层建筑工程。

3）附着式塔式起重机

附着式塔式起重机是固定在建筑物近旁混凝土基础上的起重机械，它可借助顶升系统随着建筑施工进度而自行向上接高。为了减小塔身的计算长度规定每隔20m左右将塔身与建筑物用锚固装置连接起来。这种塔式起重机适用于高层建筑施工。

岗课赛证融通小测

1.（单项选择题）砌体施工中，砖与砂浆的配合比不正确可能导致的后果是（　　）。

A. 增强砌体的透水性　　　　　　　B. 提高砌体的抗压强度

C. 减少砌体的热导率　　　　　　　D. 减少砌体的耐久性

2.（单项选择题）桩基础施工中，预制桩的主要优点是（　　）。

A. 成本低　　　　　　　　　　　　B. 施工速度快

C. 适应性强　　　　　　　　　　　D. 维护简单

3.（单项选择题）混凝土施工中，使用振捣棒过程中需要注意的是（　　）。

A. 持续时间不宜过长　　　　　　　B. 只在表面振捣

C. 振捣间距可以任意调整　　　　　D. 振捣时不需移动

4.（多项选择题）混凝土施工中，保证混凝土质量的措施包括（　　）。

A. 严格控制水灰比　　　　　　　　B. 使用高质量水泥

C. 合理设计混凝土配合比　　　　　D. 保证充分振捣

E. 长时间暴晒

5.（多项选择题）土方开挖过程中，为防止坍塌应采取的措施包括（　　）。

A. 设施排水　　　　　　　　　　　B. 斜坡开挖

C. 支护结构　　　　　　　　　　　D. 加深基坑

E. 增设监测设备

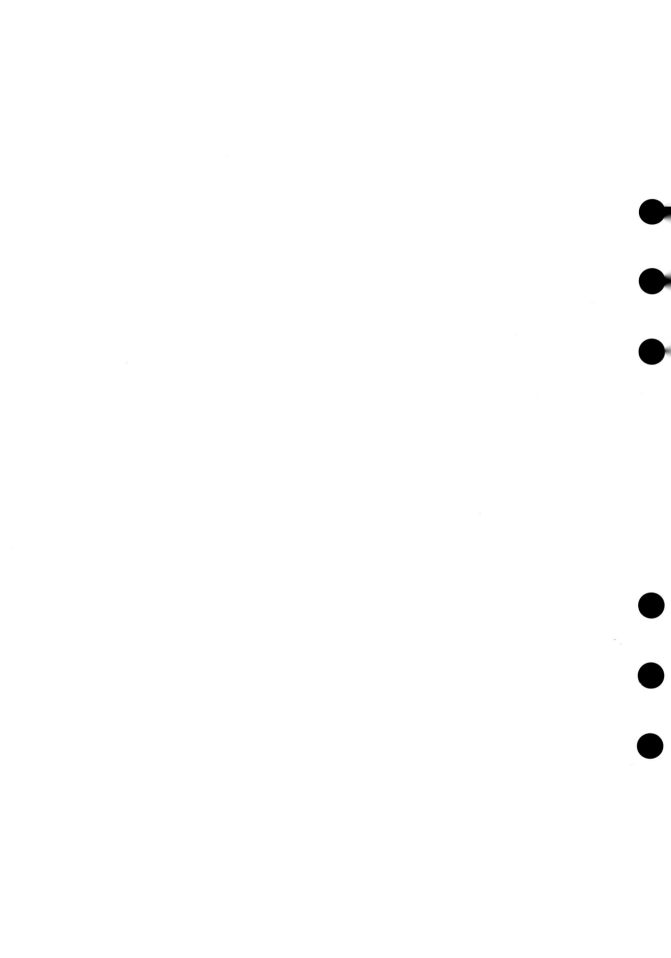

任务 4.4　工作任务单

学习任务名称：　　　编写商务写字楼施工方案

班级：＿＿＿＿＿＿＿＿＿＿＿姓名：＿＿＿＿＿＿＿＿＿＿＿日期：＿＿＿＿＿＿＿＿＿＿＿

01　学生任务分配表

组名		指导教师	
组长		学号	
组员			
任务分工			

02 任务准备表

工作目标	编写商务写字楼工程概况
序号	任务
1	请根据提供的案例和图纸资料，结合已有商务写字楼施工案例，编写"富泽天汇"项目施工方案。要求包括： （1）土石方工程； （2）基础工程； （3）主体工程； （4）屋面与防水工程。

03　学生个人自评表

班级		组名		日期	
姓名		学号			
评价指标	评价内容			分数	分数评定
信息检索	能有效利用网络、图书资料找有用的相关信息等；能用自己的语言有条理地去解释、表述所学知识；能将查到的信息有效地传递到学习中			10 分	
感知课堂	是否熟悉项目经理助理岗位，认同岗位工作价值；在学习中是否能获得满足感，认同课堂文化			10 分	
参与态度	积极主动参与学习，能吃苦耐劳，崇尚劳动光荣，技能宝贵；与教师、同学之间是否相互尊重、理解、平等；与教师、同学之间是否能够保持多向、丰富、适宜的信息交流			10 分	
	能处理好合作学习和独立思考的关系，做到有效学习；能提出有意义的问题或能发表个人见解；能按要求正确完成任务；能够倾听别人意见、协作共享			10 分	
学习过程	1. 会阐述施工方案的编写依据			10 分	
	2. 能列出主要分部分项工程的施工方案			10 分	
	3. 能编写商务写字楼工程施工方案			10 分	
思维态度	是否能发现问题、提出问题、分析问题、解决问题、创新问题			10 分	
自评反馈	按时按质完成工作任务；较好地掌握了专业知识点；具有较强的信息分析能力和理解能力；具有较为全面严谨的思维能力并能条理清楚明晰表达成文			20 分	
自评分数					
有益的经验和做法					
总结反馈建议					

04 组内互评表

班级		组名		日期	
验收组长		被验收者		学号	
组内验收成员					
任务要求					
验收文档清单	任务工作单： 文献检索清单：				

	评分标准	分数	得分
验收评分	1. 会详细解释施工方案的编写依据计，错误一处扣10分	40分	
	2. 能根据具体工程列出主要分部分项工程，错误一处扣5分	40分	
	3. 能编写商务写字楼施工方案，错误一处扣2分	10分	
	4. 提供文献检索清单，不少于5项，缺一项扣2分	10分	
评价分值			
不足之处			

05　组间互评表

班级		被评组名		日期	
验收组名 （成员签字）					

评价指标	评价内容	分数	分数评定
汇报表述	表述准确	15 分	
	语言流畅	10 分	
	准确反映该组完成情况	15 分	
内容正确度	内容正确	30 分	
	阐述表达到位	30 分	
互评分数			
简要评述			

06　任务完成情况评价表

班级			组名			
姓名			学号			
序号	任务内容及要求		配分	评分标准	教师评价	
					结论	得分
1	详细阐述施工方案的编写依据	描述正确	20分	错误一个扣5分		
		语言流畅	10分	酌情赋分		
2	根据具体工程列出主要分部分项工程施工方案	描述正确	20分	错误一个扣5分		
		语言流畅	10分	酌情赋分		
3	能编写商务写字楼工程施工方案	描述正确	10分	错误一个扣2分		
		语言流畅	10分	酌情赋分		
4	提供5项文献检索清单	数量	10分	错误一个扣2分		
		参考的主要内容要点	10分	酌情赋分		
5	素质素养评价	沟通交流能力	20分	酌情赋分，但违反课堂纪律，不听从组长、教师安排，不得分		
		团队合作				
		课堂纪律				
		自主探学				
		合作研学				
		精益求精、专心细致的工作作风				
		诚实守信的意识				
		讲原则守规矩的意识				
		规范意识				
总分						

任务 4.5　绘制商务写字楼施工进度计划

工作任务	编写商务写字楼施工进度计划	建议学时	4 学时
任务描述	绘制商务写字楼施工进度计划，需要确定主要分部分项工程名称及施工顺序、确定各施工过程的延续时间、明确各施工过程间的衔接、穿插、平行、搭接等协作配合关系等，能够组织均衡、连续的施工，确保施工进度和工期，也是编制后续施工场地布置图的依据。		
学习目标	★ 理解施工进度计划的编写依据； ★ 能够列出主要分部工程的延续时间； ★ 能够编写商务写字楼工程施工进度计划； ★ 能够主动获取信息，展示学习成果，并相互评价、对商务写字楼施工进度计划进行优化，与团队成员进行有效沟通，团结协作。		
任务分析	编制单位工程进度计划首先要收集相关工程资料，并对资料进行整理筛选；其次要划分施工过程，计算各过程持续时间，最后依据施工工艺流程，绘制进度计划图，并进行动态调整。		

任务导航

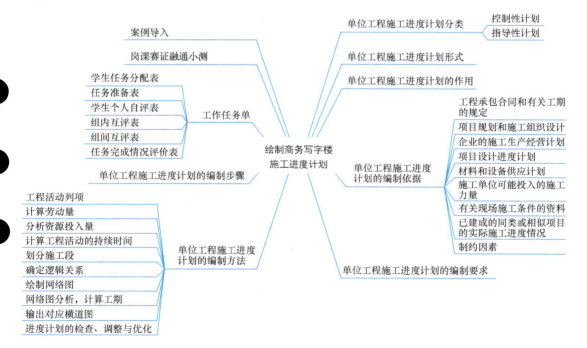

 案例导入

2021年9月，某地的A-1科研楼项目举行封顶仪式。该项目工程总建筑面积9.7万平方米，面临工期紧、技术难度大的问题，最终项目通过进度计划的高效管控，实现优化工期4%（43天），优化劳动力3%（减少钢筋工投入19人，减少木工投入23人）。

假设某商务写字楼项目，工期要求28个月，应该如何对进度进行合理控制，满足时间要求？

 知识链接

工程项目进度计划分为总进度计划与单位工程进度计划，本任务以某商务写字楼的单位工程为研究对象进行介绍。

单位工程施工进度计划指的是控制工程施工进度和工程竣工期限等各项施工活动的实施计划。它是在既定的施工方案的基础上，根据规定工期和各项资源的供应条件，按照合理的施工顺序及组织要求编制而成的，是单位工程施工组织设计的重要内容之一。

4.5.1　单位工程施工进度计划分类

（1）控制性计划

控制各分部工程的施工时间、互相配合与搭接关系，用于大型、复杂、工期长、资源供应不落实、结构可能变化等工程。主要适用于工程结构比较复杂、规模较大、工期较长而且需要跨年度施工的工程（如体育场、火车站等大型公共建筑以及大型工业厂房等）；它也是用于工程规模不大或结构不复杂但各种资源（劳动力、施工机械设备、材料、构配件等）供应尚且不能落实或由于某些建筑结构设计、建筑规模可能还要进行较大的修改，具体方案尚未落实等情况的工程。编制控制性施工进度计划的单位工程，在进行各分部工程施工之前，还要分阶段地编制各分部工程的指导性施工进度计划。

（2）指导性计划

具体确定各主要施工过程的施工时间、互相配合与搭接关系（实施性计划），适用于工程任务具体而明确，施工条件基本落实，各项资源供应比较充足，施工工期不太长的工程。

4.5.2　单位工程施工进度计划形式

（1）图表（水平、垂直）：形象直观地表示各工序的工程量，劳动量，施工班组的工种、人数，施工的延续时间、起止时间。

（2）网络图：表示出各工序间的相互制约、依赖的逻辑关系，关键线路等。

4.5.3　单位工程施工进度计划的作用

（1）单位工程施工进度计划是施工中各项活动在时间上的反映，是指导施工活动、保证施工顺利进行的重要文件之一。

（2）能确定各分部分项工程和各施工过程的施工顺序及其持续时间和相互之间的配合、制约关系。

（3）为劳动力、机械设备、物资在时间上的需要计划提供了依据。

（4）保证在规定的工期内完成符合工程质量的施工任务。

（5）为编制季度、月度生产作业计划提供依据。

4.5.4　单位工程施工进度计划的编制依据

（1）工程承包合同和有关工期的规定

合同中工期的规定是确定工期计划值的基本依据，合同规定的工程开工、竣工日期，必须通过进度计划来落实。

（2）项目规划和施工组织设计

这个资料明确了施工能力部署与施工组织方法，体现了项目的施工特点，因而成为确定施工过程中各个阶段目标计划的基础。

（3）企业的施工生产经营计划

项目进度计划是企业计划的组成部分，要服从企业经营方针的指导，并满足企业综合平衡的要求。

（4）项目设计进度计划

图纸资料是施工的依据，施工进度计划必须与设计进度计划相衔接，必须根据每部分图纸资料的交付日期来安排相应部位的施工时间。

（5）材料和设备供应计划

如果已经有了关于材料和设备及周转材料供应计划，那么，项目施工进度计划必须与之相协调。

（6）施工单位可能投入的施工力量，包括劳动力、施工机械设备等。

（7）有关现场施工条件的资料，主要包括施工现场的水文、地质、气候环境资料，以及交通运输条件、能源供应情况、辅助生产能力等。

（8）已建成的同类或相似项目的实际施工进度情况等。

（9）制约因素

1）强制日期，项目业主或其他外部因素可能要求在某规定的日期前完成项目；

2）关键事件或主要里程碑事件，项目业主或其他利害关系者可能要求在某一规定日期前完成某些可交付成果；

3）其他假定的前提条件等。

4.5.5　单位工程施工进度计划的编制要求

（1）保证在合同规定的工期内完成，努力缩短施工工期；

（2）保证施工的均衡性和连续性，尽量组织流水搭接、连续、均匀施工，减少现场工作面的间歇和窝工现象；

（3）尽可能地节约施工费用，尽量缩小现场临时设施的规模；

（4）合理安排机械化施工，充分发挥施工机械的生产效率；

（5）合理组织施工，努力减少因组织安排不当等人为因素造成的时间损失和资源浪费；

（6）保证施工质量和安全。

4.5.6　单位工程施工进度计划的编制步骤

进度计划的编制是在项目结构分解并确定施工方案的基础上进行的，如图 4-9 所示。

（1）工程活动列项

根据项目结构分解得到的项目目标和范围确定主要工程活动，编制工程活动清单。

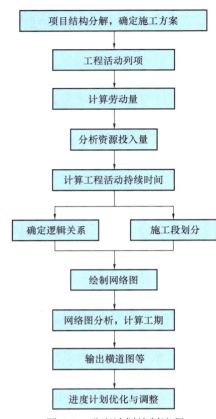

图 4-9　进度计划编制流程

（2）计算劳动量

根据各项活动的工程量、劳动效率计算劳动量，得到综合工日。

（3）分析资源投入量

根据现有资源、各项活动的工作面，分析能够投入各项工程活动中的资源。

（4）计算工程活动的持续时间

由劳动量及资源可投入量计算各项活动的持续时间。

（5）划分施工段

根据工程活动内容、工程量、持续时间划分施工段。

（6）确定逻辑关系

根据工艺关系、组织关系等确定各工程活动之间的逻辑关系。

（7）绘制网络图

根据逻辑关系、结合施工段的划分，绘制网络图。

（8）网络图分析，计算工期

（9）输出横道图等

在此基础上，可编制旬、月、季计划及各项资源需要量计划。

（10）进度计划的优化与调整

需要注意的是，上述编制进度计划的步骤不是孤立的，而是互相依赖、互相联系的，有的可以同时进行。

4.5.7　单位工程施工进度计划的编制方法

1. 工程活动列项

根据项目结构分解得到的项目目标和范围，划分施工过程，确定工程活动，进行活动定义，编制工程活动清单。需要注意的是：要选择合适的工程活动划分细度，组织好工程活动的层级关系。对于工程活动清单中的里程碑事件，一定要明确列出。

里程碑事件是指工期为零、用来表示日程的重要事项，表示重要工程活动的开始或结束，是工程项目生命期中关键的事件。常见的里程碑事件有：现场开工（基）、基础完成、主体结构封顶、工程竣工、交付使用等。

在工程活动列项时，应注意以下几个问题：

（1）工程活动划分的粗细程度，应根据进度计划的需要来决定。

（2）工程活动的划分要结合所选择的施工方案。

（3）适当简化进度计划的内容，避免施工项目划分过细、重点不突出。

（4）水、暖、电、卫和设备安装等专业工程不必细分具体内容。

（5）所有工作项应大致按施工顺序列成表格，编排序号，避免遗漏或重复，其名称可参考现行的施工定额手册上的项目名称。

2. 计算劳动量

劳动量是指一个人（或 1 台机械）完成某项工程活动所需要的时间，单位是工时、工日（或台班）。劳动量是由工程量和劳动效率确定的。

工程量，即各项工程活动的工作量，可直接套用施工预算的工程量，或根据施工预算中的工程量总数，按各施工层和施工段在施工图中所占的比例加以划分即可。

劳动效率就是定额，包括时间定额和产量定额。时间定额是完成单位工程量所需的时间。例如，一个人浇筑 $1m^3$ 混凝土需要 2.667h，单位是 h/m^3；产量定额是用单位时间完成的工程数量，如一个人每小时浇筑混凝土 $0.375\ m^3$，单位是 m^3/h。时间定额与产量定额是互为倒数的关系。

一般情况下，劳动量按如下公式计算：

$$劳动量 = 工程量 \div 产量定额 \tag{4-1}$$
$$劳动量 = 工程量 \times 时间定额 \tag{4-2}$$

例如，支模板，工程量为 $196.75m^2$，产量定额为 $2.77m^2$ 工日，则：

劳动量 $= 196.75 \div 2.77 = 71$（工日）

对于定额的确定，常遇到定额所列项目的工作内容与编制施工进度计划所列项目不一致的情况，此时应当换算成平均定额。

$$H = \frac{H_1 + H_2 + \cdots H_n}{n} \tag{4-3}$$

式中　H_1，H_2，$\cdots$，H_n——同一性质不同类型分项工程时间定额；

　　　　H——平均时间定额；

　　　　n——分项工程的数量。

（1）查用定额时，若定额对同一工种不一样时，可用其平均定额。

（2）对于有些采用新技术、新材料、新工艺、新设备或特殊施工方法的施工项目，其定额在施工定额手册中未列入，则可参考类似项目或实测确定。

（3）对于"其他工程"项目所需劳动量，可根据其内容和数量，并结合施工现场的具体情况，以占总劳动量的百分比（一般为 10％～20％）计算。

（4）水、暖、电、卫设备安装等工程项目，一般不计算劳动量和机械台班需要量，仅安排与一般土建单位工程配合的进度。

3. 分析资源投入量

根据现有资源、各项活动的工作面，分析能够投入各项工程活动上的资源，主要是劳动力资源和机械资源的数量。例如，对于劳动力资源的投入，要考虑现有的劳动力资源数量、每项工程活动的各个工种工作面情况，来确定投入的工人数量。工作面是指工人工作时所占用的面积，是施工的一个"工作平台"，也是每次施工所需要的最小单元。施工段与工作面的区别为，施工段是几个工作面的合称，它是把多个工作面划分成一个段，在这个段内分若干次进行施工。

当然，在确定资源投入量时，也要考虑工期要求。如果工期要求紧张，那就要增加劳动力资源或机械资源的投入量。有些工程，是根据工期反推资源投入量的，此处不详述。

4. 计算工程活动的持续时间

由劳动量及资源投入量计算各项工程活动的持续时间。单项活动的持续时间计算公式如下：

$$单项活动的持续时间 = \frac{工程量}{班组人数 \times 每天班次 \times 8h \times 产量效率} \qquad (4\text{-}4)$$

【例 4-1】 某工程需要浇筑基础混凝土 $600m^3$，投入 3 个混凝土班组，每班组 10 个人，预计人均产量效率为 $0.375m^3/h$，每天工作 8h。试确定基础混凝土浇筑工作的持续时间。

【解】 每班组一天可浇筑混凝土 = $0.375 \times 8 \times 10 = 30[m^3/(天 \cdot 班)]$

3 个班组一天可浇筑混凝土 = $30 \times 3 = 90(m^3/天)$

该混凝土浇筑工作的持续时间 = $600 \div 90 = 6.67(天) \approx 7(天)$

5. 划分施工段

为了有效地组织流水施工，通常把施工项目在平面上划分为若干个劳动量大致相等的施工段落，这些施工段落称为施工段。每一个施工段在某一段时间内只供给一个施工过程使用。划分施工段的目的是更好地安排交叉作业以便缩短工期。如图 4-10 所示，某混凝土工程，包括支模板、绑扎钢筋、浇筑混凝土，将其划分为 2 个施工段。

在划分施工段时，应考虑以下几点：

（1）施工段的分界同施工对象的结构界限（伸缩缝、温度缝、沉降缝和建筑单元等）尽可能一致。

（2）各施工段上所消耗的劳动量尽可能相近划分的段数不宜过多，以免使工期延长；

（3）对各施工过程均应有足够的工作面。

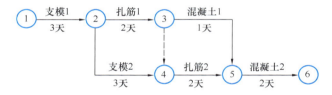

图 4-10　混凝土工程双代号网络计划

6. 确定逻辑关系

逻辑关系是指各项工程活动的先后顺序关系，包括工艺关系和组织关系。工艺关系是指由施工顺序或工作程序决定的先后顺序关系；组织关系是由于组织安排需要或资源（劳动力、原材料、施工机具等）调配需要而规定的先后顺序关系。逻辑关系的确定既是为了按照客观的施工规律组织施工，也是为了解决工种之间在时间上的搭接和在空间上的利用问题。在保证质量与安全施工的前提下，充分利用空间，争取时间，实现缩短工期的目的。合理地确定逻辑关系是编制施工进度计划的必要条件。

（1）工艺关系

工艺关系是指生产工艺上客观存在的先后顺序，即施工顺序。例如，建筑工程施工时，先做基础，后做主体；先做结构，后做装修，这些顺序是不能随意改变的。又如在基础工程施工中，挖基础和做垫层之间的先后顺序关系就属于工艺关系；又如，图 4-10 中，支模板→绑扎钢筋→浇筑混凝土，就是工艺关系。建筑施工项目通常的施工顺序如下：

1）施工前准备工作

平整场地→定位放线→临时设施建造。

2）基础

定位放线→土方开挖→基坑支护→桩基施工→垫层、混凝土垫层及防水→柱下独立基础、条形基础、筏板→地下室墙、柱、梁施工→地下室外墙防水→回填土。

3）主体

支架搭设→墙、柱钢筋绑扎→支墙、柱模板→浇筑墙、柱混凝土→搭设梁板模板→绑扎梁、板钢筋→安装预埋管→浇筑楼面混凝土→养护、拆架子。

4）外装修

立双排架→抹灰→面砖或者干挂石材→安雨水管→散水、台阶→拆架子。

5）内装修

顶棚抹灰→内墙抹灰→门窗框安装→楼地面→五金、玻璃。

（2）组织关系

组织关系是指在不违反工艺关系的前提下，人为安排的工作的先后顺序。这是工作之间由于组织安排需要或资源（劳动力、原材料、施工机具等）调配需要而规定的先后顺序关系。例如，图 4-10 的分段流水作业中，支模 1→支模 2、扎筋 1→扎筋 2 等为组织关系；又如，建筑群中各个建筑物的开工顺序等。这些顺序可以根据具体情况，按安全、经济、高效的原则统筹安排。组织关系也被称为软逻辑关系，软逻辑关系是可以由项目管理班子确定的。

无论是工艺关系还是组织关系，它们的表达方式都可分为平行、顺序和搭接三种形式。相邻两项工作同时开始即为平行关系；如相邻两项工作先后进行即为顺序关系；两项工作只有一段时间是平行进行的则为搭接关系。

在确定逻辑关系时，需要注意的是：一定要组织好工程活动的层级关系，减少跨层级的业务逻辑关系。

7. 绘制网络图

根据逻辑关系，结合施工段的划分，绘制初始施工网络图。网络计划的表示方法很多，双代号网络计划、单代号网络计划、横道图等。

编制施工进度计划的初始网络图时，必须考虑各分部分项工程合理的施工顺序，尽可能按流水施工进行组织与编制，力求使主要工种的施工班组连续施工，并做到劳动力、资源计划的均衡。编制方法与步骤如下：

（1）先安排主要分部工程并组织其流水施工

主要分部工程尽可能采用流水施工方式编制进度计划，或采用流水施工与搭接施工相结合的方式编制施工进度计划，尽可能使各工种连续施工，同时也能做到各种资源消耗的均衡。

（2）安排其他各分部工程的施工或组织流水施工

其他各部分工程的施工应与主要分部工程相结合，同样也应尽可能地组织流水施工。

（3）满足施工工艺要求

按工艺的合理性和施工过程尽可能搭接的原则，将各施工阶段的流水作业图表搭接起来，即得到了单位工程施工进度计划的初始网络图。

8. 网络图分析，计算工期（详见本教材任务 3.3）

9. 输出对应横道图

网络图虽然利于表达逻辑关系，便于计算，但是由于网络图上时间参数多，看起来不直观，所以需将其转化为横道图，以利于直观清晰地表达各项活动的起止时间安排及总工期。

10. 进度计划的检查、调整与优化

检查、调整与优化的目的在于使施工进度计划的初始方案满足规定的目标。

1）施工顺序检查与调整

施工进度计划中施工顺序的检查与调整主要考虑以下几点：各个施工过程的先后顺序是否合理；主导施工过程是否最大限度地进行流水与搭接施工；而其他的施工过程是否与主导施工过程相配合，是否影响主导施工过程的实施以及各施工过程中的技术组织时间间歇是否满足工艺及组织要求，如有错误之处，应给予调整或修改。

2）施工工期的检查与调整

施工进度计划安排的施工工期应满足上级规定的工期或合同中要求的工期。不能满足时，则需重新安排施工进度计划或改变各分项分部工程流水参数等进行修改与调整。

3）劳动力消耗的均衡性

劳动力消耗的均衡性是针对整个单位工程或各个工种而言，应力求每天出勤的工人人数不发生过大变动。为了反映劳动力消耗的均衡情况，通常采用劳动力消耗动态图来表示。对于单位工程劳动力消耗动态图，一般绘制在施工进度计划表的下方。基础阶段施工进度及劳动力消耗动态图如图 4-11 所示。

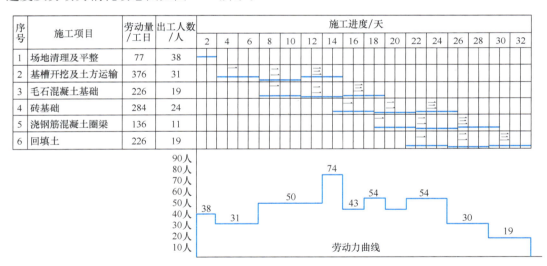

图 4-11 基础阶段施工进度及劳动力消耗动态图

4）主要施工机械的利用程度

在编制施工进度计划中，主要施工机械通常是指混凝土搅拌机、灰浆搅拌机、自行式起重机、塔式起重机等，在编制的施工进度计划中，要求机械利用程度高可以充分发挥机械效率，节约资金。应当指出，上述编制施工进度计划的步骤并不是孤立的，有时是相互联系的，串在一起的，有时还可以同时进行。但由于建筑施工受客观条件影响的因素很多，如气候、材料供应、资金等，使其经常不符合设计的安排。因此在工程进行中应随时掌握施工情况，经常检查，不断进行计划的修改与调整。

　　初始方案经过检查，对不符合要求的部分需进行调整。调整方法一般有：增加或缩短某些施工过程的施工持续时间；充分利用非关键工作的时差；压缩关键线路的持续时间；调整逻辑关系，在符合工艺关系的条件下，将某些施工过程的施工时间向前或向后移动；增减某些工作项目；重新估计某些工作的持续时间；必要时，还可以改变施工方法。

 岗课赛证融通小测

1.（单项选择题）单位工程施工计划中"里程碑事件"指的是（　　　）。

A. 项目开始和结束　　　　　　　　B. 关键任务的完成

C. 任何工作活动　　　　　　　　　D. 项目审批点

2.（单项选择题）施工项目进度控制的主要目的是（　　　）。

A. 降低成本　　　　　　　　　　　B. 缩短工期

C. 确保工程质量　　　　　　　　　D. 实现项目目标

3.（单项选择题）施工进度计划的调整，通常不包括（　　　）。

A. 设计变更　　　　　　　　　　　B. 施工队伍更换

C. 材料价格波动　　　　　　　　　D. 天气变化

4.（多项选择题）施工进度计划的调整可能由（　　　）引起。

A. 材料供应延迟　　　　　　　　　B. 设计变更

C. 劳动力成本变动　　　　　　　　D. 政策法规更新

E. 竞争对手的施工进度

5.（多项选择题）施工进度计划编制的基本步骤包括（　　　）。

A. 工程量计算　　　　　　　　　　B. 施工方法选择

C. 施工队伍配置　　　　　　　　　D. 资金流预测

E. 风险评估

任务 4.5　工作任务单

学习任务名称：____编制商务写字楼施工进度计划____

班级：_____　姓名：_____　日期：_____

01　学生任务分配表

组名		指导教师	
组长		学号	
组员			
任务分工			

02 任务准备表

工作目标	编写商务写字楼施工进度计划
序号	任务
1	请根据提供的案例和图纸资料，结合已有商务写字楼施工案例，编写"富泽天汇"项目施工进度计划要求包括： （1）熟悉了解混凝土结构工程的施工内容，根据任务资料要求在计划中包含所有必要的施工过程，不漏项。 （2）熟悉了解商务写字楼工程的施工组织安排，根据任务资料要求进行合理的施工段划分和施工组织，在计划中确定各项施工工作的搭接关系，形成完整正确的关键线路。 （3）施工进度计划要求总工期 28 个月，通过本任务了解商务写字楼工程的工作量、工期估算方法，并通过组织安排优化计划工期达到要求工期目标。 （4）编写的双代号网络计划图要求清晰美观，对进度计划中的要点能够直观清晰地展现。

03　学生个人自评表

班级		组名		日期	
姓名		学号			
评价指标	评价内容		分数	分数评定	
信息检索	能有效利用网络、图书资料找有用的相关信息等；能用自己的语言有条理地去解释、表述所学知识；能将查到的信息有效地传递到学习中		10 分		
感知课堂	是否熟悉项目经理助理岗位，认同岗位工作价值；在学习中是否能获得满足感，认同课堂文化		10 分		
参与态度	积极主动参与学习，能吃苦耐劳，崇尚劳动光荣，技能宝贵；与教师、同学之间是否相互尊重、理解、平等；与教师、同学之间是否能够保持多向、丰富、适宜的信息交流		10 分		
	能处理好合作学习和独立思考的关系，做到有效学习；能提出有意义的问题或能发表个人见解；能按要求正确完成任务；能够倾听别人意见、协作共享		10 分		
学习过程	1. 会阐述施工进度计划的编写依据		10 分		
	2. 能列出主要分部工程的延续时间		10 分		
	3. 能编写商务写字楼工程施工进度计划		10 分		
思维态度	是否能发现问题、提出问题、分析问题、解决问题、创新问题		10 分		
自评反馈	按时按质完成工作任务；较好地掌握了专业知识点；具有较强的信息分析能力和理解能力；具有较为全面严谨的思维能力并能条理清楚明晰表达成文		20 分		
自评分数					
有益的经验和做法					
总结反馈建议					

04 组内互评表

班级		组名		日期	
验收组长		被验收者		学号	
组内验收成员					
任务要求					

验收文档清单	任务工作单：
	文献检索清单：

验收评分	评分标准	分　数	得分
	1. 会详细解释施工进度计划的编写依据计，错误一处扣10分	40分	
	2. 能根据具体工程列出主要分部的持续时间，错误一处扣5分	40分	
	3. 能绘制商务写字楼施工进度计划，错误一处扣2分	10分	
	4. 提供文献检索清单，不少于5项，缺一项扣2分	10分	
评价分值			
不足之处			

05　组间互评表

班级		被评组名		日期	
验收组名 （成员签字）					
评价指标	评价内容			分数	分数评定
汇报表述	表述准确			15 分	
	语言流畅			10 分	
	准确反映该组完成情况			15 分	
内容正确度	内容正确			30 分	
	阐述表达到位			30 分	
互评分数					
简要评述					

06　任务完成情况评价表

班级			组名			
姓名			学号			
序号	任务内容及要求		配分	评分标准	教师评价	
					结论	得分
1	详细阐述施工进度计划的编写依据	描述正确	20分	错误一个扣5分		
		语言流畅	10分	酌情赋分		
2	根据具体工程列出主要分部的持续时间	描述正确	20分	错误一个扣5分		
		语言流畅	10分	酌情赋分		
3	能编写商务写字楼工程施工进度计划	描述正确	10分	错误一个扣2分		
		语言流畅	10分	酌情赋分		
4	提供5项文献检索清单	数量	10分	缺一个扣2分		
		参考的主要内容要点	10分	酌情赋分		
5	素质素养评价	沟通交流能力	20分	酌情赋分，但违反课堂纪律，不听从组长、教师安排，不得分		
		团队合作				
		课堂纪律				
		自主探学				
		合作研学				
		精益求精、专心细致的工作作风				
		诚实守信的意识				
		讲原则守规矩的意识				
		规范意识				
总分						

任务4.6　绘制商务写字楼施工平面布置图

工作任务	绘制商务写字楼施工平面布置图	建议学时	8学时
任务描述	绘制商务写字楼施工平面布置图，需要了解单位工程施工现场布置图设计的依据，临水、临电的计算内容和计算方法；熟悉单位工程施工现场布置图的设计内容；掌握单位工程施工现场布置图设计的基本原则；掌握单位工程施工现场布置图设计的步骤。		
学习目标	★能够理解施工平面布置图的编写依据； ★能够运用所掌握的知识对施工现场进行有效管理，确保施工安全； ★能够结合给定的实际条件设计商务写字楼工程施工现场布置图； ★能够主动获取信息，展示学习成果，并相互评价、对商务写字楼主体阶段施工平面布置图进行优化，与团队成员进行有效沟通，团结协作。		
任务分析	施工平面布置图是施工组织设计的重要内容，需要在了解单位工程施工现场布置图设计的依据的基础上，合理安排现场的水、电、临时设施、道路、施工机械等，同时注重对施工现场进行有效管理。		

 **任务导航**

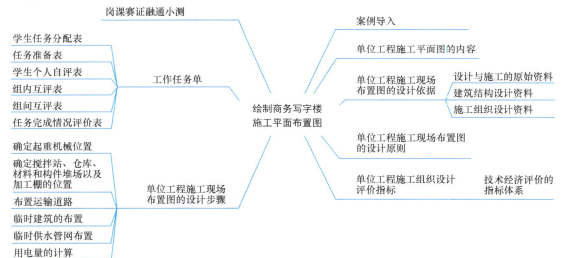

案例导入

　　某商务写字楼项目位于城市中心，周围环境复杂，施工空间有限，如图4-12所示。如何合理确定施工入口和出口，以减少对周边交通的影响？如何规划材料存储区？怎样布

图 4-12　施工平面布置图

局施工作业区，确保作业流程顺畅，减少相互干扰?

 知识链接

单位工程施工平面图是对拟建工程的施工现场所作的平面布置图，是施工组织设计中的重要组成部分，合理的施工平面图不但可使施工顺利地进行，同时也能起到合理地使用场地、减少临时设施费用、文明施工的目的。

4.6.1　单位工程施工平面图的内容

根据单位工程所包含的施工阶段（如基础施工阶段、主体结构施工阶段、装饰装修施工阶段）需要分别绘制，并应符合国家有关制图标准，通常按照 1∶200 至 1∶500 的比例绘制，图幅不宜小于 A3 尺寸。一般单位工程施工平面图包括：

（1）单位工程施工区域范围内的已建和拟建的地上、地下的建筑物及构筑物，周边道路、河流等，平面图的指北针、风向玫瑰图、图例等。

（2）拟建工程施工所需起重与运输机械（塔式起重机、井架、施工电梯等）、混凝土浇筑设备（地泵、汽车泵等）、其他大型机械等位置及其主要尺寸，起重机械的开行路线和方向等。

（3）测量轴线及定位线标志，测量放线桩及永久水准点位置、地形等高线和土方取、弃场地。

（4）材料及构件堆场。大宗施工材料的堆场（钢筋堆场、钢构件堆场）、预制构件堆场周转材料堆场。

（5）生产及生活临时设施。钢筋加工棚、木工棚、机修棚、混凝土拌和楼（站）、仓库工具房、办公用房、宿舍、食堂、浴室、门卫、围墙、文化服务房。

（6）临时供电、供水、供热等管线的布置；水源、电源、变压器位置确定；现场排水沟渠及排水方向等。

（7）施工运输道路的布置、宽度和尺寸；临时便桥、现场出入口、引入的铁路、公路和航道的位置。

（8）劳动保护、安全、防火及防洪设施布置以及其他需要的布置内容。

4.6.2　单位工程施工现场布置图的设计依据

单位工程施
工平面布置原则

在进行单位工程施工现场布置图之前，首先要认真研究施工部署和施工方案，并深入现场进行细致的调查研究，然后对施工现场布置图设计所需要的原始资料认真进行收集、分析，使设计与施工现场的实际情况相符，从而起到指导施工现场进行空间布置的作用。单位工程施工现场布置图设计依据下列内容：

（1）设计与施工的原始资料

1）自然条件资料

如气象、地形、水文及工程地质资料，主要用于确定临时设施的位置，布置施工排水系统，确定易燃、易爆及妨碍人体健康设施的位置。

2）技术经济条件资料

如交通运输、水源、电源、物资资源、生活和生产基地情况，主要用于确定材料仓库、构件和半成品堆场、道路及可以利用的生产和生活的临时设施。

（2）建筑结构设计资料

1）建筑总平面图

图上包括一切地上、地下拟建和已建的房屋和构筑物，据此可以正确确定临时房屋和其他设施设置，以及布置工地交通运输道路和排水等临时设施。

2）地上和地下管线位置

一切已有或拟建的管线，应考虑是利用还是提前拆除或迁移并需注意不得在拟建的管道位置上修建临时建筑物或者构筑物。

3）建筑区域的竖向设计和土方调配图

布置水、电管线、安排土方的挖填、取土或者弃土地点的依据，它影响施工现场的平面关系。

（3）施工组织设计资料

1）单位工程施工方案

据此确定起重机械的行走路线，其他施工机具的位置，吊装方案与构件预制、堆场的布置等，以便进行施工现场的整体规划。

2）施工进度计划

从中详细了解各个施工阶段的划分情况，以便分阶段布置施工现场。

3）劳动力和各种材料、构件、半成品等需要量计划（详见本教材任务 2）

据此确定宿舍、食堂的面积、位置仓库和堆场的面积、形式位置，运输道路等。

4.6.3　单位工程施工现场布置图的设计原则

（1）在保证施工顺利进行的前提下，现场应布置紧凑、节约用地、便于管理，并减少施工用的管线，降低成本。

（2）短运输、少搬运。各种材料尽可能按计划分期分批进场，充分利用场地，合理规划各项施工设施，科学规划施工道路，尽量使运距最短，从而减少二次搬运费用。

（3）施工区域的划分和场地的临时占用应符合总体施工部署和施工流程的要求，减少相互干扰。

（4）控制临时设施规模、降低临时设施费用。尽量利用施工现场附近的原有建筑物、构筑物为施工服务，尽量采用装配式设施提高安装速度。

（5）各项临时设施布置时，要有利于生产、方便生活，施工区与居住区要分开。

（6）符合劳动保护、安全、消防、环保、文明施工等要求。

（7）遵守当地主管部门和建设单位关于施工现场安全文明施工的相关规定。

绘制某单位工程
施工平面布置图

4.6.4 单位工程施工现场布置图的设计步骤

单位工程施工现场布置图的设计步骤如图 4-13 所示。以下各个步骤在设计时，往往相互关联、相互影响，并不是一成不变的。掌握一个合理的设计步骤有利于设计者节约时间，减少矛盾。

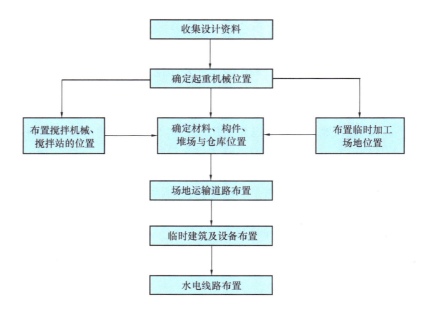

图 4-13　单位工程施工平面图的设计程序

1. 确定起重机械位置

起重机械位置的确定直接影响施工设备、临时加工场地以及各种材料、构件的仓库和堆场的位置的布置，也影响场地道路及水电管网的布置，因此必须首先确定。但由于不同的起重机性能和使用要求不同，平面布置的位置也不相同。

布置单位工程现
场垂直运输设备

起重机械包括塔式起重机、龙门架、井架、外用施工电梯。选择起重机械时主要依据机械性能、建筑物平面形状和大小、施工段划分情况、起重高度、材料和构件的重量、材料供应和运输道路等情况来确定。

（1）塔式起重机的布置

塔式起重机是集起重、垂直提升、水平运输三种功能为一身的机械设备。按其在工地上使用架设的要求不同，分为：固定式、轨道式、附着式、内爬式。塔式起重机布置的注意事项如下：

1）保证起重机械利用最大化，即覆盖半径最大化并能充分发挥塔式起重机的各项性能。

2）保证塔式起重机使用安全，其位置应考虑塔式起重机与建筑物（拟建建筑物和周边建筑物）间的安全距离塔式起重机安拆的安全施工条件等。塔机尾部与其外围脚手架的安全距离如图 4-14 所示，群塔施工的安全距离如图 4-15 所示，塔式起重机和架空线边线的最小安全距离见表 4-3。

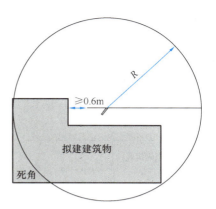

图 4-14　塔机尾部与外围脚手架的安全距离

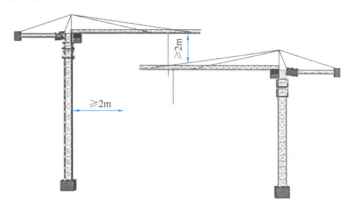

图 4-15　群塔施工的安全距离

塔式起重机和架空线边线的最小安全距离　　　　　　表 4-3

安全距离/m	电压/kV				
	<1	1~15	20~40	60~110	220
沿垂直方向	1.5	3.0	4.0	5.0	6.0
沿水平方向	1.5	2.0	3.5	4.0	6.0

3）保证安拆方便，根据四周场地条件、场地内施工道路考虑安拆的可行性和便利性，除非建筑物特点及工艺需要，尽可能避免塔式起重机二次或多次移位。

4）尽量使用企业自有塔式起重机，不能满足施工要求时采用租赁方式解决。

《建筑施工塔式起重机安装、使用、拆卸安全技术规程》JGJ 196—2010 规定：当多台塔式起重机在同一施工现场交叉作业时，应编制专项施工方案，并应采取防碰撞的安全措施。任意两台塔式起重机之间的最小架设距离应符合下列规定：低位塔式起重机的起重臂端部与另一台塔式起重机的塔身之间的距离不得小于 2m；高位塔式起重机的最低位置的部件（或吊钩升至最高点或平衡重的最低部位）与低位塔式起重机中处于最高位置部件之间的垂直距离不得小于 2m。

（2）轨道式起重机的布置

塔式起重机轨道的布置方式，主要取决于建筑物的平面形状、尺寸和四周施工场地条件，一般应在场地较宽的一面沿建筑物的长度方向布置，以充分发挥其效率。起重机的起重转动幅度要能够将材料和构件直接运至任何施工地点，尽量避免出现"死角"。轨道布置通常采用如图 4-16 所示的单侧、双侧（或环形）、跨内单行、跨内环形布置四种方案。

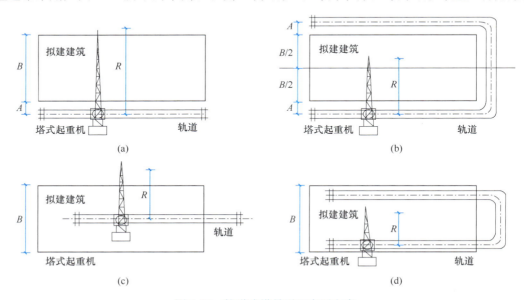

图 4-16　轨道式塔吊平面布置方案
（a）单侧布置；（b）双侧布置；（c）跨内单行布置；（d）跨内环形布置

1）单侧布置

当建筑物平面宽度小、构件轻时，可单侧布置。其优点是轨道长度较短，不仅可节省工程投资，而且有较宽敞的场地堆放构件和材料。此时起重半径必须满足式 4-4：

$$R \geqslant B + A \tag{4-4}$$

式中　R——塔式起重机的最大回转半径，m；

　　　B——建筑物平面的最大宽度，m；

　　　A——塔轨中心线至外墙外边线的距离，m。

2）双侧布置或环形布置

当建筑物平面宽度较宽、构件重量较重时，可采用双侧环形布置，起重半径满足式（4-5）：

$$R \geqslant \frac{B}{2} + A \tag{4-5}$$

若吊装工程量大，且工期紧迫时，可在建筑物两侧各布置一台起重机；反之，则可用一台起重机环形吊装。

3）跨内单行布置

当建筑场地狭窄、起重机不能布置在建筑物外侧或起重机布置在建筑物外侧而起重机的性能不能满足构件的吊装要求时采用，其优点是可减少轨道长度，并节约施工用地。缺点是只能采用竖向综合安装，结构稳定性差，构件多布在起重半径之外，需增加二次搬运。对房屋外侧围护结构吊装也比较困难，同时房屋的一端还应有 20～30m 的场地，作为塔吊装拆之用。

4）跨内环形布置

构件较重、起重机跨内单行布置时，起重机的性能不能满足吊装要求，同时，起重机又不能跨外环形布置时采用。

轨道式起重机进行布置时应注意以下几点：

① 轨道式起重机布置完成后，应绘出起重机的服务范围。其方法是分别以轨道两端有效端点的轨道中心为圆心，以起重机最大回转半径为半径画出两个半圆，并连接这两个半圆，即为塔式起重机的服务范围。

② 建筑物的平面应处于吊臂的回转半径之内（起重机服务范围之内），以便将材料和构件等运至任何施工地点，此时应尽量避免出现图 4-16 所示的"死角"。

③ 争取布置成最大的服务范围，尽量缩短轨道长度，以降低铺轨费用。

④ 在确定吊装方案时，对于出现的"死角"，应提出具体的技术措施和安全措施，以保证"死角"部位的顺利吊装。当采取其他配合吊装方案时，要确保塔式起重机回转时无碰撞的可能。

塔式起重机起重高度可按式（4-6）计算，计算简图如图 4-17 所示。

$$H = h_1 + h_2 + h_3 + h_4 \tag{4-6}$$

式中　H——起重机的起重高度，m；

　　　h_1——建筑物高度，m；

　　　h_2——安全生产高度，m；

　　　h_3——构件最大高度，m；

　　　h_4——索具高度，m。

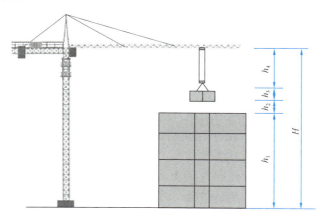

图 4-17　塔式起重机起重高度计算简图

（3）固定式垂直起重设备的布置

固定式垂直起重设备，有固定式塔式起重机、钢井架、龙门架、桅杆式起重机等。布置时应充分发挥设备能力，使地面或楼面上运距短。故应根据起重机械的性能、建筑物的平面尺寸、施工工作段的划分、材料进场方向及运输道路而确定。布置时，应考虑以下几方面：

1）建筑物各部位的高度相同时，固定式起重设备一般布置在施工段的分界线附近或长度方向居中位置；当建筑物各部位的高度不相同或平面较复杂时，应布置在高低跨分界处高的一侧，以避免高低处水平运输施工相互干涉。

2）采用井架、龙门架时，其位置以窗口为宜，以避免设备拆除后墙体修补工作。

3）一般考虑布置在现场较宽的一面，因为这一面便于堆放材料和构件，以达到缩短运距的要求。

4）井架、龙门架的数量要根据施工进度、提升的材料和构件数量、台班工作效率等因素计算确定，其服务范围一般为50~60m。

5）井架、龙门架的卷扬机应设置安全作业棚，其位置不应距起重机械太近，以便操作人员的视线能看到整个升降过程。一般要求此距离大于建筑物的高度，水平距外脚手架3m以上。

6）井架应立在外脚手架之外并有一定距离为宜，一般为5~6m。

7）缆风绳设置，高度在15m以下时设一道，15m以上时每增高10m增设一道，宜用钢丝绳，并与地面夹角成45°，当附着于建筑物时可不设缆风绳。

8）布置固定式塔式起重机时，应考虑塔式起重机安装拆卸的场地。

（4）外用施工电梯的布置

外用施工电梯又称人货两用梯，是一种安装于建筑物外部，施工期间用于运送施工人员及建筑材料的垂直运输机械，是高层建筑施工不可缺少的关键机械设备之一。在确定外用施工电梯的位置时，应考虑便于施工人员上下和物料集散。由电梯口至各施工处的平均距离应最近，便于安装附墙装置，接近电源，且有良好的夜间照明。其他布置注意事项如下：

1）根据建筑物高度、内部特点、电梯机械性能等选择一次到顶或接力方式的运输方式。

2）高层建筑物选择施工电梯，低层建筑物宜选择提升井架。

3）保证施工电梯的安拆方便及安全的安拆施工条件。

（5）自行无轨式起重的布置

一般分为履带式、汽车式和轮胎式三种。自行无轨式起重机移动方便灵活，能为整个工地服务，一般专作构件装卸和起吊之用，适用于装配式单层工业厂房主体结构的吊装。其吊装的路线及停机位置主要取决于建筑物的平面形状、构件质量、吊装顺序、吊装高度、堆放场地、回转半径和吊装方法等。

汽车式起重机由于它的灵活性和方便性，在钢结构工程安装中得到了广泛的应用，成为中小钢结构工程安装中的首选吊装机械。汽车起式重机是装在普通汽车底盘或者特制汽车底盘上的一种起重机，也是一种自行式全回转起重机。常用的汽车式起重机有 Q_1 型（机械传动和操纵）、Q_2 型（全液压式传动和伸缩式起重臂）、Q_3 型（多电动机驱动各工作结构）以及 YD 型随车起重机和 QY（液压传动）系列等。目前液压传动的汽车起重机应用较广泛。

结构吊装工程的起重机型号主要根据工程结构特点、构件的外形尺寸、重量、吊装高度起重（回转）半径以及设备和施工现场条件确定。起重量、起重高度和起重半径为选择计算起重机型号的三个主要工作参数。

起重机起重量计算起重机单机吊装的起重量可按式（4-7）计算：

$$Q \geqslant Q_1 + Q_2 \tag{4-7}$$

式中　Q——起重机的起重量，t；

　　　Q_1——构件重量，t；

　　　Q_2——绑扎索重、构件加固及临时脚手等的重量，t。

单机吊装的起重机在特殊情况下，当采取一定有效技术措施（如按起重机实际超载试验数据，在机尾增加配重、改善施工条件等）后，起重量可提高 10% 左右。

（6）混凝土泵和泵车

高层建筑物施工中，混凝土的垂直运输量巨大，通常采用泵送方式进行，其布置要求如下：

1）混凝土泵设置处的场地应平整坚实，具有重车行走条件，且有足够的场地道路畅通，使供料调车方便。

2）混凝土泵应尽量靠近浇筑地点。

3）其停放位置接近排水设施，供水、供电方便，便于泵车清洗。

4）混凝土泵作业范围内，不得有障碍物、高压电线，同时要有防范高空坠物的措施。

5）当高层建筑物采用接力泵泵送混凝土时，其设置位置应使上、下泵的输送能力匹配，且验算其楼面结构部位的承载力，必要时采取加固措施。

2. 确定搅拌站、仓库、材料和构件堆场以及加工棚的位置

布置搅拌站、仓库、材料和构件堆场以及加工棚的位置时，总的要求是既要使它们尽量靠近使用地点或将它们布置在起重机服务范围内，又要便于装卸、运输。

确定施工现场材料构件堆场位置

（1）确定搅拌机位置

砂浆、混凝土搅拌站位置取决于垂直运输机械，布置搅拌机时，应考虑以下因素：

1）搅拌机应有后台上料的场地，尤其是混凝土搅拌站，要考虑与砂石堆场、水泥库一起布置，既要相互靠近，又要便于这些大宗材料的运输和装卸。

2）搅拌站应尽可能布置在垂直运输机械附近，以减少混凝土及砂浆的水平运距。当采用塔式起重机方案时，混凝土搅拌机的位置应使吊斗能从其出料口直接卸料并挂钩起吊。

3）搅拌机应设置在施工道路旁，使小车、翻斗车运输方便。

4）搅拌站场地四周应设置排水沟，以有利于清洗机械和排除污水，避免造成现场积水。

5）混凝土搅拌机所需面积约为 $25m^2$，砂浆搅拌机所需面积约为 $15m^2$，冬期施工还应考虑保温与供热设施等，其面积要相应增加。

（2）确定仓库和材料、构件堆放位置

仓库、材料及构件的堆场的面积应先通过计算，然后根据各施工阶段的需要及材料使用的先后进行布置。

1）仓库和材料、构件的堆放与布置

① 材料的堆场和仓库应尽量靠近使用地点，应在起重机械的服务范围内，减少或避免二次搬运，并考虑运输及卸料方便。

② 当采用固定式垂直运输机械时，首层、基础和地下室所用的材料，宜沿建筑物四周布置；第二层及以上建筑物的施工材料，布置在起重机附近或塔式起重机吊臂回转半径之内。

③ 砂、石等大宗材料尽量布置在搅拌站附近。

④ 多种材料同时布置时，对大宗的、重量大的和先期使用的材料，应尽可能靠近使用地点或起重机附近布置；而少量的、轻的和后期使用的材料，则可布置得稍远一些。

⑤ 当采用自行式有轨起重机械时，材料和构件堆场位置，应布置在自行有轨式起重机械的有效服务范围内。

⑥ 当采用自行式无轨起重机械时，材料和构件堆场位置，应沿着起重机的开行路线布置，且其所在的位置应在起重臂的最大起重半径范围内。

⑦ 预制构件的堆场位置，要考虑其吊装顺序，避免二次搬运。

⑧ 按不同施工阶段，使用不同材料的特点，在同一位置上可先后布置几种不同的材料。

2）单位工程材料储备量的确定

单位工程材料储备量应保证工程连续施工的需要，同时应与全工地材料储备量综合考虑，其储备量按式（4-8）计算。

$$Q = \frac{nq}{T} K_1 \qquad (4-8)$$

式中　Q——单位工程材料储备量；

　　　n——储备天数，按要求取用；

　　　q——计划期内需用的材料数量；

　　　T——需用该项材料的施工天数；

　　　K_1——材料消耗量不均匀系数（日最大消耗量/平均消耗量）。

（3）各种仓库及堆场所需的面积的确定。各种仓库及堆场所需的面积，可根据施工进度、材料供应情况等，确定分批分期进场，并根据式（4-9）进行计算

$$F = \frac{Q}{P K_2} \qquad (4-9)$$

式中　F——材料堆场或仓库需要面积；

　　　Q——单位工程材料储备量；

　　　P——每平方米仓库面积上材料储存量，按要求取用；

　　　K_2——仓库面积利用系数，按表 4-4 取用。

常用材料仓库或堆场面积计算所需数据参考指标　　　　　　　　表 4-4

序号	材料名称	储存天数 n/d	每平方米储存量 $P/(t/m^2)$	堆置高度 /m	仓库面积利用系数 K_2	仓库类型
1	槽钢、工字钢	40～50	0.8～0.9	0.5	0.32～0.54	露天、堆垛
2	扁钢、角钢	40～50	1.2～1.8	1.2	0.45	露天、堆垛
3	钢筋（直筋）	40～50	1.8～2.4	1.2	0.11	露天、堆垛
4	钢筋（盘筋）	40～50	0.8～1.2	1.0	0.11	仓库或棚约占20%

续表

序号	材料名称	储存天数 n/d	每平方米储存量 $P/(t/m^2)$	堆置高度 /m	仓库面积利用系数 K_2	仓库类型
5	水泥	30～40	1.3～1.5	1.5	0.45～0.60	库
6	砂、石子 （人工堆置）	10～30	1.2	1.5	0.8	露天、堆放
7	砂、石子 （机械堆置）	10～30	2.4	3.0	0.8	露天、堆放
8	块石	10～20	1.0	1.2	0.7	露天、堆放
9	红砖	10～30	0.5	1.5	0.8	露天、堆放
10	卷材	20～30	15～24	2.0	0.35～0.45	仓库
11	木模板	3～7	4～6	—	0.7	露天

（4）确定加工棚的位置

木材、钢筋、水电等加工棚宜设置在建筑物四周稍远处，并有相应的材料及成品堆场。现场作业棚所需面积参考指标见表 4-5。

现场作业棚所需面积参考指标　　　　　　　　　　表 4-5

序号	名称	单位	面积	备注
1	电锯房	m²	80	34～36 寸圆锯 1 台
2	电锯房	m²	40	
3	水泵房	m²/n	3～8	
4	发电机房	m²/台	10～20	
5	搅拌棚	m²/台	10～18	
6	卷扬机棚	m²/台	6～12	
7	木工作业机棚	m²/人	2	
8	钢筋作业机棚	m²/人	3	
9	烘炉房	m²	30～40	
10	焊工房	m²	20～40	
11	电工房	m²	15	
12	白铁工房	m²	20	
13	油漆工房	m²	20	
14	机、钳工修理房	m²	20	
15	立式锅炉房	m²/台	5～10	
16	空压机棚（移动式）	m²/台	18	
17	空压机棚（固定式）	m²/台	9	

3. 布置运输道路

（1）现场运输道路及出入口的布置施工运输道路的布置主要解决运输和消防两方面问题，布置原则如下：

1）尽可能利用永久性道路的路面或基础；

2）应尽可能围绕建筑物布置环形道路，并设置两个以上的出入口。

布置施工现场运输道路临时设施

《建设工程施工现场消防安全技术规范》GB 50720—2011 规定，施工现场出入口的设置应满足消防车通行的要求，并宜设置在不同方向，其数量不宜少于 2 个。当确有困难只能设置 1 个出入口时，应在施工现场内设置满足消防车通行的环形道路。

《建设工程安全生产管理条例》规定，施工单位应当在施工现场建立消防安全责任制度，确定消防安全责任人，制定用火、用电、使用易燃易爆材料等各项消防安全管理制度和操作规程，设置消防通道、消防水源，配备消防设施和灭火器材，并在施工现场入口处设置明显标志。

3）当道路无法设置环形道路时，应在道路的末端设置回车场。

4）道路主线路位置的选择应方便材料及构件的运输及卸料，当不能到达时，应尽可能设置支路线。

5）道路的宽度应根据现场条件及运输对象、运输流量确定，并满足消防要求；其主干道应设计为双车道，宽度不小于 6m，次要车道为单车道，宽度不小于 4m。《建设工程施工现场消防安全技术规范》GB 50720—2011 规定，临时消防车道的设置应符合下列规定：临时消防车道的净宽度和净高度均不应小于 4m。

6）施工道路应避开拟建工程和地下管道等地方。

7）施工现场入口应设置绿色施工制度图牌。《建筑工程绿色施工规范》GB/T 50905—2014 规定，施工现场入口应设置绿色施工制度图牌。《建筑施工安全检查标准》JGJ 59—2011 规定，文明施工一般项目的检查评定应符合下列规定：大门口处应设置公示标牌，主要应包括工程概况牌、消防保卫牌、安全生产牌、文明施工牌、管理人员名单及监督电话牌、施工现场总平面图。标牌应规范、整齐、统一。施工现场应有安全标语。

8）施工现场进出口应设置大门、门卫室、企业形象标志、车辆冲洗设施等。《建设工程施工现场环境与卫生标准》JGJ 146—2013 规定，土方和建筑垃圾的运输必须采取封闭式运输车辆或采取覆盖措施。施工现场出口处设置车辆冲洗设施，并应对驶出车辆进行清洗。

《建筑工程绿色施工规范》GB/T 50905—2014 规定，施工现场扬尘控制应符合下列规定：

① 施工现场宜搭设封闭式垃圾站。

② 细散颗粒材料、易扬尘材料应封闭堆放、存储和运输。

③ 施工现场出口应设冲洗池，施工场地、道路应采取定期洒水抑尘措施。

工地临时道路简易公路技术要求见表 4-6；各类车辆要求路面最小允许曲线半径见表 4-7。

工地临时道路简易公路技术要求　　　　　　　　　　　　　　表 4-6

指标名称	单位	技术标准
设计车速	km/h	≤20
路基宽度	m	双车道 7；单车道 5
路面宽度	m	双车道 6；单车道 4
平面曲线最小半径	m	平原、丘陵地区 20；山区 15；回头弯道 12

各类车辆要求路面最小允许曲线半径　　　　　　　　　表 4-7

车辆类型	路面内侧最小曲线半径/m		
	无拖车	有 1 辆拖车	有 2 辆拖车
小客车、三轮汽车	6	—	
一般二轴载重汽车：单车道	9	12	15
一般二轴载重汽车：双车道	7		
三轴载重汽车、重型载重汽车	12	15	18
超重型载重汽车	15	18	21

（2）现场围挡及施工场地的相关规定，工地必须沿四周连续设置封闭围挡，围挡材料应选用砌体、彩钢板等硬性材料，并做到坚固、稳定、整洁和美观。

1）市区主要路段的工地应设置高度不小于 2.5m 的封闭围挡

《建筑施工安全检查标准》JGJ 59—2011 规定，文明施工保证项目的检查评定应符合下列规定：市区主要路段的工地应设置高度不小于 2.5m 的封闭围挡；一般路段的工地应设置高度不小于 1.8m 的封闭围挡。

2）在软土地基上、深基坑影响范围内，城市主干道、流动人员较密集地区及高度超过 2m 的围挡应选用彩钢板。

3）彩钢板围挡的高度应符合下列规定：围挡的高度不宜超过 2.5m；高度超过 1.5m 时，宜设置斜撑，斜撑与水平地面的夹角宜为 45°。

4）一般路段的工地应设置不小于 1.8m 的封闭围挡。

5）施工现场的主要道路及材料加工区地面应进行硬化处理。《建设工程施工现场环境与卫生标准》JGJ 146—2013 规定，施工现场的主要道路应进行硬化处理。裸露的场地和堆放的土方应采取覆盖、固化或绿化等措施。

6）裸露的场地和堆放的土方应采取覆盖、固化或绿化等措施。

7）施工现场应设置排水设施，且排水畅通无积水。

4. 临时建筑的布置

临时建筑的布置既要考虑施工的需要，又要靠近交通线路，方便运输和职工的生活，还应考虑节能环保的要求，做到文明施工、绿色施工。

1）临时建筑的分类

① 办公用房，如办公室、会议室、门卫等。

② 生活用房，如宿舍、食堂、厕所、盥洗室、浴室、文体活动室、医务室等。

2）临时建筑的设计规定

① 临时建筑不应超过二层，会议室、餐厅、仓库等人员较密集、荷载较大的用房应设在临时建筑的底层。

② 临时建筑的办公用房、宿舍宜采用活动房，临时围挡用材宜选用彩钢。

③ 办公用房室内净高不应低于 2.5m。普通办公室每人使用面积不应小于 4m²。会议室使用面积不宜小于 30m²。

④ 宿舍内应保证必要的生活空间，室内净高不应低于 2.5m，通道宽度不应小于 0.9m。每间宿舍居住人数不应超过 16 人；宿舍内应设置单人铺，床铺的搭设不应超过 2 层。

《建设工程施工现场环境与卫生标准》JGJ 146—2013 规定，宿舍应有专人负责管理，床头宜设置姓名卡（宿舍内应设置单人铺，层铺的搭设不应超过 2 层）。

⑤ 食堂与厕所、垃圾站等污染源的地方的距离不宜小于 15m，且不应设在污染源的下风侧。

⑥ 施工现场应设置自动水冲式或移动式厕所。

《建设工程施工现场环境与卫生标准》JGJ 146—2013 规定，施工现场应设置水冲式或移动式厕所，厕所地面应硬化，门窗齐全并通风良好。

3）临时房屋的布置原则

① 施工区域与生活区域应分开设置，避免相互干扰。

《安全生产管理条例》规定，施工单位应当将施工现场的办公、生活区与作业区分开设置，并保持安全距离；办公、生活的选址应当符合安全性要求。施工单位不得在尚未竣工的建筑物内设置员工集体宿舍。

② 各种临时房屋均不能布置在拟建工程（或后续开工工程）、拟建地下管沟、取弃土地点。

③ 各种临时房屋应尽可能采用活动式、装拆式结构或就地取材。

④ 施工场地富余时，各种临时设施及材料堆场的设置应遵循紧凑、节约的原则施工场地狭小时，应先布置主导工程的临时设施及材料堆场。行政生活福利临时房屋包括办公室、宿舍、食堂、活动室等，其搭设面积参考见表 4-8。

行政生活福利临时建筑面积参考指标　　　　　　　　表 4-8

临时房屋名称		参考指标/(m²/人)	说明
办公室		3～4	按管理人员人数
宿舍	双层	2.0～2.5	按高峰年（季）平均职工人数（扣除不在工地住宿人数）
	单层	3.5～4.5	
食堂		0.5～0.8	食堂包括厨房、库房，应考虑在工地就餐人数和几次进餐
医务室		0.05～0.07	
浴室		0.07～0.1	
文体活动室		0.1	
现场小型设施	开水房	10～40	
	厕所	0.02～0.07	

5. 临时供水管网布置

施工现场的临时用水首先应经过计算、设计，然后按照一定的规则布设。为了满足生活及消防用水的需要，要选择和布设适当的临时供水系统。

（1）现场总用水量计算

施工现场总用水量包括生产用水（工程施工用水和施工机械用水）、生活用水（施工现场生活用水和生活区用水）和消防用水三个方面。

1）生产用水量可按式（4-10）计算：

$$q_1 = K_1 \times \frac{\sum Q_1 \times N_1}{T_1 \times t} \times \frac{K_2}{8 \times 3600} \tag{4-10}$$

式中　q_1——施工工程用水量，L/s；

K_1——未预计的施工用水系数，取 1.05～1.15；

Q_1——年（季）度工程量（以实物计量单位表示）；

N_1——施工用水定额，见表 4-9；

T_1——年（季）度有效作业日，天；

t——每天工作班数，班；

K_2——用水不均衡系数，见表 4-10。

施工用水参考定额

表 4-9

序号	用水对象	单位	耗水量（N_1）
1	浇筑混凝土全部用水	L/m³	1700～2400
2	搅拌普通混凝土	L/m³	250
3	搅拌轻质混凝土	L/m³	300～500
4	搅拌泡沫混凝土	L/m³	300～400
5	搅拌热混凝土	L/m³	300～350
6	混凝土自然养护	L/m³	200～400
7	混凝土蒸汽养护	L/m³	500～600
8	冲洗模板	L/m²	5
9	搅拌机清洗	L/台班	600
10	人工冲石子	L/m³	1000
11	机械冲石子	L/m³	600
12	洗砂	L/m³	1000
13	砌砖工程全部用水	L/m³	150～250
14	砌石工程全部用水	L/m³	50～80
15	抹灰工程全部用水	L/m²	30
16	耐火砖砌体工程	L/m³	100～150
17	浇砖	L/块	200～250
18	浇抹面硅酸盐砌体	L/m³	300～350
19	抹面	L/m²	4～6
20	楼地面	L/m²	190
21	搅拌砂浆	L/ m³	300
22	石灰消化	L/t	3000
23	上水管道工程	L/ m	98
24	下水管道工程	L/ m	1130
25	工业管道工程	L/ m	35

施工用水不均衡系数　　　　　　　　　　　　表 4-10

系数	用水名称	数值
K_2	现场施工用水	1.5
	附属生产企业用水	1.25
K_3	施工机械、运输机械	2.00
	动力设备	1.05～1.10
K_4	施工现场生活用水	1.30～1.50
K_5	生活区生活用水	2.00～2.50

2）机械用水量可按式（4-11）计算。

$$q_2 = K_1 \times \sum Q_2 \times N_2 \times \frac{K_3}{8 \times 3600} \tag{4-11}$$

式中　q_2——施工机械用水量，L/s；

　　　K_1——未预计的施工用水系数，取 1.05～1.15；

　　　Q_2——同一种机械台数，台；

　　　N_2——施工机械台班用水定额，参考表 4-11 中的数据换算求得；

　　　K_3——用水不均衡系数，见表 4-10。

施工机械用水参考定额（N_2）　　　　　　　表 4-11

序号	用水机械名称	单位	耗水量/L	备注
1	内燃挖土机	m³·台班	200～300	以斗容量 m³ 计
2	内燃起重机	t·台班	15～18	以起重机吨数计
3	蒸汽起重机	t·台班	300～400	以起重机吨数计
4	蒸汽打桩机	t·台班	1000～1200	以吨重吨数计
5	内燃压路机	t·台班	15～18	以压路机吨数计
6	蒸汽压路机	t·台班	100～150	以压路机吨数计
7	拖拉机	台·昼夜	200～300	—
8	汽车	台·昼夜	400～700	—
9	空压机	(m³/min)·台班	40～80	以压缩空气机排气量 m³/min 计
10	锅炉	t·h	10～50	以小时蒸发量计
11	锅炉	t·m²	15～30	以受热面积计
12	点焊机 25 型	台·h	100	—
13	点焊机 50 型	台·h	150～200	—
14	点焊机 75 型	台·h	250～300	—
15	对焊机、冷拔机	台·h	300	—
16	凿岩机	m³·min	3	—
17	凿岩机 01-45	m³·min	5	—
18	凿岩机 01-63	m³·min	8	—
19	凿岩机 YQ-100 型	m³·min	8～12	—
20	木工场	台班	20～25	—
21	锻工场	m³·台班	40～50	以烘焙数计

3）施工工地生活用水量可按式（4-12）计算：

$$q_3 = \frac{P_1 \times N_3 \times K_4}{t \times 8 \times 3600} \tag{4-12}$$

式中　q_3——施工工地生活水用量，L/s；

P_1——施工工地高峰昼夜人数，人；

N_3——施工工地生活用水定额，见表 4-12；

K_4——施工工地生活用水不均衡系数；

t——每天工作班数，班。

4）生活区生活用水量可按式（4-13）计算：

$$q_4 = \frac{P_2 \times N_4 \times K_5}{24 \times 3600} \tag{4-13}$$

式中　q_4——生活区生活用水，L/s；

P_2——生活区居住人数；

N_4——生活区昼夜全部生活用水定额；

K_5——生活区生活用水不均衡系数。

表 4-12

生活区用水参考定额（N_3、N_4）

序号	用水对象	单位	耗水量/L
1	生活用水（梳洗、饮用）	L/人	25～40
2	食堂	L/人	10～20
3	浴室（淋浴）	L/人	40～60
4	淋浴带大池	L/人	50～60
5	洗衣房	L/（人·斤）	40～60
6	理发室	L/（人·次）	10～25
7	施工现场生活用水	L/人	20～60
8	生活区全部生活用水	L/人	80～120

5）消防用水主要供应工地消火栓用水，消防用水量见表 4-13。

表 4-13

消防用水量（q_5）

用水名称		火灾同时发生次数	单位	用水量/L
居民区 消防用水	5000 人以内	1	L/s	10
	10000 人以内	2	L/s	10～15
	25000 人以内	2	L/s	15～20
施工现场 消防用水	施工现场在 $25 \times 10^4 \text{m}^2$ 内	1	L/s	10～15
	每增加 $25 \times 10^4 \text{m}^2$	2	L/s	5

6）按上述各式计算用水量后，即可计算总用水量。

① 当 $q_1 + q_2 + q_3 + q_4 \leqslant q_5$ 时，则：

$$Q = q_5 + \frac{1}{2} \times (q_1 + q_2 + q_3 + q_4) \tag{4-14}$$

② 当 $q_1 + q_2 + q_3 + q_4 > q_5$ 时，则：

$$Q = q_1 + q_2 + q_3 + q_4 \tag{4-15}$$

③ 当工地面积小于 $5 \times 10^4 \mathrm{m}^2$，且 $q_1 + q_2 + q_3 + q_4 < q_5$ 时，则：

$$Q = q_5 \tag{4-16}$$

最后计算出的总用水量，还应增加 10%，以补偿不可避免的水管漏水损失。

（2）供水管径计算总用水量确定后，即可按式（4-17）计算供水管径：

$$d = \sqrt{\frac{4Q}{\pi \times v \times 1000}} \tag{4-17}$$

式中　d——配水管直径，m；

　　　Q——施工工地总用水量，L/s；

　　　v——管网中水流速度，m/s，一般生活及施工用水取 1.5m/s，消防用水取 2.5m/s。

（3）供水管网布置

1）布置方式

① 环形管网：管网为环形封闭形状。优点是能够保证可靠地供水。当管网某一处发生故障时，水仍能沿管网其他支管供水。缺点是管线长，造价高，管材耗量大。

② 枝形管网：管网由干线及支线两部分组成。管线长度短，造价低，但此种管网若在其中某一点发生局部故障时，有断水的风险。

③ 混合式管网：主要用水区及干管采用环形管网，其他用水区采用枝形支线供水。这种混合式管网、兼备两种管网的优点，在施工现场采用较多。

2）布置要求

① 在保证连续供水的情况下，管道铺设越短越好。分期分区施工时，应按施工区域布置，同时还应考虑工程进展中各段管网应便于移置。

② 管网的铺设临时水管的铺设，可用明管或暗管。以暗管最为合适，它既不妨碍施工，又不影响运输工作。

③ 管道埋置根据气温和使用期限而定，在气候温暖及使用期限短的工地，宜铺设在地面上，其中穿过场内运输道路时，管道应埋入地下 300mm；在寒冷地区或使用期限长的工地管道应埋置于地下，其中冰冻地区管道应埋在冰冻深度以下。

④ 消火栓设置数量应满足消防要求。消火栓距离建筑物不小于 5m，也不应大于 25m，距离路边不大于 2m。

⑤ 根据实际需要，可在建筑物附近设置简易蓄水池、高压水泵以保证生产和消防用水。

6. 用电量的计算

施工现场用电包括动力用电和照明用电。

（1）动力用电

土木工程施工现场动力用电通常包括土建用电、设备安装工程和备份设备试运转用电。

（2）照明用电

照明用电是指施工现场和生活区的室外照明用电。

（3）工地总用电量

工地总用电量可按式（4-18）计算：

$$P = 1.1 \times (K_1 \times \sum P_c + K_2 \times \sum P_a + K_3 \times \sum P_b) \tag{4-18}$$

式中　P——工地总用电量，即供电设备总需要量，kW；

　　　$\sum P_c$——全部施工动力用电设备额定用量之和；

　　　$\sum P_a$——室内照明设备额定用电量之和；

　　　$\sum P_b$——室外照明设备额定用电量之和；

　　　K_1——全部施工用电设备同时使用系数，总数 10 台以内时，$K_1 = 0.75$；$10 \sim 30$
　　　　　　台时，$K_1 = 0.7$；30 台以上时，$K_1 = 0.6$；

　　　K_2——室内照明设备同时使用系数，一般取 $K_2 = 0.8$；

　　　K_3——室外照明设备同时使用系数，一般取 $K_3 = 1.0$；

　　1.1——用电不均匀系数。

一般建筑工地多采取单班制作业，少数因工序配合需要或抢工期采用两班制作业。故此，综合考虑施工用电量约占总用电量的 90%，室内外照明用电量约占总用电量的 10%，于是可将式（4-18）进一步简化为式 4-19：

$$P = 1.1 \times (K_1 \times \sum P_c + 0.1 \times P) = 1.24 K_1 \times \sum P_c \tag{4-19}$$

电源的选择应注意：

1）完全由工地附近的电力系统供电。

2）若工地附近的电力系统不够，工地需增设临时发电站以补充不足部分。

3）如果工地属于新开发地区，附近没有供电系统，电力则应由工地自备临时动力设施供电。

（4）变压器容量计算

工地附近有 10kV 或 6kV 高压电源时，一般多采取在工地设小型临时变电所，装设变压器将二次电源降至 380V/220V，有效供电半径一般在 500m 半径内。大型工地可在几处设变压器（变压所），其变压器的容量，可按式（4-20）计算：

$$P_0 = \frac{1.05P}{\cos\varphi} = 1.4P \tag{4-20}$$

式中　P_0——变压器容量，kV·A；

　　1.05——功率损失系数；

　　$\cos\varphi$——用电设备功率因素，一般建筑工地取 0.75。

在求得 P_0 值之后，即可查表 4-14 选择变压器的型号和额定容量。

常用电力变压器性能表　　　　　　　　　　　　　　　　　　表 4-14

型号	额定容量/kV·A	型号	额定容量/kV·A
SL$_7$-30/10	30	SL$_7$-50/10	50
SL$_7$-63/10	63	SL$_7$-80/10	60
SL$_7$-100/10	100	SL$_7$-125/10	125
SL$_7$-160/10	160	SL$_7$-200/10	200
SL$_7$-250/10	250	SL$_7$-315/10	315
SL$_7$-400/10	400	SL$_7$-500/10	500

（5）选择导线截面

导线的自身强度必须能防止受拉或机械性损伤而折断，必须耐受因电流通过而产生的温升，应使得电压损失在允许的范围之内，这样导线才能正常传输电流，保证各方用电的需要。

1）按导线的允许电流选择　三相四线制低压线路上的电流可按式（4-21）计算：

$$I_t = 2P \tag{4-21}$$

式中　　I_t——线路工作电流值，A；

　　　　P——工地总用电量，kW。

求得 I_t 后，即可根据表 4-15 选取导线规格。

2）按照允许电压降选择导线满足所需要的允许电压，其本身引起的电压降必须限制在一定范围内。导线承受负荷电流长时间通过所引起的温升，其自身电阻越小越好。导线上引起的电压降必须控制在允许范围内，以防止在远处的用电设备不能启动。配电导线截面的电压降可按式（4-22）计算：

$$\in = \frac{\Sigma PL}{CS} \leqslant [\in] = 7\% \tag{4-22}$$

式中　　$\in$——电压降，%，工地临时用电网路取 7%；

　　　　ΣP——各段线路负荷计算功率，即工地总用电量，kW；

　　　　L——各段线路长度，m；

　　　　C——材料内部系数，按表 4-16 取用；

　　　　S——导线截面。

3）按机械强度选择导线在各方敷设方式下，应按其强度需要，保证必需的最小截面，以防拉、折而断。当线路上电杆之间距离在 25～40m 时，其允许的导线最小截面可按表 4-17 查用。

以上通过计算或者查表所选用的导线截面，必须同时满足上述三个条件，并以求得的最大导线截面作为最后确定导线的截面。根据实践，在工地中当配电线路较短时，导线截面可由允许电流选定，对小负荷的架空线路，导线截面一般以机械强度选定即可。

建筑工地常用配电导线规格及允许电流见表（A）　　　　　表 4-15

导线截面 /mm²	裸线		橡皮或塑料绝缘线单芯 500			
	TJ 型（铜线）	LJ 型（铝线）	BX 型（铜芯橡皮线）	BLX 型（铝芯橡皮线）	BV 型（铜芯塑料线）	BLV 型（铝芯塑料线）
2.5	—	—	35	27	32	25
4	—	—	45	35	42	32
6	—	—	58	45	55	42
10	—	—	85	65	75	50
16	130	105	110	85	105	80
25	180	135	145	110	138	105
35	220	170	180	138	170	130
50	270	215	230	175	215	165

续表

导线截面 /mm²	裸线		橡皮或塑料绝缘线单芯 500			
	TJ 型（铜线）	LJ 型（铝线）	BX 型（铜芯橡皮线）	BLX 型（铝芯橡皮线）	BV 型（铜芯塑料线）	BLV 型（铝芯塑料线）
70	340	265	285	220	265	205
95	415	325	345	265	325	250
120	485	375	400	310	375	385
150	570	440	470	360	430	325
185	645	500	540	420	490	380
240	770	610	600	510	—	—

材料内部系数表　　　　表 4-16

线路额定电压/V	线路系统及电流种类	系数 C 值	
		铜线	铝线
380/220	三相四线	77	46.3
220	—	12.8	7.75
110	—	3.2	1.9
36	—	0.34	0.21

导线按机械强度所允许的导线最小截面　　　　表 4-17

导线用途		导线最小截面/mm²	
		铜线	铝线
照明装置用导线	户内用	0.5	2.5
	户外用	1.0	2.5
双芯软电线及软电缆	用于电灯	0.35	—
	用于移动式生活用电设备	0.5	—
多芯软电线及软电缆	用于移动式生产用电设备	1.0	—
绝缘导线 用于固定架设在户内 绝缘支持件上，其间距为	2m 及以下	1.0	2.5
	6m 及以下	2.5	4
	25m 及以下	4	10
裸导线	户内用	2.5	4
	户外用	6	16
绝缘导线	穿在管内	1.0	2.5
	木槽板内	1.0	2.5
绝缘导线	户外沿墙敷设	2.5	4
	户外其他方式	4	10

（6）临时供电的布置原则

1）变压器的布置

① 变压器应布置在现场边缘高压线接入处，离地应大于 3m，四周设置铁丝网围挡，并有明显标志。

② 变压器不宜布置在交通通道口处。

③ 配电室应靠近变压器，便于管理。

2）供电线路的布置

① 供电线路布置有环状、枝状、混合式三种方式。

② 各供电线路宜布置在道路边，架空线必须设在专用的电杆上，间距为 25～40m；距建筑物 1.5m 以上，垂直距离应在 2m 以上；也要避开堆场、临时设施、开挖的沟槽和后期拟建工程的部位。

③ 线路应布置在起重机械的回转半径之外。如有困难时，必须搭设防护栏，其防护高度应超过线路 2m，机械在运转时还应采取必要措施，确保安全。也可采用埋地电缆布置，减少机械间相互干扰。

④ 跨过材料、构件堆场时，应有足够的安全架空距离。

4.6.5　单位工程施工组织设计评价指标

单位工程施工组织设计的技术经济评价指的是从技术和经济两个方面对所做的施工方案的优劣进行客观的评价，并论证其在技术上是否可行，经济上是否合理，为科学地选择技术经济最优的施工方案提供重要的依据。技术经济评价要求以所做的施工方案为中心，从施工技术角度分析。

（1）单位工程施工组织设计的技术经济指标

主要有工期指标、劳动生产率指标、质量指标、安全指标、降低成本率指标、设备利用率指标、三大材料节省指标等。在施工组织设计完成后，应对这些指标进行分析计算，然后对方案进行评价。需要注意的是：由于不同的工程有其不同的特点和要求，因此在分析时应该对这些指标有所取舍，即根据实际的需要来选择使用。施工组织设计技术经济评价指标可在如图 4-18 所示的指标体系中选用。其中，主要的指标为总工期、单方用工、质量优良率、主要材料节约量和节约率、大型机械耗用台班数以及单方大型机械费、降低成本额和降低成本率。

（2）技术经济评价的重点

技术经济评价应围绕质量、工期、成本、安全四个主要方面进行。选用某一施工方案的原则，即在质量能达到合格（或优良）的前提下，做到工期合理、成本较低。

不同的设计内容应有不同的技术经济评价重点。对于单位工程施工组织设计：

1）基础工程应以土方工程、现浇混凝土、打桩、排水和防水、运输进度和工期为重点。

2）结构工程应以垂直运输机械选择、流水段划分、劳动组织、现钢筋混凝土支模浇筑及运输、脚手架选择、特殊分项工程施工方案、各项技术组织措施为重点。

3）装饰工程应以施工顺序、质量保证措施、劳动组织、分工协作配合、节约材料、技术组织措施为重点。

```
                                    ┌ 总工期 (d)
                                    │ ±0.000以上工期 (d)
                      ┌ 工期指标 ───┤                    ┌ 基础工期 (d)
                      │             └ 分部工程工期 ──────┤ 结构工期 (d)
                      │                                  └ 装饰工期 (d)
                      │ 质量指标 ── 优良品率 (%)
                      │                         ┌ 总工日 (工日)
                      │                 ┌ 总用工 ┤ 分部工程工日 (工日)
                      │                 │                      ┌ 总工每平方米用工 (工日/m²)
                      │        ┌ 用工 ──┤                      │
                      │        │        └ 每平方米用工 ────────┤               ┌ 基础 (工日/m²)
                      │        │                               └ 分部工程每平方米用工 ┤ 结构 (工日/m²)
                      │        │                                                      └ 装饰 (工日/m²)
                      │        │ 劳动力均衡系数
                      │        │              ┌ 分工种每日产量
单位工程施工组织设计技术 ── 劳动指标 ┤ 劳动生产率 ┤ 生产工人日产值 (元/工日)
经济评价指标体系       │        │              └ 建筑安装工人日产值 (元/工日)
                      │        │              ┌ 工程项目劳动效率 (%)
                      │        │ 劳动效率 ────┤ 分工种劳动效率 (%)
                      │        │              ┌ 节约总量 (工日)
                      │        └ 节约工日 ────┤ 分工种节约量 (工日)
                      │                  ┌ 主要材料节约额 (元)
                      │ 主要材料节约指标 ┤                 ┌ 钢筋 (t)
                      │                  │ 主要材料节约量 ┤ 水泥 (kg)
                      │                  │                 └ 木材 (m³)
                      │                  └ 主要材料节约率 (%)
                      │ 机械使用指标 ┤ 大型机械每平方米耗用量 (台班/m²)
                      │              └ 大型机械每平方米耗用费 (元/m²)
                      │ 降低成本指标 ┤ 降低成本额 (元)
                      │              └ 降低成本率 (%)
                      └ 其他指标
```

图 4-18　单位工程施工组织设计技术经济评价指标体系

 岗课赛证融通小测

1. （单项选择题）在施工平面布置图中，（　　）是必须明确标出的。

A. 周边商业设施　　　　　　　　B. 临时设施的位置

C. 员工休息区　　　　　　　　　D. 项目经理的住所

2. （单项选择题）施工现场临时道路的设计主要考虑的是（　　）。

A. 风水　　　　　　　　　　　　B. 车辆和人员的流动

C. 附近居民的意见　　　　　　　D. 土地所有权

3. （单项选择题）施工平面布置图中，临时用电设施的布置主要遵循（　　）。

A. 最低成本原则　　　　　　　　B. 安全第一原则

C. 最短距离原则　　　　　　　　D. 环境友好原则

4. （多项选择题）施工平面布置图应包括（　　）。

A. 施工用地边界　　　　　　　　B. 临时设施布局

C. 周边环境分析   D. 安全出口位置

E. 施工现场管理人员名单

5. （多项选择题）在制订施工平面布置图时，需要考虑的因素有（　　）。

A. 施工阶段的需求   B. 现场安全管理措施

C. 周边社区的影响   D. 未来使用者的需求

E. 环境保护要求

任务 4.6　工作任务单

学习任务名称：　　绘制商务写字楼施工平面布置图

班级：　　　　　　　　　　姓名：　　　　　　　　　　日期：　　　　　　　　　　

01　学生任务分配表

组名		指导教师	
组长		学号	
组员			
任务分工			

02　任务准备表

工作目标	绘制商务写字楼施工平面图
序号	任务
1	请根据提供的案例和图纸资料，结合已有商务写字楼施工案例，施工进度计划，绘制编写"富泽天汇"项目主体阶段施工平面布置图。要求包括： （1）确定起重机械位置； （2）确定搅拌站、仓库、材料和构件堆场以及加工棚的位置； （3）布置运输道路； （4）临时建筑的布置； （5）临时供水管网布置； （6）用电量的计算。

03　学生个人自评表

班级		组名		日期	
姓名		学号			
评价指标	评价内容		分数	分数评定	
信息检索	能有效利用网络、图书资料找有用的相关信息等；能用自己的语言有条理地去解释、表述所学知识；能将查到的信息有效地传递到学习中		10 分		
感知课堂	是否熟悉项目经理助理岗位，认同岗位工作价值；在学习中是否能获得满足感，认同课堂文化		10 分		
参与态度	积极主动参与学习，能吃苦耐劳，崇尚劳动光荣，技能宝贵；与教师、同学之间是否相互尊重、理解、平等；与教师、同学之间是否能够保持多向、丰富、适宜的信息交流		10 分		
	能处理好合作学习和独立思考的关系，做到有效学习；能提出有意义的问题或能发表个人见解；能按要求正确完成任务；能够倾听别人意见、协作共享		10 分		
学习过程	1. 阐述施工平面布置图的绘制步骤		10 分		
	2. 能确定起重设施位置、计算施工水、电用量		10 分		
	3. 能绘制商务写字楼工程施工平面布置图		10 分		
思维态度	是否能发现问题、提出问题、分析问题、解决问题、创新问题		10 分		
自评反馈	按时按质完成工作任务；较好地掌握了专业知识点；具有较强的信息分析能力和理解能力；具有较为全面严谨的思维能力并能条理清楚明晰表达成文		20 分		
自评分数					
有益的经验和做法					
总结反馈建议					

04　组内互评表

班级		组名		日期	
验收组长		被验收者		学号	
组内验收成员					
任务要求					
验收文档清单	任务工作单：				
	文献检索清单：				

验收评分	评分标准	分　数	得分
	1. 会详细施工平面布置图的绘制步骤，错误一处扣10分	40分	
	2. 能根据具体工程确定起重设施位置、计算施工水、电用量，错误一处扣5分	40分	
	3. 能绘制商务写字楼施工平面布置图，错误一处扣2分	10分	
	4. 提供文献检索清单，不少于5项，缺一项扣2分	10分	
评价分值			

不足之处	

05 组间互评表

班级		被评组名		日期	
验收组名 （成员签字）					
评价指标	评价内容			分数	分数评定
汇报表述	表述准确			15 分	
	语言流畅			10 分	
	准确反映该组完成情况			15 分	
内容正确度	内容正确			30 分	
	阐述表达到位			30 分	
互评分数					
简要评述					

06 任务完成情况评价表

班级			组名			
姓名			学号			
序号	任务内容及要求		配分	评分标准	教师评价	
					结论	得分
1	详细阐施工平面布置图的绘制步骤	描述正确	20 分	错误一个扣 5 分		
		语言流畅	10 分	酌情赋分		
2	根据具体工程确定起重设施位置、计算施工水、电用量	描述正确	20 分	错误一个扣 5 分		
		语言流畅	10 分	酌情赋分		
3	能编写商务写字楼工程施工平面布置图	描述正确	10 分	错误一个扣 2 分		
		语言流畅	10 分	酌情赋分		
4	提供 5 项文献检索清单	数量	10 分	缺一个扣 2 分		
		参考的主要内容要点	10 分	酌情赋分		
5	素质素养评价	沟通交流能力	20 分	酌情赋分，但违反课堂纪律，不听从组长、教师安排，不得分		
		团队合作				
		课堂纪律				
		自主探学				
		合作研学				
		精益求精、专心细致的工作作风				
		诚实守信的意识				
		讲原则守规矩的意识				
		规范意识				
总分						

项目 5　智慧建筑施工组织管理(以会议中心工程为例)

任务 5.1　阐述智慧建筑项目特征

工作任务	阐述智能建筑项目特征	建议学时	2 学时
任务描述	阐述智能建筑、智慧建筑、智能建造的含义，掌握智慧建筑的施工难点。		
学习目标	★了解智慧建筑的含义； ★熟悉智能建筑和智慧建筑的区别； ★掌握智慧建筑施工管理难点； ★能够主动获取信息，展示学习成果，并相互评价、对智能建筑项目未来发展进行探索，与团队成员进行有效沟通，团结协作。		
任务分析	阐述智能建筑项目特征，要正确理解智能建筑的含义，明确智能建筑和智慧建筑的区别，熟悉智能建造施工管理难点。		

任务导航

 **案例导入**

　　图 5-1 所示是一座修建在重庆起伏的翠绿山丘之中的未来智慧建筑，该建筑犹如创新和可持续性的灯塔耀眼夺目。建筑展示了流畅的曲线和广阔的玻璃立面，反映了城市的活力脉动与周围自然的宁静安详，是尖端技术与环境管理相结合的见证。配备了随日光舞动的太阳能板和随微风运行的风力涡轮机，这座大厦是城市腹地中的一个自给自足的生态系

统。集成的绿色空间不仅增加了其美学吸引力，还增进了居住者的福祉，创造了工作、生活和休闲的无缝融合。夜幕降临时，建筑以节能照明复苏，散发出温暖的光芒，照亮了通往可持续未来的道路。它不仅仅是一栋建筑，而是进步的愿景，是重庆致力于将城市发展与自然之美和谐统一的象征。

图 5-1　智能建筑效果图

5.1.1　智能建筑

智能建筑（Intelligent Building）是指通过集成和应用自动化系统、信息与通信技术（ICT）来提高建筑的使用效率、居住舒适性、安全性和能源效率的建筑。这类建筑利用先进的控制系统和建筑管理系统（BMS），对照明、温控、安全、通风和其他关键系统进行智能化管理，以适应建筑内外环境的变化，满足使用者的需求，同时最小化能源消耗和环境影响。

5.1.2　智慧建筑

智慧建筑（Smart Buildings）是利用最新的信息技术和自动控制技术，集成建筑设施的操作管理，以提高建筑物的使用效率、安全性、便利性、舒适性和可持续性的建筑。智慧建筑通过高度的信息化和自动化，实现对建筑内外环境的实时监控和管理，优化能源使用，提升居住和工作的体验，同时减少对环境的影响。

5.1.3　智慧建筑与智能建筑的区别

智慧建筑在智能建筑的基础上更进一步，不仅包括了智能化的技术应用，还强调了建筑与其使用者、环境以及更广泛社会网络的互动和连接。智慧建筑利用物联网、大数据分析、云计算等先进技术，收集和分析大量数据，以更深层次地理解和预测建筑使用者的需求，实现更为精细化的管理和

智慧建筑施工
组织管理

服务。智慧建筑不仅追求内部系统的效率和舒适度，还致力于实现可持续发展和社会责任的目标，如减少环境影响、提升能源利用效率和促进健康的生活方式。重点是用户体验、可持续性、智能互联；目标是创造更加健康、安全、便利和环境友好的居住和工作环境，同时强调建筑的智能化与社会、环境的整合。

　　智能建筑侧重于建筑中技术系统的集成和自动化，主要目标是提高效率、安全性和居住者的舒适度。智能建筑通过安装传感器、控制器和执行器等设备，实现对照明、温度控制、安全监控和能源管理等系统的自动化控制。智能建筑的核心在于使用技术来优化建筑的操作和维护，以及提升使用者的体验。重点是技术集成、自动化控制、效率提升；目标是优化能源消耗，提高安全性和居住或工作的舒适度。

　　简而言之，智能建筑更多侧重于技术的集成和自动化功能，而智慧建筑则在此基础上，更强调建筑的智能互联、用户体验和可持续发展。智慧建筑是一个更广泛的概念，涵盖了智能建筑的所有特点，同时加入了更多关于环境和社会责任的考量。随着技术的发展和应用范围的扩大，智慧建筑的概念和实践也在不断进化，成为未来城市和居住环境发展的重要方向。

5.1.4　智能建造

　　智能建造（Smart Construction）是指利用数字化、自动化和智能化技术在建筑施工过程中的应用，以提高施工效率、质量和安全性，同时降低成本和环境影响。智能建造涵盖了从项目规划、设计、施工到维护管理的整个生命周期，通过集成先进的信息技术和新材料、新工艺，推动建筑行业向更加高效、环保和可持续发展的方向进步。

　　智能建造代表了建筑行业的未来趋势，是构建基于互联网的工程项目信息化管控平台，在既定的时空范围内通过功能互补的机器人完成各种工艺操作，实现人工智能与建造要求深度融合的一种建造方式。随着技术的不断进步和应用，智能建造将会极大地改变传统建筑施工的方式，推动整个行业向更加智能化、高效化和绿色化的方向发展。

5.1.5　智慧建筑项目特点

　　智慧建筑项目的特点不仅体现在其设计和建造过程中，还体现在对建筑生命周期的全面评价，主要包括以下几点：

　　（1）高度集成的系统

　　智慧建筑项目特点之一是其系统的高度集成，包括但不限于能源管理、安全监控、环境控制和通信系统。这些系统通过中央控制平台相互连接，实现数据共享和功能协同，从而提升整体的操作效率和舒适性。

　　（2）自动化控制

　　通过应用自动化技术，智慧建筑能够自主调节照明、温度、通风等，以适应内部活动和外部环境的变化。这种自动化控制不仅提高了能源使用的效率，也为居住者和使用者创造了更舒适的环境。

　　（3）能源效率和可持续性

　　智慧建筑项目注重能源的高效使用和可持续发展。通过集成太阳能板、绿色建材、节能设备等，智能建筑旨在减少能源消耗和碳排放，促进环境的可持续性。

　　（4）用户中心设计

　　智慧建筑项目强调以用户为中心，提供个性化和灵活的空间使用体验。通过智能技术，如场景模式、移动控制等，用户可以根据自己的需求和偏好调整建筑环境。

（5）增强的安全性和便利性

智慧建筑通过集成的安全监控系统、智能门禁系统和紧急响应机制，为居住者和使用者提供了更高水平的安全保障。同时，智能设备和系统也带来了更多的便利性和舒适性。

（6）数据驱动的决策支持

智慧建筑项目利用收集到的大量数据，支持更准确的决策和管理。通过数据分析，项目管理者可以优化能源使用、空间利用和维护计划，实现建筑运营的最优化。

（7）适应性和可扩展性

智慧建筑设计考虑到未来的变化和技术升级的可能性，具有良好的适应性和可扩展性。这意味着建筑可以随着时间的推移和技术的发展而进化，满足未来需求。

智慧建筑通过这些特点展示了如何利用现代技术创造更加智能、高效和人性化的居住和工作环境，是建筑领域的未来发展方向。

5.1.6 智能建造施工组织管理难点

智能建造将先进的技术和方法应用于施工过程，虽然它为建筑行业带来了革命性的变革，提高了效率和安全性，降低了成本，但在实施智能建造的施工组织管理过程中，也遇到了一系列的挑战和难点，主要包括以下几点：

（1）技术集成与兼容性复杂

智能建造涉及多种技术，如 BIM、AI、VR/AR 等，不同技术平台和工具之间的数据交换和集成可能存在兼容性问题，从而影响了项目管理的效率和精确性，导致信息孤岛，影响决策制定和资源优化。

（2）初期投资高昂

引入智能建造技术需要显著的初期投资，包括软硬件采购、系统集成以及员工培训等。这些成为许多企业采纳智能建造技术的主要障碍，尤其是中小型企业。

（3）技术和管理人才短缺

智能建造需要跨领域的专业知识，包括工程技术、信息技术和管理等，但相关领域的技术和管理人才较为短缺，从而限制了智能建造技术的有效实施和管理，影响项目的整体性能和效果。

（4）技术应用与操作缺乏标准

尽管智能建造技术迅速发展，但相关的应用标准、操作规程和行业指南还不完善，缺乏统一的标准和规程，增加了项目管理的复杂性，影响了不同项目间的技术移植和应用效率。

（5）数据安全和隐私存在风险

智能建造中大量使用的数字技术和网络系统增加了数据安全和隐私的风险，数据泄露或被恶意攻击可能导致重大的经济损失和法律责任，对企业声誉造成损害。

（6）持续的维护和更新挑战大

智能建造系统和设备需要定期维护和更新以保持最佳性能，这对施工组织管理提出了持续的要求，维护和更新不仅增加了成本，也要求企业持续关注最新技术发展趋势，以避免被市场淘汰。

岗课赛证融通小测

1.（单项选择题）智能建造的目标不包括（　　）。

A. 提高施工效率　　　　　　　　B. 减少环境影响

C. 增加项目成本　　　　　　　　D. 提高质量和安全性

2.（单项选择题）智慧建筑的核心目标之一是（　　）。

A. 提高建筑的装饰性　　　　　　B. 促进健康的生活方式

C. 增加建筑的娱乐功能　　　　　D. 减少建筑维护工作

3.（单项选择题）智能建造的技术应用与操作的一个主要难点是（　　）。

A. 数据过载　　　　　　　　　　B. 缺乏标准

C. 过度自动化　　　　　　　　　D. 用户不满意

4.（多项选择题）智慧建筑的技术应用包括（　　）。

A. 物联网　　　　　　　　　　　B. 大数据分析

C. 云计算　　　　　　　　　　　D. 虚拟现实

E. 量子计算

5.（多项选择题）智能建造的目标包括（　　）。

A. 提高施工效率　　　　　　　　B. 减少环境影响

C. 增加项目成本　　　　　　　　D. 提高质量和安全性

E. 促进可持续发展

任务 5.1　工作任务单

学习任务名称：＿＿＿阐述智慧建筑项目特征＿＿＿＿＿＿＿＿＿＿＿＿＿＿＿＿＿＿＿＿＿＿＿＿＿＿

班级：＿＿＿＿＿＿＿＿＿＿＿＿＿＿＿＿　姓名：＿＿＿＿＿＿＿＿＿＿＿＿＿　日期：＿＿＿＿＿＿＿＿＿

01　学生任务分配表

组名		指导教师	
组长		学号	
组员			
任务分工			

02　任务准备表

工作目标	阐述智慧建筑项目特征
序号	任务
1	举例分析智慧建筑项目特点
2	阐述智慧建筑工程施工管理难点

03　学生个人自评表

班级		组名		日期	
姓名		学号			
评价指标	评价内容		分数	分数评定	
信息检索	能有效利用网络、图书资料找有用的相关信息等；能用自己的语言有条理地去解释、表述所学知识；能将查到的信息有效地传递到学习中		10 分		
感知课堂	是否熟悉项目经理助理岗位，认同岗位工作价值；在学习中是否能获得满足感，认同课堂文化		10 分		
参与态度	积极主动参与学习，能吃苦耐劳，崇尚劳动光荣，技能宝贵；与教师、同学之间是否相互尊重、理解、平等；与教师、同学之间是否能够保持多向、丰富、适宜的信息交流		10 分		
	能处理好合作学习和独立思考的关系，做到有效学习；能提出有意义的问题或能发表个人见解；能按要求正确完成任务；能够倾听别人意见、协作共享		10 分		
学习过程	1. 理解智能建筑的含义		10 分		
	2. 熟悉智慧建筑项目特点		10 分		
	3. 掌握智能建筑施工管理难点		10 分		
思维态度	是否能发现问题、提出问题、分析问题、解决问题、创新问题		10 分		
自评反馈	按时按质完成工作任务；较好地掌握了专业知识点；具有较强的信息分析能力和理解能力；具有较为全面严谨的思维能力并能条理清楚明晰表达成文		20 分		
自评分数					
有益的经验和做法					
总结反馈建议					

04 组内互评表

班级		组名		日期	
验收组长		被验收者		学号	
组内验收成员					
任务要求					

验收文档清单	任务工作单：
	文献检索清单：

验收评分	评分标准	分　数	得分
	1. 详细阐述智慧建筑项目特点，错误一处扣10分	40分	
	2. 能根据具体工程分析智能建筑工程的施工管理难点，错误一处扣5分	40分	
	3. 能按时提交工作任务单，迟10分钟，扣5分	10分	
	4. 提供文献检索清单，不少于5项，缺一项扣2分	10分	
评价分值			

不足之处	

05　组间互评表

班级		被评组名		日期	
验收组名 （成员签字）					

评价指标	评价内容		分数	分数评定
汇报表述	表述准确		15 分	
	语言流畅		10 分	
	准确反映该组完成情况		15 分	
内容正确度	内容正确		30 分	
	阐述表达到位		30 分	
互评分数				
简要评述				

06 任务完成情况评价表

班级				组名			
姓名				学号			
序号	任务内容及要求		配分	评分标准	教师评价		
					结论	得分	
1	详细阐述智慧建筑项目特点	描述正确	20分	错误一个扣5分			
		语言流畅	10分	酌情赋分			
2	根据具体工程分析智能建筑的施工管理难点	描述正确	20分	错误一个扣5分			
		语言流畅	10分	酌情赋分			
3	能够按时提交工作任务单	按时提交	10分	延迟10分钟，扣5分			
		延迟提交	10分	酌情赋分			
4	提供5项文献检索清单	数量	10分	缺一个扣2分			
		参考的主要内容要点	10分	酌情赋分			
5	素质素养评价	沟通交流能力	20分	酌情赋分，但违反课堂纪律，不听从组长、教师安排，不得分			
		团队合作					
		课堂纪律					
		自主探学					
		合作研学					
		精益求精、专心细致的工作作风					
		诚实守信的意识					
		讲原则守规矩的意识					
		规范意识					
总分							

任务 5.2　智慧建筑中的 BIM 技术应用

工作任务	智慧建筑中的 BIM 技术应用	建议学时	4 学时
任务描述	阐述 BIM 技术的含义、了解 BIM 技术在智慧建筑各阶段的应用，掌握建筑施工组织管理过程中进度计划、施工平面布置图和 BIM5D 等技术的应用。		
学习目标	★了解 BIM 技术的含义； ★熟悉 BIM 技术在智慧建筑各阶段的应用； ★掌握施工组织管理过程中 BIM 技术的应用； ★能够主动获取信息，展示学习成果，并相互评价、对 BIM 技术未来发展进行探索，与团队成员进行有效沟通，团结协作。		
任务分析	智慧建筑中 BIM 技术的应用，首先要正确理 BIM 的含义，明确 BIM 技术在智慧建筑各阶段的应用，熟悉施工组织管理过程中 BIM 技术的应用。		

任务导航

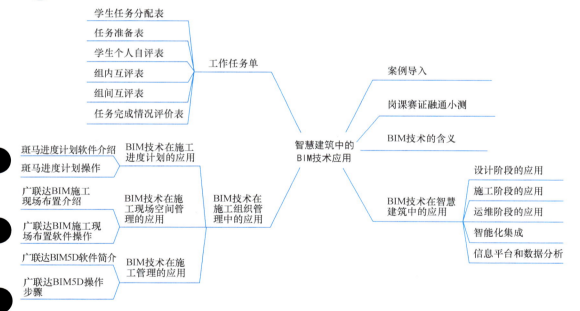

案例导入

BIM（建筑信息模型）在智慧建筑施工过程管理中的应用如图 5-2 所示，图中展示了一个施工现场，其中包含一个中央控制室，项目经理和工程师利用大屏幕上的 BIM 模型监控和管理施工进程。这些 BIM 模型提供了建筑的全面三维可视化信息，包括详细的进度计划和资源配置，从而提高了决策制定和操作效率。

图 5-2　BIM 在智慧建筑中的应用

 知识链接

5.2.1　BIM 技术的含义

1973 年，全球爆发第一次石油危机，由于石油资源的短缺和提价，美国全行业均在考虑节能增效的问题。1975 年，"BIM 之父"美国乔治亚理工大学的 Chuck Eastman 教授提出了"Building Description System"（建筑描述系统），以便实现建筑工程的可视化和量化分析，提高工程建设效率。1999 年，Eastman 将"建筑描述系统"发展为"建筑产品模型"（Building Product Model），认为建筑产品模型从概念、设计施工到拆除的建筑全生命周期过程中，均可提供建筑产品丰富、整合的信息。2002 年，Autodesk 收购三维建模软件公司 Revit Technology，首次将 BIM（Building Information Modeling）的首字母连起来使用，成了今天众所周知的"BIM"。

Building——"建筑"不是狭义理解的房子，可以是建筑的一部分或一栋房子或建筑工程。

Information——分为几何信息和非几何信息。几何信息是建筑物里可测量的信息，非几何信息包括时间、空间、物理、造价等相关信息。

Modeling——基于各类 BIM 软件从不同应用阶段划分了三个维度：Model（模型），建筑设施物理和功能特性的数字表达；Modeling（模型化），在模型的基础上，动态应用模型帮助设计、建造、运营、造价等阶段提升工作效率，降低成本；Management（管理），在模型化基础上，多维度、多参与方信息的协同管理。

BIM（建筑信息模型）技术是一种革命性的建筑行业信息模型和管理方法，它允许建筑专业人员在整个建筑生命周期中——从设计和施工到运营和维护——通过数字信息模型进行协作和交流。BIM 模型不仅仅是传统的三维图形，而是包含了丰富的建筑项目信息，如几何数据、空间关系、地理信息以及与建筑相关的属性和数量信息，其核心理念是解决工程效率问题。

5.2.2　BIM 技术在智慧建筑中的应用

在智慧建筑中，BIM（建筑信息模型）技术的应用展现了对建筑设计、施工、管理过程的深度影响和革新。

（1）设计阶段的应用

首先 BIM 促进了多专业团队的协同工作，设计人员可以在同一个模型上工作，实时共享信息，提高设计的准确性和效率；其次 BIM 提供了三维可视化能力，帮助设计师、建设方和用户更直观地理解设计意图和建筑功能，促进更好的沟通和决策；最后通过 BIM，可以在设计初期进行能源消耗、光照分析、热舒适度等性能分析，指导可持续性设计。

（2）施工阶段的应用

① 利用 BIM 进行施工过程的模拟，优化施工方案，预测和解决施工过程中可能出现的问题，减少返工；② BIM 技术可以精确计算所需材料，优化材料采购和物流管理，减少浪费；③ 通过 BIM 与项目管理软件的集成，实现更加精确的进度控制和实时监控。

（3）运维阶段的应用

BIM 模型存储了丰富的建筑信息，包括材料、设备等，便于在运维阶段进行高效的设施管理和维护，利用 BIM 进行空间利用分析，优化建筑内部空间配置和使用效率，结合建筑自动化系统（BAS），利用 BIM 进行能源监测和分析，实现能源的高效利用，降低运营成本。

（4）智能化集成

BIM 模型与智能安防系统集成，提高建筑安全管理的智能化水平；将 BIM 与建筑控制系统结合，根据建筑使用情况和环境变化，自动调节照明、温度、通风等，提升居住和使用的舒适性。

（5）信息平台和数据分析

BIM 作为信息集成平台，收集和整合建筑各阶段的数据，支持基于大数据的分析决策。BIM 支持建筑全生命周期的管理，从设计、施工到运维，提高了建筑项目的整体效率和价值。

通过这些应用，BIM 技术在智慧建筑项目中扮演着核心角色，不仅提高了项目的效率和质量，也推动了建筑行业的数字化转型和可持续发展。

5.2.3　BIM 技术在施工组织管理中的应用

BIM（建筑信息模型）技术在施工进度计划、空间管理和施工管理方面的应用体现了其对提高建筑项目管理效率和质量的重大贡献。

1. BIM 技术在施工进度计划的应用

BIM 技术使得施工进度计划更为准确和高效。通过与 4D（时间）模拟集成，BIM 能够将项目的物理和功能特性与施工时间线结合起来，为项目团队提供直观的施工过程可视化。利用 BIM 进行施工进度的模拟，可以在施工前预见整个建设过程，帮助项目团队识别潜在的进度冲突和资源分配问题；BIM 技术支持实时监控施工进度，与实际进度相比较，及时调整施工计划，确保项目按时完成；通过分析 BIM 模型提供的详细信息，项目管理者可以优化施工序列，避免施工活动之间的时间冲突，提高施工效率。

（1）斑马进度计划软件介绍

斑马进度计划软件为工程建设领域提供最专业、智能、易用的进度计划编制与管理（PDCA）工具与服务。辅助项目从源头快速有效制订项目的进度计划，快速计算最短工期、推演最优施工方案，提前规避施工冲突；施工过程中辅助项目计算关键线路变化，及时准确预警风险，指导纠偏，提供索赔依据；最终达到有效缩短工期，节约成本，增强企业竞争力、降低履约风险的目的。目前使用的是斑马进度计划软件 2023 版，主要功能有计划、协作、资源、管控。具体如图 5-3 所示。

初探BIM进度
管理软件

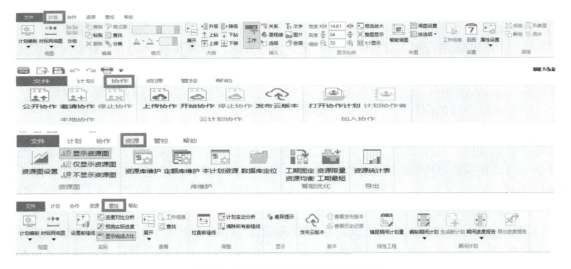

图 5-3　斑马进度计划软件主要功能

（2）斑马进度计划操作

1）用计划模板创建进度计划

① 选用合适的模板：打开斑马进度计划软件→【文件】→【打开向导】→选择合适模板。

绘制双代号
网络计划图

② 创建计划：选好计划模板后，对计划的信息进行相应的修改（信息包括：计划名称、要求开始时间、要求完成时间，选择本地存储等），修改完成点击【创建】。

③ 修改计划：根据工程的项目特点，对模板计划修改来符合项目的情况，如图 5-4 所示。可以检查或修改如下信息：

如何编制简单
进度计划

A. 计划总工期是否正确；

B. 工作内容是否一样；

C. 工作工期是否合理；

D. 工作间的逻辑关系是否合适等。

④ 计划模式选择：计划完成修改定版后，点击左上角【视图】，下拉选择计划展现形式［时标网络图（双代号网络图）、横道图、逻辑网路图（强调任务间的逻辑关系）、单代号网络图］如图 5-5 所示。

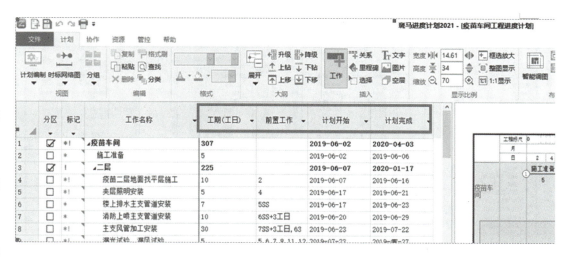

图 5-4　修改计划

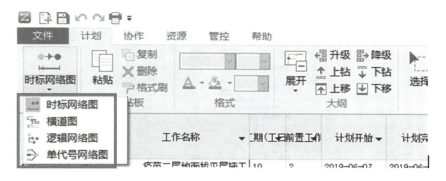

图 5-5　选择计划模式

⑤ 打印或导出计划

点击菜单栏【文件】按钮，可以选择【打印】或【导出】（支持导出图片、Project 文件、Excel 文件、PDF 文件）。

如何打印复杂网络计划

2）新建空白计划

① 新建空白计划：打开斑马进度计划软件，向导界面点击空白计划或按 Ctrl＋N（新建计划）。

② 设置计划基本信息：编辑计划名称、要求开始时间、要求完成时间，选择【本地】➡【创建】。

③ 复制粘贴 Excel 内容：按照列选中 Excel 表内的内容，复制；在斑马软件中选中对应单元格，粘贴，如图 5-6 所示（注：时间格式必须为"yyyy-mm-dd"才能粘贴。如格式不对，在 Excel 表中自定义单元格格式，如图 5-7 所示）。

④ 检查完善计划：检查粘贴后的计划内容。例如，计划总工期是否正确、工作内容是否一样工作工期是否合理、工作间的逻辑关系是否合适等。

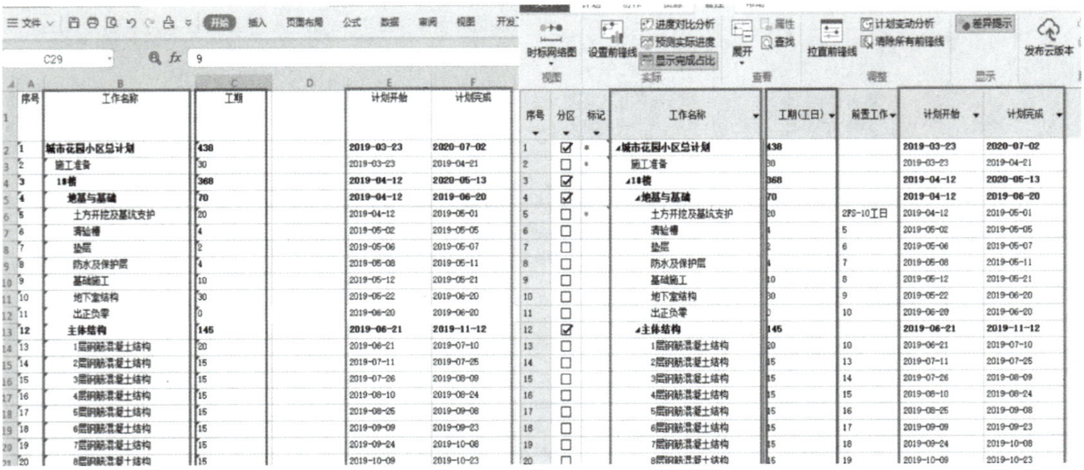

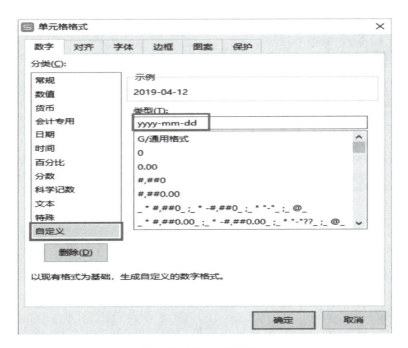

图 5-6　复制粘贴 Excel 内容

图 5-7　调整实时间格式

3）导入 Project 文件到斑马进度计划软件

① 导入 Project：点击菜单栏的【文件】按钮，选择【打开向导】，点击导入 Project。选择要导入的 Project 工程文件，点击打开。

② 选择存储位置【本地】，创建。

③ 检查 WBS 结构（父子层级）：为使导入后生成的双代号网络图层级结构更加清晰、美观，可将父工作转换成分区（没有父子结构可忽略）。

A. 在表格分区列，单独勾选父工作前的小方框，自主选择父工作转换成分区；

B. 在表格分区列，下拉选择【所有父工作转换成分区】，一键将父工作全部转换成分区；

C. 检查修改计划：检查计划中是否存在逻辑断点和错误逻辑关系。如存在错误逻辑关系或逻辑关系断点，可通过断开逻辑关系或连接逻辑关系，修改或健全逻辑关系。

断开逻辑关系：按住 Ctrl 键，左键双击竖向线。

连接逻辑关系：按住 Ctrl 键，左键点击要连接的节点代号。

（3）BIM 技术在施工现场空间管理的应用

在紧凑的施工现场，合理的空间管理对于保障施工效率和安全至关重要。BIM 技术在空间管理方面的应用包括：①空间分析，BIM 提供了精确的三维空间数据，帮助管理者进行空间利用分析，规划施工现场的布局，如材料存放、设备安放等，以充分利用现场空间；②碰撞检测，通过 BIM 进行碰撞检测（Collision Detection），识别设计和施工计划中的空间冲突，例如管线穿越、设备安装空间不足等问题，从而提前进行调整；③施工现场安全，利用 BIM 进行安全分析，评估施工现场的潜在安全风险，如临时设施的设置位置，确保施工现场的安全。

1）BIM 施工现场布置介绍

施工现场布置图设计是工程开工前准备工作的重要内容之一。它是安排布置施工现场的基本依据，是现场有组织、有计划和顺利进行施工的重要条件，也是施工现场文明施工的重要保证。BIM 施工现场布置软件是施工现场数字呈现和展示的工具，具有输出 DWG 图纸、3DS 模型、IGMS 模型、工程量统计、虚拟施工视频、关键帧动画、与和 BIM5D 无缝结合等多种功能。绘制流程如图 5-8 所示。

认识BIM施工
场布软件

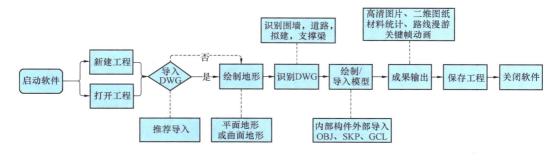

图 5-8　BIM 施工现场布置软件绘制流程

2）广联达 BIM 施工现场布置软件操作

以广联达 BIM 施工现场布置软件为例，双击图标，启动软件，点击文件→新建空样板→导入 CAD 图形（图 5-9）→根据 CAD 图形信息绘制地形（图 5-10）→识别 DWG 文件（图 5-11）→绘制完成（图 5-12）。

根据给出的 CAD 底图（图 5-13），利用 BIM 施工现场布置软件绘制施工平面布置图。

图 5-9　导入 CAD 图形

图 5-10　绘制地形

图 5-11　识别 DWG 文件

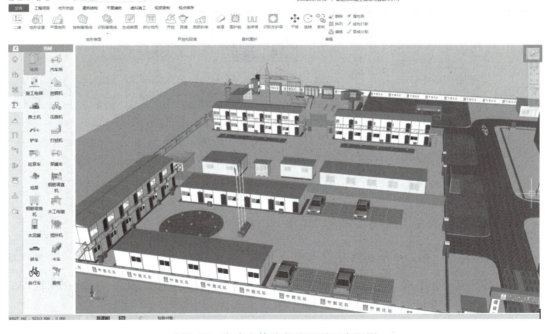

图 5-12　完成主体阶段施工平面布置图

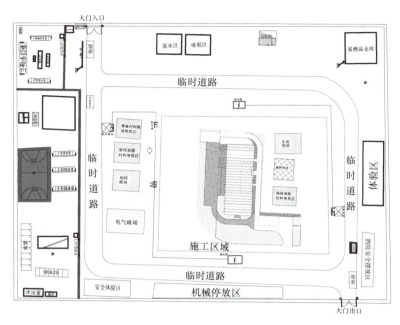

图 5-13　某工程施工平面布置图 CAD 底图

（4）BIM 技术在施工管理的应用

BIM 技术在施工管理方面的应用强化了项目团队之间的沟通与合作，提高了项目的协调效率。BIM 模型作为一个集中的信息平台，确保了项目参与各方——设计单位、承包商、供应商等，能够实时访问和共享项目信息，包括设计变更、材料规格和施工方法等；BIM 促进了不同专业间的协同工作，通过共享的 BIM 模型，各专业可以在设计和施工阶段即时协调，减少冲突，提高工作效率。在项目执行过程中，BIM 能够有效管理设计和施工的变更，确保变更信息及时传达给所有相关方，减少由于信息延迟或丢失造成的返工和损失。

1）广联达 BIM5D 软件简介

广联达 BIM5D 软件定位于项目的建造阶段，是以 BIM 为核心的施工模拟工具，相对于传统的施工模拟，BIM5D 进行了重新的定义：BIM5D 是基于 BIM 技术的施工模拟工具，"BIM5D＝三维模型＋进度＋资金"；以 BIM 平台为核心，集成土建、机电、钢结构等全专业数据模型；以 BIM 模型为

初识BIM5D
智能管理

载体，实现进度、预算、物资、图纸、合同、质量、安全等业务信息关联；通过三维漫游、施工流水划分、工况模拟、复杂节点模拟、施工交底、形象进度查看、物资提量、分包审核等核心应用；帮助技术、生产、商务、管理等人员进行有效决策和精细化管理；实现减少项目变更，缩短项目工期，控制项目成本，提升施工质量的要求。

2）广联达 BIM5D 操作步骤

① 新建项目，编写项目信息：如图 5-14 所示，打开 BIM5D→新建工程→完成→创建工程→点击 BIM5D 应用程序下拉功能中"项目信息"→输入项目相关概况信息。

② 施工部署，授权管理（图 5-15）。打开工程项目→升级到协同版→通过广联云账号添加相关项目人员→进行人员的权限、功能、范围授权。

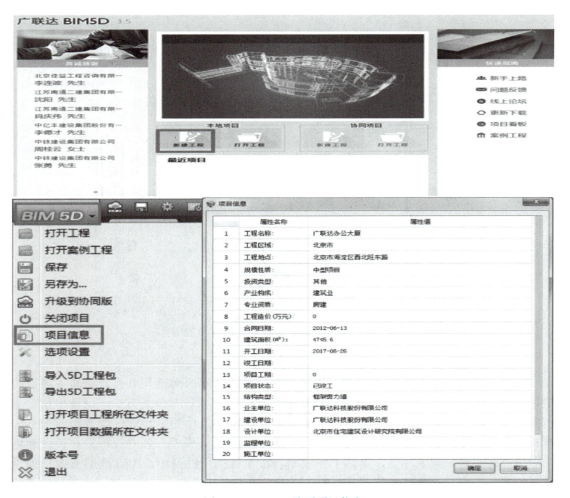

图 5-14　BIM5D 编写项目信息

图 5-15　施工部署、授权管理

③ 模型集成（图 5-16）：打开项目→切换到"模型导入"模块→在实体模型中导入土建、机电、钢筋模型→在场地模型中导入场地布置模型→切换到"模型视图"进行整合模型的查看。

④ 施工方案中，复杂工序模拟（图 5-17）：打开工程项目→切换到"模型导入"模块→在实体模型中导入土建、机电模型→切换到"施工模拟"→导入进度计划文件→进度计划关联模型→设置进度计划时间→设置构件模拟显示设置→在外观中设置模拟颜色和动态显示效果→在构件模拟顺序中设置构件模拟级别→进行复杂部位工序模拟。

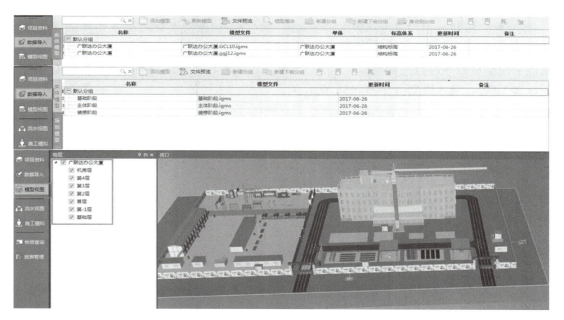

图 5-16 模型集成

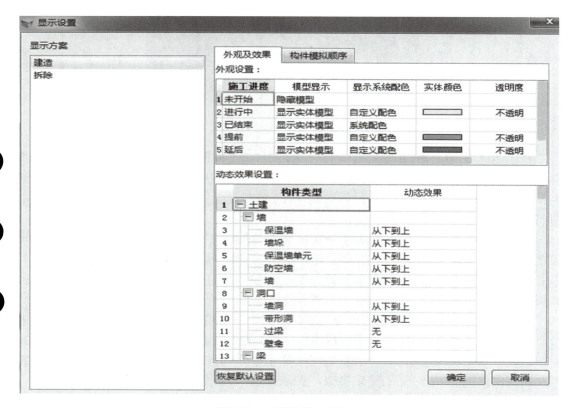

图 5-17 工序模拟显示设置

⑤ 进度计划：打开工程项目→切换到"模型导入"模块→导入各专业模型→切换到"流水视图"模块→根据进度计划进行流水段的划分→流水段关联模型→切换到"施工模拟"模块→导入进度计划文件→进度计划关联相应流水段→设置进度计划时间→设置视口属性中模型显示→进行进度模拟（也可以激活工况设置、将场地模型、其他机械模型与进度计划关联），流水段划分如图 5-18 所示。

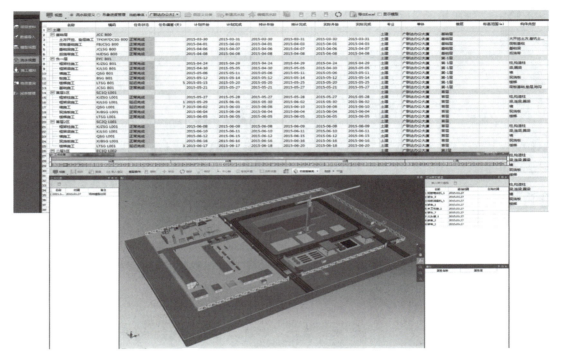

图 5-18　进度模拟

在上述进度模拟操作步骤的基础上→切换到"施工模拟"模块→在进度计划中输入实际开始时间、实际完成时间→新建视口→两个视口平铺→其中一个视口设置进度按照计划时间播放，另一个视口按照实际时间播放→两个视口设置相同的模型显示范围→在窗口中进行进度校核对比（图 5-19）。

在上述清单与模型关联的基础上→切换到"流水视图"模块→根据进度计划进行流水段的划分→流水段关联模型→切换到"施工模拟"模块→导入进度计划文件→进度计划关联相应流水段→设置进度计划时间→设置视口属性中模型显示→将资金曲线、资源曲线窗口调出→进行进度模拟，实时展示项目资金资源信息。

⑥ 资源配置：在上述清单与模型关联的基础上→切换到"流水视图"模块→根据进度计划进行流水段的划分→流水段关联模型→切换到"施工模拟"模块→导入进度计划文件→进度计划关联相应流水段→设置进度计划时间→设置视口属性中模型显示→将资金曲线、资源曲线窗口调出→进行进度模拟，实时展示项目资金资源信息，如图 5-20 所示。

⑦ 施工平面布置图：打开工程项目→切换到"模型视图"模块→选择全部模型显示（含场地模型）→激活漫游功能→按住鼠标或者 W、A、S、D 键进行漫游，了解整个项目布置情况，如图 5-21 所示。

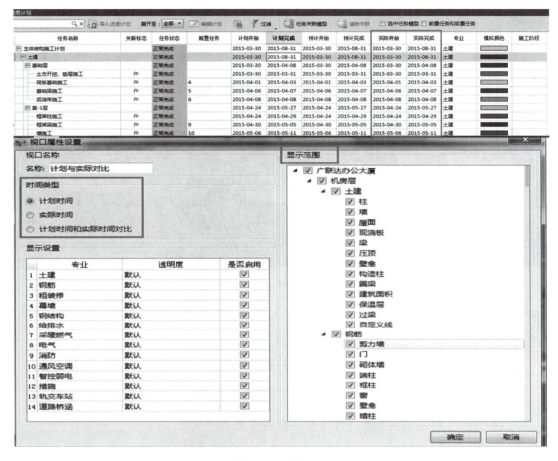

图 5-19　进度校核

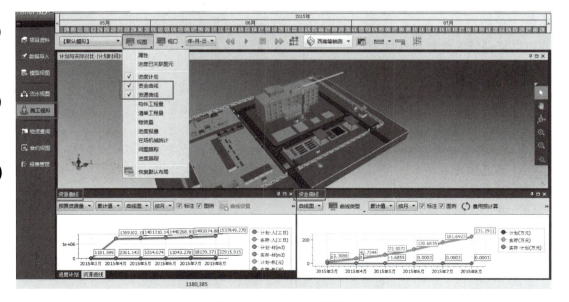

图 5-20　资金资源曲线设置

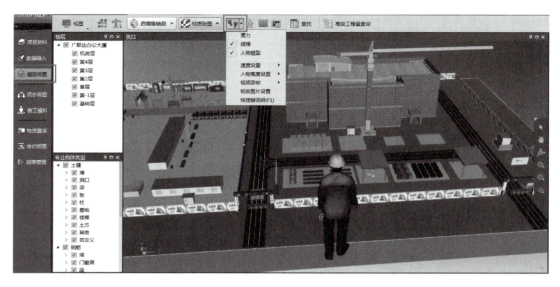

图 5-21　施工平面图漫游展示

 岗课赛证融通小测

1. （单项选择题）智能建造中信息共享的重要性体现在（　　）。

A. 增加项目成本　　　　　　　　　　B. 提高项目效率

C. 减少团队协作　　　　　　　　　　D. 忽视用户需求

2. （单项选择题）施工场布软件在施工前期的主要作用是（　　）。

A. 提高法律风险　　　　　　　　　　B. 降低成本预算

C. 减少设计变更　　　　　　　　　　D. 优化施工现场布局

3. （单项选择题）斑马进度计划软件帮助项目管理者（　　）。

A. 减少项目沟通　　　　　　　　　　B. 降低进度可视化

C. 提高进度计划精确性　　　　　　　D. 增加施工难度

4. （多项选择题）BIM 技术在施工管理中的应用包括（　　）。

A. 进度控制　　　　　　　　　　　　B. 质量管理

C. 成本估算　　　　　　　　　　　　D. 设计可视化

E. 设计美化

5. （多项选择题）施工组织协调方面，BIM 技术的应用主要体现在（　　）。

A. 信息实时共享　　　　　　　　　　B. 多专业团队协同

C. 变更管理　　　　　　　　　　　　D. 提高法律风险

E. 减少信息交流

任务 5.2　工作任务单

学习任务名称：　　智慧建筑的 BIM 技术应用

班级：＿＿＿＿＿＿＿＿＿＿　姓名：＿＿＿＿＿＿＿＿＿＿　日期：＿＿＿＿＿＿＿＿＿＿

01　学生任务分配表

组名		指导教师	
组长		学号	
组员			
任务分工			

02　任务准备表

工作目标	智慧建筑中的 BIM 技术应用
序号	任务
1	分析智慧建筑中常用的 BIM 技术
2	根据已知条件，运用 BIM 技术进行智慧建筑施工组织管理

03 学生个人自评表

班级		组名		日期	
姓名		学号			
评价指标	评价内容			分数	分数评定
信息检索	能有效利用网络、图书资料找有用的相关信息等；能用自己的语言有条理地去解释、表述所学知识；将查到的信息有效地传递到学习中			10分	
感知课堂	是否熟悉项目经理助理岗位，认同岗位工作价值；在学习中是否能获得满足感，认同课堂文化			10分	
参与态度	积极主动参与学习，能吃苦耐劳，崇尚劳动光荣，技能宝贵；与教师、同学之间是否相互尊重、理解、平等；与教师、同学之间是否能够保持多向、丰富、适宜的信息交流			10分	
	能处理好合作学习和独立思考的关系，做到有效学习；能提出有意义的问题或能发表个人见解；能按要求正确完成任务；能够倾听别人意见、协作共享			10分	
学习过程	1. 理解BIM技术的含义			10分	
	2. 熟悉BIM技术在智慧建筑中的应用			10分	
	3. 掌握斑马进度计划、BIM场布、BIM5D软件操作			10分	
思维态度	是否能发现问题、提出问题、分析问题、解决问题、创新问题			10分	
自评反馈	按时按质完成工作任务；较好地掌握了专业知识点；具有较强的信息分析能力和理解能力；具有较为全面严谨的思维能力并能条理清楚明晰表达成文			20分	
自评分数					
有益的经验和做法					
总结反馈建议					

04　组内互评表

班级		组名		日期	
验收组长		被验收者		学号	
组内验收成员					
任务要求					

验收文档清单	任务工作单：
	文献检索清单：

验收评分	评分标准	分　数	得分
	1. 能详细阐述 BIM 的含义，错误一处扣 10 分	40 分	
	2. 能根据具体工程分析 BIM 技术在智慧建筑中的应用，错误一处扣 5 分	40 分	
	3. 掌握斑马进度计划、BIM 场布、BIM5D 软件操作，错一处扣 5 分	10 分	
	4. 提供文献检索清单，不少于 5 项，缺一项扣 2 分	10 分	
评价分值			
不足之处			

05　组间互评表

班级		被评组名		日期	
验收组名 （成员签字）					
评价指标	评价内容			分数	分数评定
汇报表述	表述准确			15 分	
	语言流畅			10 分	
	准确反映该组完成情况			15 分	
内容正确度	内容正确			30 分	
	阐述表达到位			30 分	
互评分数					
简要评述					

06 任务完成情况评价表

班级			组名			
姓名	1. 理解 BIM 技术的含义 2. 熟悉 BIM 技术在智慧建筑中的应用 3. 掌握斑马进度计划、BIM 场布、BIM5D 软件操作		学号			
序号	任务内容及要求		配分	评分标准	教师评价	
					结论	得分
1	详细阐述 BIM 的含义	描述正确	20 分	错误一个扣 5 分		
		语言流畅	10 分	酌情赋分		
2	根据具体工程分析 BIM 技术在智慧建筑中的应用	描述正确	20 分	错误一个扣 5 分		
		语言流畅	10 分	酌情赋分		
3	掌握斑马进度计划、BIM 场布、BIM5D 软件操作	操作准确	10 分	错误一个扣 5 分		
		完成程度	10 分	酌情赋分		
4	提供 5 项文献检索清单	数量	10 分	缺一个扣 2 分		
		参考的主要内容要点	10 分	酌情赋分		
5	素质素养评价	沟通交流能力	20 分	酌情赋分，但违反课堂纪律，不听从组长、教师安排，不得分		
		团队合作				
		课堂纪律				
		自主探学				
		合作研学				
		精益求精、专心细致的工作作风				
		诚实守信的意识				
		讲原则守规矩的意识				
		规范意识				
总分						

项目6 绿色施工及执业资格

任务6.1 认识绿色施工

工作任务	认识绿色施工	建议学时	2学时
任务描述	掌握绿色施工的含义和特点；结合规范，标准熟悉"四节一环保"的施工管理要点；树立和践行生态文明建设，呵护绿水青山建设美丽中国。		
学习目标	★了解绿色施工的含义； ★掌握绿色施工评价管理； ★掌握"四节一环保"施工管理要点； ★能够主动获取信息，展示学习成果，并相互评价、对绿色施工未来发展进行探索，与团队成员进行有效沟通，团结协作。		
任务分析	认识绿色施工，要正确理解绿色施工的含义，绿色施工评价管理，熟悉"四节一环保"施工管理要点。		

 任务导航

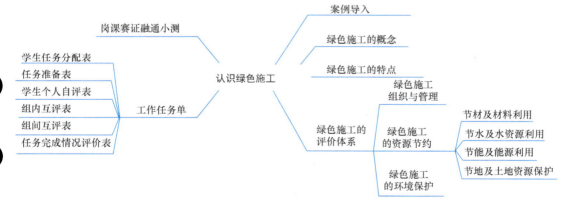

 案例导入

中国海外大厦（图6-1），于2021年2月开工，2022年12月完成主体结构封顶。该大厦作为国内第一座5A级近零能耗高层写字楼，是2022年住房和城乡建设部零碳智能建筑科技示范工程立项的唯一商业项目。目前，该项目已获得国家绿色建筑三星级、健康建筑三星级、近零能耗建筑等多个预认证，获评"2023年世界高层建筑学会全球奖创新奖"。

图 6-1　中国海外大厦

知识链接

6.1.1　绿色施工的概念

在 1970 年之前，全球经济繁荣，将"消费是美德"作为经济发展和城市建设的口号。现代主义建筑的代表性要素全天候中央空调、全玻璃外观、全天热水供应迅速发展，这一时期的建筑设计大量消耗资源，忽视了自然环境。然而，1970 年后两次能源危机的爆发使人们意识到地球环境的脆弱性，促使建筑行业开始反思，进而兴起节能设计思潮。到了 1980 年，"可持续发展"战略首次被世界自然保护组织提出。全球建筑师开始致力于自然环境的可持续发展，开启了全球绿色建筑的热潮。

虽然绿色建筑的思想已深入人心，但时至今日对于绿色建筑的定义仍然没有准确统一的描述。由于气候条件、地理资源、人文情怀和文化底蕴等差异，各个国家对于绿色建筑的定义稍有不同。英国作为第一个建立绿色建筑评估体系的国家主要关注于减少建筑物的环境影响，美国侧重于建筑设计与施工过程的结合互补，从而实现建筑运营效率的最大化，日本侧重于建筑与环境的共生。"绿色"是多数自然植物的生命之色，象征着蓬勃生机的生态系统。将"绿色"与"建筑"结合，意在表达建筑应像自然植物一样，与自然界和谐共生。关于绿色建筑，我国现行的《绿色建筑评价标准》GB/T 50378—2019 中明确定义：在全寿命期内，节约资源、保护环境、减少污染，为人们提供健康、适用、高效的使用空间，最大限度地实现人与自然和谐共生的高质量建筑。

绿色建筑和绿色施工并不是一种新型的建筑风格和施工风格，而是建筑行业结合当下建筑发展中面临的种种环境问题所作出的回应。绿色建筑的核心是关注建筑的建造和使用对资源的消耗和给环境造成的负面影响，通过使用先进实用技术和实施科学管理方法所实现的最终产物，其中包含"生态""可持续"和"低碳"等因素。而绿色施工是实现这一产物的基础，在选址、规划、施工、管理及拆除的全过程中体现可持续发展，实施绿色施工就是推行建筑行业的可持续发展，没有绿色施工就没有绿色建筑。绿色施工随着时代发展进步，且尚未形成统一定论，《建筑与市政工程绿色施工评价标准》GB/T 50640—2023 中将其解释为：在保证质量、安全等基本要求的前提下，以人为本，因地制宜，通过科学管理和技术进步，最大限度地节约资源，减少对环境负面影响的施工活动。

绿色施工应进行科学、合理的绿色施工管理，制订严谨管理体系，明确目标任务；施工技术均应以"四节一环保"为前提，有效控制能源消耗及有害排放，合理使用和保护土地资源、水资源，材料物资使用做到节约、循环，尽可能地保证物尽其用。施工现场应在完成目标任务的同时，保障现场全员的健康和安全，积极宣传绿色施工概念，强调绿色施工要点，提高施工人员"绿色"意识。

6.1.2　绿色施工的特点

1. 资源低损耗

建筑在建造和运营过程中消耗了大量的能源和资源，据有关部门统计，建设工程所使用的资源和材料占全国资源利用量的 $40\%\sim50\%$。因此，如何采用新型施工技术、新型施工工艺、新型设备器具等有效措施，将土地、材料物资、能源等资源消耗降低是绿色施工的重要目标之一。

2. 经济友好

部分施工单位认为绿色施工会增加项目成本，是工程建设中没有较好落实绿色施工的主要原因。事实并非如此，诸如水资源回收利用、模板周转、钢筋废料加工、再生能源使用等绿色施工技术与实际工程的结合都可以带来可观的经济效益，降低施工成本。

3. 信息化结合

随着建筑业的信息化发展，在信息技术的使用下，使现代绿色施工提升到了更高的档次。BIM 技术的运用，为主体结构和机电设备安装提供便利；可视化系统及 VR 体验馆，协助项目管理人员进行现场动态实时监测。

4. 系统性

大型绿色工程项目是一个开放、结构多变、多因子、层次复杂，由多个不同领域、不同阶段内容所组成的集成体。集成系统所带来的优势及良好效果远远大于内部项目要素的单体效益之和。绿色施工各阶段布置，逻辑严谨、丝丝入扣，具有较强的系统性。

5. 社会性

传统建筑施工的关注点只放在企业自身，从而忽略能源、资源消耗对整个社会成本及环境资源所带来的影响。绿色施工要从根本管理上控制无节制、无必要的消耗，积极宣传绿色施工概念，加强人员绿色施工意识，严格管理施工全过程。政府层面建立及完善相关法律、规范，加强企业施工的理论监督指导，减少环境的负面影响。

6.1.3 绿色施工的评价体系

我国绿色施工相关评价标准有《绿色建筑评价标准》GB/T 50378—2019、《建筑与市政工程绿色施工评价标准》GB/T 50640—2023 等。完整的绿色施工评价指标体系应严格遵循绿色施工现行文件的指导，包含绿色要求的方方面面，主要包括三个方面，分别为绿色施工组织与管理、资源节约和环境保护，下面对这三个方面所包含的施工要点及基本规定进行概括。

1. 绿色施工组织与管理

绿色施工组织与管理方面主要包括：绿色施工组织设计；绿色施工专项方案；强化技术管理；传统施工工艺改进；非绿色工艺、设备和材料淘汰制度，积极采用新技术、新材料、新设备与新工艺；制订施工现场环境保护和人员安全等突发事件的应急预案；施工全过程的动态管理和监督；针对性宣传，营造绿色施工氛围；定期举行绿色施工知识培训，增强绿色施工意识等。

绿色施工组织管理必须适应绿色施工要求，完善制度规定，优化设计项目经营目标，从而加大绿色施工的执行力度，将绿色施工组织架构形成有机整体，充分调动工程各参建方的积极性，实现绿色施工目标。

1）优化顶层设计，构建绿色施工管理小组，各个单位应积极参与绿色施工工作，设立绿色施工目标。以项目经理为首要责任人，参建方应充分认识到绿色施工管理的重要性，建立绿色施工管理小组，在工程管理过程中引入绿色施工理念，及时落实绿色施工管理措施。

2）工程施工中，各参建方要遵照预先设置的工作流程，全面落实绿色施工理念，提升绿色施工管理效率。施工企业应当发挥出主体作用，掌握内外部环境变化，按照工程实况调整管理模式，全面实现项目预期目标。

根据《建筑工程绿色施工规范》GB/T 50905—2014 要求，施工单位应履行下列职责：

① 施工单位是建筑工程绿色施工的实施主体，应组织绿色施工的全面实施。

② 实行总承包管理的建设工程，总承包单位应对绿色施工负总责。

③ 总承包单位应对专业承包单位的绿色施工实施管理，专业承包单位应对工程承包范围的绿色施工负责。

④ 施工单位应建立以项目经理为第一责任人的绿色施工管理体系，制订绿色施工管理制度，负责绿色施工的组织实施，进行绿色施工教育培训，定期开展自检、联检和评价工作。

⑤ 绿色施工组织设计、绿色施工方案或绿色施工专项方案编制前应进行绿色施工影响因素分析，并据此制定实施对策和绿色施工评价方案。

2. 绿色施工的资源节约

绿色施工资源节约又分为四个方面，节材及材料利用、节水及水资源利用、节能及能源利用和节地及土地资源保护（简称"四节"）。

（1）节材及材料利用

节材与材料资源利用主要包括：节材措施、结构材料、围护材料、装饰装修材料、周转材料五个内容。

1）节材措施

节材措施包括优化设计以减少材料使用、选择可持续或再生材料、使用先进的施工技术和方法以提高材料利用率、对建筑材料进行有效管理和回收利用，以及采用模块化和预制建筑组件以减少现场浪费。这些方法总体目标是减少建筑过程中的材料需求和废弃物产生，提高资源的使用效率。

2）结构材料

绿色施工结构材料的选择和使用需注重材料的高效利用和环境友好性。主要包括选用轻质高强、耐久且可循环利用的结构材料，优化结构设计以减少材料用量，以及采用预制构件减少现场切割和加工，从而降低材料浪费。

3）围护材料

围护材料的节材要求是选择耐用、易围护、可循环利用或来自可持续资源的材料。这样不仅能延长材料的使用寿命，降低更换频率，还能在建筑物的整个生命周期内降低对资源的需求和环境影响。此外，优先考虑低环境影响的围护方式和产品，以减少围护过程中的资源消耗和废物产生。

4）装饰装修材料

节材中的装饰装修材料要求使用环保、可持续和低排放的材料。材料选择应优先考虑有环境标志认证的产品，例如低挥发性有机化合物（VOC）的油漆和涂料、可回收或再生的地面材料（如竹地板、回收木材）以及天然或再生的墙面覆盖材料。

5）周转材料

节材中周转材料需要提高材料的重复使用率和回收利用率。选择耐用、可重复使用的材料，如模板、支撑架等，以及容易拆卸和重装的构件。此外，还要合理规划使用和保养，以延长材料的使用寿命，减少浪费，在使用后，应优先考虑回收和再利用，减少对新资源的需求。

根据《建筑工程绿色施工规范》GB/T 50905—2014 要求，节材及材料利用应符合下列规定：

① 应根据施工进度、材料使用时点、库存情况等制订材料的采购和使用计划。

② 现场材料应堆放有序，并满足材料储存及质量保持的要求。

③ 工程施工使用的材料宜选用距施工现场 500km 以内生产的建筑材料。

（2）节水及水资源利用

节水及水资源利用主要包括：提高用水效率、非传统水源利用和用水安全三个内容，主要措施包括：

1）雨水回收利用

施工现场在地下室修建雨水收集池，建立水资源再利用收集处理系统，冲洗现场机具、设备、喷洒路面、绿化浇灌。

2）水循环

在现场出入口处设置洗车槽，洗车槽旁设置了循环水系统，包括 1.5m×1.5m×1m 的沉淀池、3m×1.5m×1m 的集水井等，与现场的排水沟、洗车槽相连通，收集雨水及洗车回收水。

3）余料回收系统水循环

混凝土余料回收系统由余料回收管及二级沉淀池组成。在地下室底层砌筑二级沉淀池，在电梯井内（或楼梯间）设置余料回收管，在主体结构混凝土浇筑完毕后，清洗泵管的余料可通过余料回收管集中至二级沉淀池，废水沉淀后可用水泵抽取二次利用，余料清理出可作为二次回填材料。

4）基坑封闭降水

基坑周边设置止水帷幕，基坑内封闭降水，有效维持四周地下水形态，减少抽取地下水，并对基坑外进行回灌。

5）使用节水器具

施工现场办公区、生活区的生活用水采用节水器具。厕所采用节水水箱，改变过去的槽式冲水形式，避免了"细水长流"现象。

根据《建筑工程绿色施工规范》GB/T 50905—2014 要求，节水及水资源利用应符合下列规定：

① 现场应结合给排水点位置进行管线线路和阀门预设位置的设计，并采取管网和用水器具防渗漏的措施。

② 施工现场办公区、生活区的生活用水应采用节水器具。

③ 宜建立雨水、中水或其他可利用水资源的收集利用系统。

④ 应按生活用水与工程用水的定额指标进行控制。

⑤ 施工现场喷洒路面、绿化浇灌不宜使用自来水。

（3）节能与能源利用

节能及能源利用主要是通过各种措施减少建筑能耗和提高能源效率，包括采用高效能源系统、利用可再生能源（如太阳能和风能）、改进建筑物的绝热性能以及实施智能建筑管理系统等策略，主要包括：节能措施、机械设备与机具、生活及办公临时设施施工用电及照明四个方面内容。

根据《建筑工程绿色施工规范》GB/T 50905—2014 要求，节能与能源利用应符合下列规定：

① 应合理安排施工顺序及施工区域，减少作业区机械设备数量。

② 应选择功率与负荷相匹配的施工机械设备，机械设备不宜低负荷运行，不宜采用自备电源。

③ 应制定施工能耗指标，明确节能措施。

④ 应建立施工机械设备档案和管理制度，机械设备应定期保养维修。

⑤ 生产、生活、办公区域及主要机械设备宜分别进行耗能耗水及排污计量，并做好相应记录。

⑥ 应合理布置临时用电线路，选用节能器具，采用声控、光控和节能灯具；照明照度宜按最低照度设计。

⑦ 宜利用太阳能、地热能、风能等可再生能源。

⑧ 施工现场宜错峰用电。

（4）节地及土地资源保护

节地及土地资源保护强调合理利用和保护土地资源，在建设项目中采取有效措施减少土地占用和避免对土地造成不可逆损害，包括优化项目设计以减少对土地的需求，保护现场土壤和周边自然环境，以及在施工结束后进行土地恢复，促进生态平衡。其施工要点包括：

1）施工现场分基础、主体、装饰三个阶段分别进行现场布置设计，实行动态管理。

2）施工场内原有树木尽可能进行原地保护。

3）施工现场临时道路布置应与原有及永久道路兼顾考虑，并应充分利用拟建道路为施工服务。

根据《建筑工程绿色施工规范》GB/T 50905—2014 要求，节地及土地资源保护应符合下列规定：

① 应根据工程规模及施工要求布置施工临时设施。

② 施工临时设施不宜占用绿地、耕地以及规划红线以外场地。

③ 施工现场应避让、保护场区及周边的古树名木。

3. 绿色施工的环境保护

环境保护主要包括：扬尘控制、噪声与振动控制、水污染控制、光污染控制、土壤保护、建筑垃圾控制、地下文物和资源保护七个方面内容。

（1）扬尘控制

绿色施工中对扬尘的规定主要是为了减少施工活动中产生的尘埃对环境和公众健康的影响，一般会包括以下几个方面：

1）覆盖物使用

施工材料、废料和其他可能产生尘埃的物质应当妥善覆盖，防止风吹散尘埃。对于集中堆放的土方，可采用密目安全网进行覆盖。

2）湿润操作

在进行土石方作业、拆除、切割等可能产生大量尘埃的施工活动时，应采用喷水等湿润措施减少扬尘。现场建立洒水清扫制度，配备洒水设备，并有专人负责。

3）限制车辆速度

在施工现场内限制车辆的行驶速度，以减少车辆引起的扬尘。

4）清洁措施

施工现场出入口应设洗车设施，防止施工车辆将泥土和尘埃带出现场，影响周边道路的清洁。

5）风险评估

施工前应进行扬尘风险评估，根据评估结果采取相应的防控措施。

6）绿色防护网

施工现场四周应设立绿色防护网，减少尘埃向周边扩散。

7）定期监测

施工期间，应定期监测空气中的悬浮颗粒物（PM10 和 PM2.5）浓度，确保扬尘控制措施的有效性。

8）信息公开

将施工扬尘管理措施、监测数据等信息向社会公众公开，接受社会监督。

根据《建筑工程绿色施工规范》GB/T 50905—2014 要求，施工现场扬尘控制应符合下列规定：

① 施工现场宜搭设封闭式垃圾站。

② 细散颗粒材料、易扬尘材料应封闭堆放、存储和运输。

③ 施工现场出口应设冲洗池，施工场地、道路应采取定期洒水抑尘措施。

④ 土石方作业区内扬尘目测高度应小于 1.5m，结构施工安装、装饰装修阶段目测扬尘高度应小于 0.5m，不得扩散到工作区域外。

⑤ 施工现场使用的热水锅炉等宜使用清洁燃料。不得在施工现场融化沥青或焚烧油毡、油漆以及其他产生有毒、有害烟尘和恶臭气体的物质。

（2）噪声与振动控制

绿色施工在噪声与振动控制方面的措施是为了减少施工活动对周围环境和公众的噪声和振动影响。这些措施通常包括技术、管理和法律手段，以确保施工活动不会对周边居民和环境造成不必要的干扰。常见的噪声与振动控制措施包括以下几点：

1）噪声控制措施

使用低噪声设备：选择和使用噪声级别较低的施工设备和机械，如电动工具和静音型发电机。

设备维护：定期维护和检修施工设备，确保其处于良好状态，减少因设备故障产生的额外噪声。

隔音措施：在施工现场周围设置隔音屏障或围挡，以吸收或反射噪声，减少噪声对周边环境的影响。

限制作业时间：将噪声较大的施工活动安排在白天进行，避免在夜间或早晨进行，以减少对周围居民的干扰。

作业方式优化：采用低噪声的施工方法和技术，如使用旋挖钻而不是打桩机进行地基施工。

2）振动控制措施

使用低振动设备：选择振动强度低的施工设备和技术，减少施工活动产生的振动。

施工方法优化：采用先进的施工技术，如无振动或低振动的地基加固技术，减少施工过程中的振动产生。

设置缓冲区：在施工设备和施工区域之间设置缓冲区，使用振动吸收材料，减少振动的传播。

监测和评估：对施工现场的振动水平进行监测，评估振动对周边建筑和居民的影响，并根据监测结果调整施工方案。

居民沟通与协调：与周围居民进行有效沟通，提前通知施工计划和可能的影响，采取措施减轻居民的担忧，必要时采取补偿措施。

根据《建筑工程绿色施工规范》GB/T 50905—2014 要求，施工现场噪声控制应符合下列规定：

① 施工现场宜对噪声进行实时监测；施工场界环境噪声排放昼间不应超过 70dB（A），夜间不应超过 55dB（A）。噪声测量方法应符合现行国家标准《建筑施工场界环境噪声排放标准》GB 12523 的规定。

② 施工过程宜使用低噪声、低振动的施工机械设备，对噪声控制要求较高的区域应采取隔声措施。

③ 施工车辆进出现场，不宜鸣笛。

（3）水污染控制

绿色施工中控制水污染的措施的目的是防止施工活动对周边水体和地下水的污染，保护水资源的质量。常见的措施包括：施工排水规划，在施工前期进行详细的排水系统规划，确保施工区域有合理的排水设施，防止雨水混合施工废料流入周边水体。

1）土壤与水体保护措施

采取措施保护施工现场周边的土壤和水体，如设置围挡和滤水沟，防止泥土和有害物质进入水体。

2）废水处理和回收

建立施工废水收集和处理系统，对含有有害物质的水进行处理，达到环保标准后再排放，或者回收利用。

3）减少地表水和地下水污染

采用防渗措施减少施工活动对地表水和地下水的污染，如使用防渗膜或构筑防渗层。

4）化学品和危险物质管理

妥善管理施工现场的化学品和危险物质，包括存储、使用和废弃过程，以防止这些物质污染水源。

5）节水措施

采取节水措施，减少施工过程中的水使用量，如使用节水型施工设备，回收利用施工用水等。

6）雨水管理

实施雨水管理措施，例如构建雨水收集和利用系统，减轻雨水对施工现场的冲刷作用，防止污染物随雨水流入周边水体。

根据《建筑工程绿色施工规范》GB/T 50905—2014 要求，施工现场水污染控制应符合下列规定：

① 污水排放应符合现行行业标准《污水排入城镇下水道水质标准》GB/T 31692 的有关要求。

② 使用非传统水源和现场循环水时，宜根据实际情况对水质进行检测。

③ 施工现场存放的油料和化学溶剂等物品应设专门库房，地面应做防渗漏处理。废弃的油料和化学溶剂应集中处理，不得随意倾倒。

④ 易挥发、易污染的液态材料，应使用密闭容器存放。

⑤ 施工机械设备使用和检修时，应控制油料污染；清洗机具的废水和废油不得直接排放。

⑥ 食堂、盥洗室、淋浴间的下水管线应设置过滤网，食堂应另设隔油池。

⑦ 施工现场宜采用移动式厕所，并应定期清理。固定厕所应设化粪池。

⑧ 隔油池和化粪池应做防渗处理，并应进行定期清运和消毒。

（4）光污染控制

绿色施工中的光污染控制措施是为了减轻施工活动中使用的人工照明对周边环境和居

民的影响。光污染不仅可能影响人们的生活质量，还可能对野生动物产生负面影响。主要措施包括：①夜间电焊作业时项目部采用铁制遮光棚、罩挡光和屏蔽电焊产生的高次谐波；②在光源照射方面设置定型灯罩，在保证施工现场施工作业面有足够光照的条件下，有效控制光对周围居民生活干扰；③精心设计施工现场的照明系统，确保光源直接照射到需要照明的区域，避免光线散射到周边环境中。

根据《建筑工程绿色施工规范》GB/T 50905—2014 要求，施工现场光污染控制应符合下列规定：

① 应根据现场和周边环境采取限时施工、遮光和全封闭等避免或减少施工过程中光污染的措施。

② 夜间室外照明灯应加设灯罩，光照方向应集中在施工范围内。

③ 在光线作用敏感区域施工时，电焊作业和大型照明灯具应采取防光外泄措施。

（5）土壤保护

绿色施工中的土壤保护是为了防止施工活动对土壤造成污染和破坏，保持土壤的生态平衡和功能。实施这些措施有利于保护土地资源，维护生态环境，促进可持续发展。常见的措施有：

1）施工现场防护措施

在施工现场周围设置围挡，减少施工活动对周边土壤的直接影响。在必要的地方设置防尘网和防洪措施，防止土壤侵蚀。

2）土壤侵蚀控制

在施工过程中，采取措施控制水土流失，如设置沉淀池、使用植被覆盖裸露土地、建设排水系统等。

3）废弃物管理

妥善处理施工废弃物，特别是有害废弃物，防止其直接或间接污染土壤。有毒有害废弃物：墨盒、油漆、涂料等有严格的领用和回收制度。回收后的有毒有害废弃物归办公室统一处理。

（6）建筑垃圾控制

在绿色施工项目中，对建筑垃圾的控制是实现环境可持续发展的重要方面，目的是减少施工过程中产生的废弃物对环境的影响，通过有效的管理和技术措施促进资源的回收利用和减少填埋量。常见措施包括：

1）源头减量

通过设计优化、精确计算材料需求和采用预制构件等方法，减少建筑材料的使用量，从源头上减少建筑垃圾的产生。

2）分类收集

在施工现场设置不同的收集容器，对木材、金属、塑料、混凝土等建筑废料进行分类收集，便于后续的回收和处理。

3）废弃物回收利用

鼓励和实施建筑废弃物的回收利用，如将清理出的混凝土和砖块破碎后用于填埋场的基层或道路建设，将可回收材料如金属、木材进行回收再利用。

4）合作与协调

与当地回收处理企业建立合作关系，确保建筑垃圾能够被及时且有效地转移和处理。

5）绿色采购

优先采购可回收、可循环利用的材料和产品，减少施工过程中的废弃物量。

6）施工过程管理

优化施工方法和流程，减少现场切割、加工所产生的废弃物，提高材料的利用率。

根据《建筑工程绿色施工规范》GB/T 50905—2014 要求，施工现场垃圾处理应符合下列规定：

① 垃圾应分类存放、按时处置。

② 应制定建筑垃圾减量计划，建筑垃圾的回收利用应符合现行国家标准《工程施工废弃物再生利用技术规范》GB/T 50743 的规定。

③ 有毒有害废弃物的分类率应达到100%；对有可能造成二次污染的废弃物应单独储存，并设置醒目标识。

④ 现场清理时，应采用封闭式运输，不得将施工垃圾从窗口、洞口、阳台等处抛撒。

（7）地下文物和资源保护

绿色施工在考虑地下文物和资源保护方面，采取的措施的目的是确保施工活动不会对埋藏于地下的文化遗产或自然资源造成破坏，同时促进可持续发展和历史文化遗产的保护。常见的措施包括：

1）施工规划与设计调整

根据调查和评估结果，适当调整施工计划和设计，避免或最小化对地下文物的影响。在必要时，改变施工地点或采取保护性施工方法。

2）采用非破坏性技术

在有地下文物存在的区域采用非破坏性或低破坏性的施工技术，如钻孔探测而非直接挖掘，以减少对地下文物的破坏。

3）专家监督和咨询

在施工过程中，邀请文物保护专家进行现场监督和指导，确保所有活动都符合文物保护的要求。

4）建立应急预案

建立应急预案，以应对施工过程中发现未知文物的情况。这通常包括立即停工、保护现场、通知相关文物保护部门等步骤。

5）地下资源保护

在有自然资源（如地下水体、矿产资源等）的地区，采取措施保护这些资源不受污染和破坏。例如，采用封闭式循环系统处理施工用水，避免污染地下水。

 岗课赛证融通小测

1.（单项选择题）绿色施工管理的首要责任人是（　　　）。

A. 施工员　　　　　　　　　　　B. 项目经理

C. 安全员　　　　　　　　　　　D. 质量监督员

2. （单项选择题）《建筑工程绿色施工规范》GB/T 50905—2014 中提到的节能措施不包括(　　)。

A. 采用低效能能源系统　　　　　　B. 利用可再生能源

C. 改进建筑物绝热性能　　　　　　D. 实施智能建筑管理系统

3. （单项选择题）在绿色施工中，扬尘控制措施不包括(　　)。

A. 使用覆盖物减少尘埃　　　　　　B. 在所有条件下禁止喷水

C. 限制车辆速度以减少扬尘　　　　D. 施工现场出入口设置洗车设施

4. （多项选择题）绿色施工的目标包括(　　)。

A. 节约资源　　　　　　　　　　　B. 增加污染

C. 保护环境　　　　　　　　　　　D. 提供健康空间

E. 减少对环境的负面影响

5. （多项选择题）绿色施工节水措施包括(　　)。

A. 雨水回收利用　　　　　　　　　B. 增加用水量

C. 水循环使用　　　　　　　　　　D. 余料回收系统水循环

E. 使用节水器具

任务 6.1 工作任务单

学习任务名称：　　认识绿色施工

班级：＿＿＿＿＿＿＿＿＿＿　姓名：＿＿＿＿＿＿＿＿＿　日期：＿＿＿＿＿＿＿＿

01 学生任务分配表

组名		指导教师	
组长		学号	
组员			
任务分工			

02 任务准备表

工作目标	认识绿色施工
序号	任务
1	举例分析绿色施工的特点
2	阐述绿色施工评价体系包含的具体内容

03 学生个人自评表

班级		组名		日期	
姓名		学号			
评价指标	评价内容		分数	分数评定	
信息检索	能有效利用网络、图书资料找有用的相关信息等；能用自己的语言有条理地去解释、表述所学知识；能将查到的信息有效地传递到学习中		10 分		
感知课堂	是否熟悉项目经理助理岗位，认同岗位工作价值；在学习中是否能获得满足感，认同课堂文化		10 分		
参与态度	积极主动参与学习，能吃苦耐劳，崇尚劳动光荣，技能宝贵；与教师、同学之间是否相互尊重、理解、平等；与教师、同学之间是否能够保持多向、丰富、适宜的信息交流		10 分		
	能处理好合作学习和独立思考的关系，做到有效学习；能提出有意义的问题或能发表个人见解；能按要求正确完成任务；能够倾听别人意见、协作共享		10 分		
学习过程	1. 理解绿色施工的含义		10 分		
	2. 熟悉绿色施工特点		10 分		
	3. 掌握绿色施工的评价体系		10 分		
思维态度	是否能发现问题、提出问题、分析问题、解决问题、创新问题		10 分		
自评反馈	按时按质完成工作任务；较好地掌握了专业知识点；具有较强的信息分析能力和理解能力；具有较为全面严谨的思维能力并能条理清楚明晰表达成文		20 分		
自评分数					
有益的经验和做法					
总结反馈建议					

04 组内互评表

班级		组名		日期	
验收组长		被验收者		学号	
组内验收成员					
任务要求					
验收文档清单	任务工作单：				
	文献检索清单：				

验收评分	评分标准	分　数	得分
	1. 会详细阐述绿色施工的特点，错误一处扣10分	40分	
	2. 能根据具体工程分析绿色施工的评价体系，错误一处扣5分	40分	
	3. 能按时提交工作任务单，迟10分钟，扣5分	10分	
	4. 提供文献检索清单，不少于5项，缺一项扣2分	10分	
评价分值			
不足之处			

05　组间互评表

班级		被评组名		日期	
验收组名 （成员签字）					
评价指标	评价内容			分数	分数评定
汇报表述	表述准确			15 分	
	语言流畅			10 分	
	准确反映该组完成情况			15 分	
内容正确度	内容正确			30 分	
	阐述表达到位			30 分	
互评分数					
简要评述					

06 任务完成情况评价表

班级			组名			
姓名			学号			
序号	任务内容及要求		配分	评分标准	教师评价	
					结论	得分
1	详细阐述绿色施工项目特点	描述正确	20分	错误一个扣5分		
		语言流畅	10分	酌情赋分		
2	根据具体工程分析绿色施工评价体系	描述正确	20分	错误一个扣5分		
		语言流畅	10分	酌情赋分		
3	能够按时提交工作任务单	按时提交	10分	延迟10分钟,扣5分		
		延迟提交	10分	酌情赋分		
4	提供5项文献检索清单	数量	10分	缺一个扣2分		
		参考的主要内容要点	10分	酌情赋分		
5	素质素养评价	沟通交流能力	20分	酌情赋分,但违反课堂纪律,不听从组长、教师安排,不得分		
		团队合作				
		课堂纪律				
		自主探学				
		合作研学				
		精益求精、专心细致的工作作风				
		诚实守信的意识				
		讲原则守规矩的意识				
		规范意识				
总分						

任务6.2 了解相关执业资格证书

工作任务	了解执业资格	建议学时	2学时
任务描述	掌握我国建筑行业执业资格制度的发展；明确职业资格与执业资格的区别；掌握建筑施工组织管理与相关执业资格考试之间的关系，为后续职业发展做好准备。		
学习目标	★了解我国建筑行业执业资格制度的发展； ★掌握职业资格与执业资格的区别； ★掌握建筑施工组织管理与执业资格之间的关系； ★能够主动获取信息，展示学习成果，并相互评价、对建筑行业人员执业资格发展进行探索，与团队成员进行有效沟通，团结协作。		
任务分析	了解建筑行业人员执业资格，要正确理解我国建筑行业执业资格制度的发展，明确职业资格与执业资格的区别；掌握建筑施工组织管理与相关执业资格考试之间的关系。		

任务导航

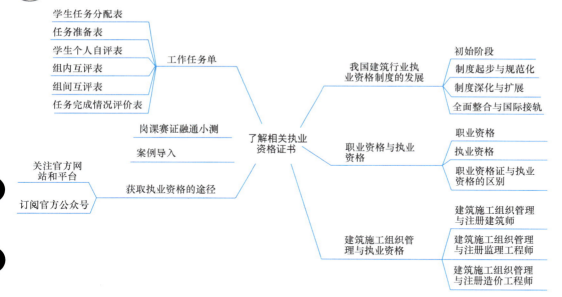

案例导入

2019年2月1日《人力资源社会保障部 工业和信息化部关于深化工程技术人才职称制度改革的指导意见》（人社部发〔2019〕16号）发布。文件明确：工程技术人才取得的工程领域职业资格，可对应相应层级的职称，并可作为申报高一级职称的条件。职业资格分级设置的，其初级（二级）、中级（一级）、高级分别对应职称的初级、中级、高级，未分级设置的一般对应中级职称，国家另有规定的除外。

截至2024年3月，31省市均发文：建立专业技术人员职业资格与职称对应省级目录，取得目录内职业资格的，可视同其具备对应系列和层级的职称。27省市（广东、北京、天津、山西、辽宁、黑龙江、上海、江苏、浙江、安徽、福建、山东、湖北、湖南、广西、海南、重庆、四川、贵州、云南、西藏、陕西、青海、江西、宁夏、河北、新疆）明确：一级建造师对应工程师职称，二级建造师对应助理工程师职称。其中，陕西、宁夏、甘肃、山西、山东、黑龙江、天津、辽宁、贵州、云南、青海、江西等12省市还明确：职业资格证书可一证两用，与职称证书有同等效力。

图 6-2　建造师证书

 知识链接

6.2.1　我国建筑行业执业资格制度的发展

我国建筑行业执业资格制度的发展历程是一个逐步完善和细化的过程，随着国家经济发展、建筑技术进步和社会需求的变化，这一制度经历了多个重要阶段的调整和改革。

（1）初始阶段（1978年前）

在改革开放之前，中国的建筑行业主要由国家单位控制，缺乏明确的执业资格制度。建筑工程的设计和施工主要依靠国家分配的建筑工程师和技术人员完成，行业标准和资格认证不够明确。

（2）制度起步与规范化（1978—1990年）

改革开放后，随着市场经济的引入和建筑行业的快速发展，出现了对专业人才和标准化工程实践的迫切需求。20世纪80年代，我国开始建立和推行建筑行业执业资格制度，标志着对建筑专业人才资格认证的重视。这一时期，重点是对建筑师、工程师等专业人才的资格考试和认证制度的建立，以及相关的法律法规的制定。例如，《中华人民共和国建筑法》的颁布。

（3）制度深化与扩展（1990年—21世纪初）

随着经济的持续增长和城镇化进程的加速，建筑行业面临更多挑战和机遇，对专业人才的需求进一步增加。此时期，执业资格制度开始深化和扩展，包括增加新的资格类别、提高考试和认证标准等。增加了更多专业分类的执业资格认证，如结构工程师、给排水工程师、电气工程师等，并逐步完善了继续教育和资格更新制度。

（4）全面整合与国际接轨（21 世纪初至今）

随着全球化的深入和国际交流的增加，中国建筑行业开始寻求与国际标准和实践接轨。这一时期，执业资格制度不仅强调专业知识和技能的提升，还注重国际视野和跨文化能力的培养。政策调整强调了执业资格制度的公开性、透明性和公平性，同时推动了与国际认证体系的对接和认可，如亚太经济合作组织工程师（APEC Engineer）和国际工程师协会（IEA）的工程师国际注册等。

6.2.2　职业资格与执业资格

职业资格和执业资格是衡量和认证个人职业能力和从业资格的两种制度，它们在定义、目的、适用范围和法律效力等方面存在着明显的区别：

1. 职业资格

定义：职业资格是指根据国家职业标准，通过考核评价，证明个人掌握了某一职业或工种所需知识和技能的能力水平的认证。

目的：是为了提升劳动者的职业技能和工作效率，促进就业和职业发展。

适用范围：涵盖了广泛的行业和职业，不仅限于特定的几个领域。

法律效力：职业资格证书主要作为就业和职业晋升的依据之一，持证者可以在相应的职业范围内寻找工作或提升职位。

根据《中华人民共和国职业分类大典（2022 年版）》，建筑施工人员是指从事建筑物、构筑物和土木工程建筑施工、安装、装饰装修等工作的人员。包括房屋建筑施工人员、土木工程建筑施工人员、建筑安装施工人员、建筑装饰人员、古建筑修建人员、其他建筑施工人员。以房屋建筑施工人员为例，指的是从事房屋主体工程施工的人员，包括砌筑工、混凝土工、钢筋工、架子工、装配式建筑施工员等职业。

2. 执业资格

定义：执业资格是指根据法律或行业规定，通过考核评价，证明个人具备从事某一专业技术工作或职业活动的资格的认证。

目的：为了保障公共安全和利益，确保专业人士具有必要的专业知识和技能，以提供高质量的服务。

适用范围：主要针对那些对公共安全和社会利益有重大影响的职业，建造师、造价工程师、监理工程师等。

法律效力：执业资格通常由法律或专业机构授权和监管，持证者有权在特定领域内独立执业。未获得执业资格的个人不得从事相关的执业活动。

3. 职业资格与执业资格的区别

（1）法律地位和要求

执业资格的获取和使用受到更严格的法律和行业规定的约束，而职业资格更多关注个人职业技能和发展。

（2）目标和作用

执业资格重在保护社会公共利益，保证专业服务的质量和安全；职业资格则侧重于提升个人的职业技能和促进就业。

（3）适用范围

执业资格通常适用于对公共安全、健康和福利有直接影响的职业；职业资格适用范围更广，几乎涵盖所有职业领域。

6.2.3 建筑施工组织管理与执业资格

建筑工程领域的执业资格种类相当广泛，涉及设计、施工、监理、评估等多个环节。建筑施工组织管理作为专业核心课程与建造师、监理工程师、造价工程师等执业资格密切相关。

1. 建筑施工组织管理与注册建造师

注册建造师分为一级注册建造师和二级注册建造师。一级建造师具有较高的标准、较高的素质和管理水平，有利于开展国际互认。同时，考虑到我国建设工程项目量大面广，工程项目的规模差异悬殊，各地经济、文化和社会发展水平有较大差异，以及不同工程项目对管理人员的要求也不尽相同，设立了二级建造师，以适应施工管理的实际需求。实行建造师执业资格制度后，大中型项目的建筑业企业项目经理须逐步由取得注册建造师执业资格的人员担任。

一级建造师执业资格实行全国统一大纲、统一命题、统一组织的考试制度，由人力资源和社会保障部、住房和城乡建设部共同组织实施，原则上每年举行一次考试；二级建造师执业资格实行全国统一大纲，各省、自治区、直辖市命题并组织的考试制度。考试内容分为综合知识与能力和专业知识与能力两部分。报考人员要符合有关文件规定的相应条件。一级、二级建造师执业资格考试合格人员，分别获得《中华人民共和国一级建造师执业资格证书》《中华人民共和国二级建造师执业资格证书》。

一级建造师考试科目包括：《建设工程经济》《建设工程项目管理》《建设工程法规及相关知识》《专业工程管理与实务》（专业包含：公路工程、铁路工程、民航机场工程、港口与航道工程、水利水电工程、市政公用工程、通信与广电工程、建筑工程、矿业工程、机电工程 10 个类别）。

二级建造师考试科目包括：《建设工程施工管理》《建设工程法规及相关知识》《专业工程管理与实务》（专业包含：建筑工程、公路工程、水利水电工程、矿业工程、机电工程和市政公用工程 6 个类别）。

建筑施工组织管理是建造师考试中《建设工程项目管理》《建设工程施工管理》和《专业工程管理与实务》（建筑专业）的核心内容。

2. 建筑施工组织管理与注册监理工程师

注册监理工程师是指经全国统一考试合格，取得《监理工程师资格证书》并经注册登记的工程建设监理人员。考试设 4 个科目，考试分 2 天进行。监理工程师执业资格考试合格者，由各省、自治区、直辖市人事（职改）部门颁发人力资源和社会保障部统一印制的，人力资源和社会保障部、住房和城乡建设部用印的中华人民共和国《监理工程师执业资格证书》。该证书在全国范围内有效。

注册监理工程师考试科目有：《建设工程监理基本理论与相关法规》《建设工程合同管理》《建设工程目标控制》《建设工程监理案例分析》。其中《建设工程监理案例分析》为主观题，建筑施工组织管理的课程内容与监理工程师考试之间存在密切的关系。虽然两者侧重点略有不同，但它们都围绕着提高建筑项目管理的效率和质量，确保工程安全和符合规范的目标展开。

3. 建筑施工组织管理与注册造价工程师

造价工程师是通过全国造价工程师执业资格统一考试或者资格认定、资格互认，取得中华人民共和国造价工程师执业资格，并按照《注册造价工程师管理办法》注册，取得中华人民共和国造价工程师注册执业证书和执业印章，从事工程造价活动的专业人员。

全国造价工程师执业资格考试由住房和城乡建设部与人力资源和社会保障部共同组织，考试每年举行一次，造价工程师执业资格考试实行全国统一大纲、统一命题、统一组织的办法。原则上每年举行一次，只在省会城市设立考点。考试采用滚动管理，共设 4 个科目，滚动周期为 4 年。

造价工程师由国家授予资格并准予注册后执业，专门接受某个部门或某个单位的指定、委托或聘请，负责并协助其进行工程造价的计价、定价及管理业务，以维护其合法权益的工程经济专业人员。国家在工程造价领域实施造价工程师执业资格制度。凡是从事工程建设活动的建设、设计、施工、工程造价咨询、工程造价管理等单位和部门，必须在计价、评估、审查（核）、控制及管理等岗位配有造价工程师执业资格的专业技术人员。

一级造价工程师职业资格考试设《建设工程造价管理》《建设工程计价》《建设工程技术与计量》《建设工程造价案例分析》4 个科目。其中《建设工程造价管理》和《建设工程计价》为基础科目，《建设工程技术与计量》和《建设工程造价案例分析》为专业科目。

二级造价工程师职业资格考试设《建设工程造价管理基础知识》《建设工程计量与计价实务》2 个科目。其中，《建设工程造价管理基础知识》为基础科目，《建设工程计量与计价实务》为专业科目。

造价工程师职业资格考试专业科目分为土木建筑工程、交通运输工程、水利工程和安装工程 4 个专业类别，考生在报名时可根据实际工作需要选择其一。其中，土木建筑工程、安装工程专业由住房和城乡建设部负责；交通运输工程专业由交通运输部负责；水利工程专业由水利部负责。

建筑施工组织管理的课程内容与注册造价工程师考试之间存在着紧密的联系。虽然它们侧重的领域不同，建筑施工组织管理更偏向于施工过程的整体规划与控制，而注册造价工程师（又称造价师）专注于工程项目成本的预测、控制和结算，但两者在实际工作中是相互依赖、相辅相成的。两者的目的均是为了提高建筑项目的经济效益与管理水平，确保项目按预算执行，避免超支，并保证工程质量和安全。施工组织管理为造价工程师提供了对施工过程的深入了解，这对于准确预测和控制工程成本至关重要。反之，造价管理的知识也帮助施工管理人员在规划和执行施工过程中更有效地控制成本。

6.2.4 获得执业资格的途径

获取建筑类执业资格考试的信息以及关注继续教育的资讯，是建筑专业人士维持和提升职业能力的重要途径，以下是一些实用的方法和步骤：

1. 关注官方网站和平台

1）政府部门，例如住房和城乡建设部门的官方网站，是获取执业资格考试规定、考试时间、报名条件等官方信息的重要来源。

2）行业协会：如中国建筑业协会、各地区建筑师协会等，这些组织不仅提供考试信息，还可能提供继续教育和培训课程的信息。

3）考试中心网站：专门负责执业资格考试的机构网站，会发布最新的考试动态、考试内容更新、报名时间等，如中国人事考试网等。

2. 订阅官方公众号

许多建筑领域官方公众号，会定期发布有关建筑行业发展、执业资格考试和继续教育的最新消息。通过订阅这些资源，可以定期接收到相关的信息更新。

 岗课赛证融通小测

1.（单项选择题）一级建造师考试不包括（   ）科目。

A. 建设工程经济   B. 建设工程项目管理

C. 建设工程施工基本理论   D. 建设工程法规及相关知识

2.（单项选择题）执业资格制度的目的不包括（   ）。

A. 保障公共安全和利益   B. 提升个人职业技能

C. 限制行业内的竞争   D. 提供高质量的服务

3.（单项选择题）监理工程师执业资格考试的科目中不包括（   ）。

A. 建设工程监理基本理论与相关法规

B. 建设工程合同管理

C. 建设工程造价管理

D. 建设工程监理案例分析

4.（多项选择题）获取建筑类执业资格考试信息的途径包括（   ）。

A. 政府部门官方网站   B. 行业协会

C. 考试中心网站   D. 私人博客

E. 订阅官方公众号

5.（多项选择题）注册建造师的任务包括（   ）。

A. 项目管理   B. 技术决策

C. 财务审计   D. 协调沟通

E. 监督执行

任务 6.2　工作任务单

学习任务名称：＿＿＿了解执业资格＿＿＿＿＿＿＿＿＿＿＿＿＿＿＿＿＿＿＿＿＿＿＿＿＿＿

班级：＿＿＿＿＿＿＿＿＿＿＿＿＿　姓名：＿＿＿＿＿＿＿＿＿＿＿＿＿　日期：＿＿＿＿＿＿＿＿＿＿＿

01　学生任务分配表

组名		指导教师	
组长		学号	
组员			
任务分工			

02　任务准备表

工作目标	了解执业资格
序号	任务
1	阐述职业资格与执业资格的区别
2	阐述建筑施工组织管理与执业资格的联系

03 学生个人自评表

班级		组名		日期	
姓名		学号			
评价指标	评价内容		分数	分数评定	
信息检索	能有效利用网络、图书资料找有用的相关信息等；能用自己的语言有条理地去解释、表述所学知识；能将查到的信息有效地传递到学习中		10分		
感知课堂	是否熟悉项目经理助理岗位，认同岗位工作价值；在学习中是否能获得满足感，认同课堂文化		10分		
参与态度	积极主动参与学习，能吃苦耐劳，崇尚劳动光荣，技能宝贵；与教师、同学之间是否相互尊重、理解、平等；与教师、同学之间是否能够保持多向、丰富、适宜的信息交流		10分		
	能处理好合作学习和独立思考的关系，做到有效学习；能提出有意义的问题或能发表个人见解；能按要求正确完成任务；能够倾听别人意见、协作共享		10分		
学习过程	1. 会理解我国建筑行业执业资格制度的发展		10分		
	2. 能掌握职业资格与执业资格的区别		10分		
	3. 掌握建筑施工组织管理与执业资格之间的关系		10分		
思维态度	是否能发现问题、提出问题、分析问题、解决问题、创新问题		10分		
自评反馈	按时按质完成工作任务；较好地掌握了专业知识点；具有较强的信息分析能力和理解能力；具有较为全面严谨的思维能力并能条理清楚明晰表达成文		20分		
自评分数					
有益的经验和做法					
总结反馈建议					

04 组内互评表

班级		组名		日期	
验收组长		被验收者		学号	
组内验收成员					
任务要求					

	任务工作单：
验收文档清单	
	文献检索清单：

	评分标准	分 数	得分
验收评分	1. 会详细阐述职业资格与执业资格的区别，错误一处扣 10 分	40 分	
	2. 能具体分析建筑施工组织管理与执业资格之间的关系，错误一处扣 5 分	40 分	
	3. 能按时提交工作任务单，迟 10 分钟，扣 5 分	10 分	
	4. 提供文献检索清单，不少于 5 项，缺一项扣 2 分	10 分	
评价分值			
不足之处			

05 组间互评表

班级		被评组名		日期	
验收组名 （成员签字）					

评价指标	评价内容		分数	分数评定
汇报表述	表述准确		15 分	
	语言流畅		10 分	
	准确反映该组完成情况		15 分	
内容正确度	内容正确		30 分	
	阐述表达到位		30 分	
互评分数				
简要评述				

06 任务完成情况评价表

班级			组名			
姓名			学号			
序号	任务内容及要求		配分	评分标准	教师评价	
					结论	得分
1	详细阐述职业资格与执业资格的区别	描述正确	20 分	错误一个扣 5 分		
		语言流畅	10 分	酌情赋分		
2	具体分析建筑施工组织管理与执业资格之间的关系	描述正确	20 分	错误一个扣 5 分		
		语言流畅	10 分	酌情赋分		
3	能够按时提交工作任务单	按时提交	10 分	延迟 10 分钟，扣 5 分		
		延迟提交	10 分	酌情赋分		
4	提供 5 项文献检索清单	数量	10 分	缺一个扣 2 分		
		参考的主要内容要点	10 分	酌情赋分		
5	素质素养评价	沟通交流能力	20 分	酌情赋分，但违反课堂纪律，不听从组长、教师安排，不得分		
		团队合作				
		课堂纪律				
		自主探学				
		合作研学				
		精益求精、专心细致的工作作风				
		诚实守信的意识				
		讲原则守规矩的意识				
		规范意识				
总分						

参 考 文 献

［1］ 成虎，陈群．工程项目管理［M］．4 版．北京：中国建筑工业出版社，2015.

［2］ 李华锋，徐芸．土木工程施工与管理［M］．北京：北京大学出版社，2016.

［3］ 李思康，李宁，李洪涛．建筑施工组织实训教程［M］．北京：化学工业出版社，2015.

［4］ 中华人民共和国住房和城乡建设部．建设工程项目管理规范：GB/T 50326—2017［S］．北京：中国建筑工业出版社，2018.

［5］ 中华人民共和国住房和城乡建设部．建筑施工组织设计规范：GB/T 50502—2009［S］．北京：中国建筑工业出版社，2009.

［6］ 李思康，李宁，冯亚娟．BIM 施工组织设计［M］．北京：化学工业出版社，2018.

［7］ 赵海艳，焦有权，高彦从．建筑工程施工组织与管理［M］．北京：化学工业出版社，2013.

［8］ 中华人民共和国住房和城乡建设部．工程网络计划技术规程：JGJ/T 121—2015［S］．北京：中国建筑工业出版社，2015

［9］ 全国一级建造师执业资格考试用书编写委员会．建筑工程管理与实务［M］．北京：中国建筑工业出版社，2023.

［10］ 蔡雪峰．建筑工程施工组织管理［M］．4 版．北京：高等教育出版社，2020.

［11］ 肖凯成，王平．建筑施工组织［M］：北京：化学工业出版社，2014.

［12］ 中华人民共和国住房和城乡建设部．建筑工程绿色施工规范：GB/T 50905—2014［S］．北京：中国建筑工业出版社，2014.

［13］ 中华人民共和国住房和城乡建设部．绿色建筑评价标准：GB/T 50378—2019［S］．北京：中国建筑工业出版社，2019.